施耐德电气 SCADA 上位组态软件开发指南
——Plant SCADA

主 编 杨 渊
副主编 熊 江 段树华 李尚荣

机械工业出版社
CHINA MACHINE PRESS

本书介绍了 Plant SCADA 系统的基本概念、特性及应用，以校企合作实训室实验台产品为依托，引导读者通过学习上位 Plant SCADA 系统和下位控制系统数据交互，实现对全厂范围生产过程的远程监控，同时理解不同控制系统与全厂级 SCADA 系统之间的网络通信数据流，以及 Plant SCADA 作为工业监控平台和开放的强大的数据通信集成能力。根据职业教育理论与实践相结合的特点，本书将 Plant SCADA 监控系统的软件选型、安装、通信配置、监控界面、用户管理、报表等各种应用功能分解到不同的工作任务中，从简单到复杂，由浅入深，循序渐进，从而提升读者对 Plant SCADA 的理解和应用，并提升其职业应用开发的能力，在完成工作任务的过程中可以逐步掌握 Plant SCADA 和系统集成的能力。

根据企业自动控制领域人才能力的要求，本书设计了 6 个工作领域的内容，分别是 SCADA 系统软件的选型及基本功能的实现；Plant SCADA 系统工程的创建与通信设置；Plant SCADA 系统监控界面、精灵与弹出界面的设计；Plant SCADA 系统设备、事件报警与趋势组态设计；Plant SCADA 系统菜单、报表与安全组态设计和 Plant SCADA 系统工程集中部署。在这 6 个工作领域中设计了 16 项工作任务、56 项职业能力。

本书可作为职业院校和应用型本科院校电气技术、自动化技术、机电一体化、智能制造及相关专业的实训教材，也可作为工程技术人员自学或调试系统的参考资料。

图书在版编目（CIP）数据

施耐德电气 SCADA 上位组态软件开发指南：Plant SCADA / 杨渊主编. -- 北京：机械工业出版社，2024.9. -- ISBN 978-7-111-76844-9

Ⅰ. TP31-62

中国国家版本馆 CIP 数据核字第 2024QS5077 号

机械工业出版社（北京市百万庄大街 22 号　邮政编码 100037）
策划编辑：杨　琼　　　　　责任编辑：杨　琼
责任校对：梁　园　刘雅娜　　封面设计：马若濛
责任印制：常天培
北京机工印刷厂有限公司印刷
2025 年 4 月第 1 版第 1 次印刷
184mm×260mm・22 印张・505 千字
标准书号：ISBN 978-7-111-76844-9
定价：109.00 元

电话服务　　　　　　　　网络服务
客服电话：010-88361066　机　工　官　网：www.cmpbook.com
　　　　　010-88379833　机　工　官　博：weibo.com/cmp1952
　　　　　010-68326294　金　　书　　网：www.golden-book.com
封底无防伪标均为盗版　机工教育服务网：www.cmpedu.com

前言

随着 DCS 和 PLC 工业控制系统的诞生和发展，工业生产进入 3.0 时代。伴随硬件系统的发展和改善，操作运维人员对控制系统的认识，以及对控制过程的监视和操作的需求有所提升，Plant SCADA 系统也由此诞生，其发展可以追溯到 20 世纪 60 年代初。Plant SCADA 系统在主站和远程终端单元（RTU）站之间，作为输入/输出（I/O）信号传输的电子系统。主站将通过遥测网络从 RTU 接收 I/O 传输，然后将数据存储在主机上。Plant SCADA（Supervisory Control And Data Acquisition，数据采集与监视控制）系统，主要应用于大型厂矿，主要涉及电力、石油、化工、燃气等行业的数据采集与监视控制以及过程控制等领域。随着计算机与信息技术的高速发展，工业数字化得以迅速普及，现代工业应用需求范围不断扩大，在向工业 4.0 过渡阶段，Plant SCADA 可作为不同厂家的管理监控系统（上位）对控制部分（下位）进行数据采集与监控管理，实现远程集中或分散管理，为企业提供工业过程高效控制方法，完善系统维护，提升排查和解决系统故障的效率，提高企业生产效率等。特别是互联网技术的发展和创新，要求企业实现智能化管理，Plant SCADA 系统作为 ERP、MES 系统数据承上接口，作为各产线控制系统监控启下的桥梁，可以灵活地适应未来工业自动化发展变化的要求。Plant SCADA 致力于这一发展需求，经过几代工业技术架构师和专家的研究，软件经过几个版本的迭代和发展，基于开放的工业标准，采用多任务多服务并行设计，既融合了老版本软件的基本监控功能，又提供最新工业自控技术发展要求的功能，以更佳的数据处理性能、更强通信能力、更高冗余性和更灵活的数据共享，打通企业级经营管理应用系统与现场级控制系统间的信息断层，消除孤岛效应。

本书响应职业教育"三教"改革中加强职业教育教材建设的要求，校企"双元"合作开发教材。本书内容以职业能力为基本支架和最小单元，每一单元以核心概念、学习目标、基本知识、能力训练、课后作业共 5 个内容，构建知行用耦合的职业能力培养路径，辅助培养能力、完成任务、胜任岗位的学习目标达成。

本书基于施耐德电气 Plant SCADA（Citect SCADA）监控系统进行编写，按照 SCADA 技术应用的工作过程，从软硬件应用需求、编程组态、上下位数据通信功能实现、监控界面设计，发布，冗余系统实现这几个方面，从简单到复杂，从单项到系统，引导读者完成递进式学习任务，实现教、学、做有效结合。

本书由施耐德电气杨渊主编。本书在编写过程中，得到了施耐德电气 Plant SCADA 技术专家吴凤宝和 PEC 项目执行中心技术执行工程师张云鹏、刘鑫、岳帆等丰富实践工程经验的分享和支持，使本书更关注理论与实际的结合，更具实践价值和意义，在此表示衷心的感谢！

受作者水平所限，书中难免存在疏漏与不足之处，恳请广大读者予以指正、反馈。

杨 渊
2024 年 10 月

目录

前言

工作领域 1　SCADA 系统软件的选型及基本功能的实现 ··································· 1

工作任务 1.1　SCADA 系统需求分析 ··· 1
职业能力 1.1.1　能熟悉 Plant SCADA 系统架构并区分不同拓扑架构的特点 ···· 1
职业能力 1.1.2　能根据需求选择不同的软件配置方案 ································· 39

工作任务 1.2　Plant SCADA 软件的安装 ··· 44
职业能力 1.2.1　能根据需求配置 Plant SCADA 软件的安装环境 ···················· 44
职业能力 1.2.2　能进行 Plant SCADA 软件及驱动包安装 ····························· 53
职业能力 1.2.3　能进行 Plant SCADA 软件授权激活及退回 ·························· 64

工作任务 1.3　Plant SCADA 软件基本功能的实现 ··································· 71
职业能力 1.3.1　能用不同方法启动 Plant SCADA 软件并熟悉其工程开发界面 ··· 71
职业能力 1.3.2　能使用 Plant SCADA 软件功能菜单理解各种指令的功能及实现简单的操作 ··· 74
职业能力 1.3.3　能使用 Plant SCADA 软件工程菜单各种指令的功能及实现简单的操作 ··· 78

工作领域 2　Plant SCADA 系统工程的创建与通信设置 ···························· 83

工作任务 2.1　SCADA 系统工程的创建及组态 ······································ 83
职业能力 2.1.1　能遵循八步法则完成 Plant SCADA 软件工程开发的准备工作 ··· 83
职业能力 2.1.2　能进行 Plant SCADA 新建工程 ······································· 85
职业能力 2.1.3　能配置 Plant SCADA 工程网络 ······································· 88
职业能力 2.1.4　能理解用户权限定义的原则并配置 Plant SCADA 用户权限 ··· 104

职业能力 2.1.5　能进行 Plant SCADA 计算机向导操作和应注意的事项 …… 107
职业能力 2.1.6　能理解各个备份参数的含义并进行 Plant SCADA 工程
　　　　　　　文件备份、恢复和删除 …………………………………… 119
职业能力 2.1.7　能理解 Plant SCADA 包含工程及自定义工程的意义并
　　　　　　　进行引用 …………………………………………………… 123

工作任务 2.2　SCADA 系统工程的通信设置 ……………………………… 127

职业能力 2.2.1　能通过 Plant SCADA 快速向导进行通信设置并做局部调整 … 127
职业能力 2.2.2　能理解 Plant SCADA 变量标签的意义并创建变量标签及
　　　　　　　结构化标签 ………………………………………………… 140
职业能力 2.2.3　能提前配置 Excel 工具并使用 Excel 工具对 SCADA 变量
　　　　　　　进行批量创建 ……………………………………………… 145
职业能力 2.2.4　能使用 Plant SCADA 通信测试软件验证标签和参数的
　　　　　　　有效性 ……………………………………………………… 149

工作领域 3　Plant SCADA 系统监控界面、精灵与弹出界面的设计 …… 155

工作任务 3.1　SCADA 系统工程监控界面的设计 ………………………… 155

职业能力 3.1.1　能通过工具栏进行自定义模板的创建 ………………………… 155
职业能力 3.1.2　能进行 Plant SCADA 监控界面的创建 ……………………… 159
职业能力 3.1.3　能使用系统自带的功能库进行 Plant SCADA 基本监控
　　　　　　　对象的绘制 ………………………………………………… 163
职业能力 3.1.4　能在静态界面基础上，通过配置和组态图形属性实现
　　　　　　　动态显示、运行状态、柱状填充等功能 ……………… 170
职业能力 3.1.5　能理解自定义符号的意义并利用第三方的图片创建组态 … 179
职业能力 3.1.6　能理解 ActiveX 空间的意义并调用组态及 runtime 模式
　　　　　　　动态调整显示界面的大小 ………………………………… 181

工作任务 3.2　系统操作员输入组态 ………………………………………… 187

职业能力 3.2.1　能按要求选择组态并进行 Plant SCADA 滑块的控制设计 … 187
职业能力 3.2.2　能理解 Plant SCADA 触击命令的应用场景并进行组态设计 … 192
职业能力 3.2.3　能理解 Plant SCADA 键盘命令的应用场景并进行组态设计 … 195

工作任务 3.3　SCADA 系统的精灵设计 …………………………………… 201

职业能力 3.3.1　能理解 Plant SCADA 精灵符号的含义并从标准库中调用 … 201
职业能力 3.3.2　能对自定义精灵的语法规则进行系统设计 ………………… 206

工作任务 3.4　SCADA 系统弹出界面的设计 ·· 213
　　职业能力 3.4.1　弹出界面 ·· 213
　　职业能力 3.4.2　能理解结构化标签在弹出界面中的作用及高效地设计
　　　　　　　　　 弹出界面 ·· 218

工作领域 4　Plant SCADA 系统设备、事件报警与趋势组态设计 ················ 222

工作任务 4.1　SCADA 系统设备与事件组态设计 ······································ 222
　　职业能力 4.1.1　能理解 Plant SCADA 设备定义并进行 Plant SCADA 设备
　　　　　　　　　 的设置 ·· 222
　　职业能力 4.1.2　能进行 Plant SCADA 事件启用的组态 ························· 226

工作任务 4.2　SCADA 系统报警组态的设计 ·· 230
　　职业能力 4.2.1　能对 Plant SCADA 报警进行分类组态 ························· 230
　　职业能力 4.2.2　能进行 Plant SCADA 报警打印配置组态及设备分组与
　　　　　　　　　 报警关系组态 ·· 244
　　职业能力 4.2.3　能将定义好的报警通过监控界面进行显示 ··················· 247
　　职业能力 4.2.4　能对报警声音进行合理的调用 ······································· 254
　　职业能力 4.2.5　能使用报警属性标签优化系统运行 ······························· 257
　　职业能力 4.2.6　能根据需求对 Plant SCADA 模拟量报警阈值进行修改 ······ 259

工作任务 4.3　SCADA 系统趋势组态的设计 ·· 263
　　职业能力 4.3.1　能理解 Plant SCADA 趋势及过程分析器的作用并
　　　　　　　　　 用趋势标签创建组态 ·· 264
　　职业能力 4.3.2　能对 Plant SCADA 趋势历史文件进行配置和备份 ········· 268
　　职业能力 4.3.3　能理解 Plant SCADA 过程分析器的属性、功能并
　　　　　　　　　 对其进行调用 ·· 270
　　职业能力 4.3.4　能区分 Plant SCADA 趋势笔的种类并能掌握更改
　　　　　　　　　 过程分析器属性的方法 ·· 274
　　职业能力 4.3.5　能使用 Plant SCADA 趋势引用其他数据源 ················· 281
　　职业能力 4.3.6　能对 Plant SCADA 趋势数据进行导出并在对应软件
　　　　　　　　　 中呈现 ·· 285

工作领域 5　Plant SCADA 系统菜单、报表与安全组态设计 ······················ 288

工作任务 5.1　SCADA 系统菜单管理及组态 ·· 288

职业能力 5.1.1　能熟练使用 Plant SCADA 菜单配置工具并实现简单操作 …… 288
　　　职业能力 5.1.2　能根据排序原则对 Plant SCADA 菜单进行顺序调整
　　　　　　　　　　和图标组态 ………………………………………………………… 290
　　　职业能力 5.1.3　能理解 Plant SCADA 主页按钮的功能并对其进行组态 …… 299

　　工作任务 5.2　SCADA 系统报表设计及查看 …………………………………… 302
　　　职业能力 5.2.1　能对 Plant SCADA 报表进行组态和查看 ………………… 302

　　工作任务 5.3　SCADA 系统安全设计及组态 …………………………………… 310
　　　职业能力 5.3.1　能理解 Plant SCADA 计划工厂安全的意义并进行
　　　　　　　　　　方案设计 ………………………………………………………… 310
　　　职业能力 5.3.2　能对 Plant SCADA 权限和区域进行分配并添加用
　　　　　　　　　　户记录访问验证功能 …………………………………………… 313
　　　职业能力 5.3.3　能分别实现 Plant SCADA 对象和工程安全性组态 ……… 317
　　　职业能力 5.3.4　能对 Plant SCADA 操作系统进行安全性设置 …………… 321
　　　职业能力 5.3.5　能完成 Plant SCADA 运行管理器及 Windows 键
　　　　　　　　　　盘快捷命令组态与操作 ………………………………………… 328

工作领域 6　Plant SCADA 系统工程集中部署 ……………………………… 333

　　工作任务 6.1　SCADA 系统集中管理及部署 …………………………………… 334
　　　职业能力 6.1.1　能进行 Plant SCADA 部署服务器的搭建设置及工程部署 … 334

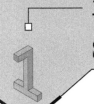

工作领域 1
SCADA 系统软件的选型及基本功能的实现

工作任务 1.1　SCADA 系统需求分析

职业能力 1.1.1　能熟悉 Plant SCADA 系统架构并区分不同拓扑架构的特点

一、核心概念

1. SCADA 系统

SCADA（Supervisory Control And Data Acquisition，数据采集与监视控制）系统，发展到今天已经经历四代。如今的 SCADA 系统主要采用 Internet 技术、面向对象技术、网络技术、信息化技术等，极大地扩展了 SCADA 系统的应用范围和与其他系统的集成能力。除传统的电力、石油、化工、燃气等领域，SCADA 系统也越来越多地用于智能制造领域,成为工业互联网不可或缺的一部分。

2. Plant SCADA 系统

Plant SCADA 系统是施耐德一款 SCADA 软件平台，它是在 Citect SCADA 软件平台的基础上不断发展迭代演变而生。其功能与工业领域应用的 SCADA 软件产品相比，有类似的功能，也有其独特的应用。

3. Plant SCADA 系统架构及特点

Plant SCADA 系统架构即构成 SCADA 系统的硬件组成，可以分为三层，即上位监控系统、下位自控系统和连接上下位系统的中间网络。每一层都有其独特的构成形式，不同的架构可以满足不同远程监控的需要。比如网络层，可以是总线型也可以是星型，属于非冗余网络。在网络中，任意节点故障都会影响其下游设备之间的通信。同时，可以是单环网也可以是双环网，属于冗余网络。在网络中，任意节点故障不影响其设备之间的通信。

二、学习目标

1. 理解 SCADA 系统和功能。
2. 了解 Plant SCADA 系统和功能特点。

3. 掌握 Plant SCADA 系统架构。
4. 掌握 Plant SCADA 系统不同架构的特点及应用场景。

三、基本知识

1. SCADA 系统

SCADA 系统是基于计算机 IT 硬件系统运行的自动化监控系统。它的应用领域广泛，可以应用于电力、冶金、石油、化工、燃气和铁路等行业的数据采集与监视控制以及过程控制等诸多领域。SCADA 系统作为远程监控软件平台，应用最为广泛，技术发展也最为成熟。可以对现场的运行设备进行监视和控制，以实现数据采集、设备控制、测量和参数调节以及各类信号报警等各项功能，即我们所知的"四遥"功能。

SCADA 系统与自动化控制系统的本地人机界面（HMI）监控平台的主要区别是，可进行实际上万数量级 I/O 数据的处理，集成多种网络通信协议，实现与各品牌硬件控制系统互联互通。同时，可以建立自有的历史数据库，实现历史数据的追溯，如趋势和审计追踪等。另外，强大的报警数据管理，实现了实时报警、历史报警和报警禁用等管理。通过 OPC 通信协议，与各种数据库软件平台进行数据交换，实现历史数据的长期存储和展示。同时，为企业的 MES 系统或 ERP 系统提供统一的数据接口，为企业级智能管理软件平台提供所需的实时数据和历史数据。

SCADA 系统涉及组态软件、数据传输链路等。随着计算机的发展，不同时期有不同的应用需求。同时，在工业各行业中应用的各种 SCADA 产品与设备带动了工业电气化远动系统向更高的目标发展。

2. Plant SCADA 系统及功能特点

（1）Plant SCADA 系统

为了使企业操作管理绩效人员从容地应对生产和运营过程中日益增长的挑战，对控制系统的要求已经不仅仅是其安装和维护的简易性，甚至需要 SCADA 系统能实时地将生产运营中的每一个流程都呈现在操作运营人员的面前，并且能方便、快捷地与第三方设备通信，与历史数据库软件和 MES 系统组合后形成更多的增值应用。简而言之，需要一个量身定制且功能强大的高性价比和高投资回报率的 SCADA 系统平台。Plant SCADA 系统作为施耐德一款 SCADA 软件平台在超大型工业过程控制或离散控制应用中，当下位自控系统需要 SCADA 系统监控管理的 I/O 点数超过 20 万点以上时，SCADA 系统因其 I/O 服务处理实时数据、报警数据和趋势数据性能的限制，无法满足大型监控系统的监视、操作和控制响应实时性的要求，失去对生产过程的实时监控能力而限制其应用的行业场合，而 Plant SCADA 软件平台天然具备处理海量数据，不降系统性能的能力，所以有广泛的应用场合。

一般界面实时数据刷新时间为 1 s，监控界面切换时间为 1 s，控制命令发出到现场设备产生响应，并反馈相应的响应状态到 SCADA 的时间为 2 s。Plant SCADA 系统在 I/O 服务器对实时数据处理能力上可以无限扩充，满足超大控制系统的实时监控要求，比如，澳大利亚大型铁矿石开采基地，控制系统复杂且庞大，导致上位需要实时监控的数据超过 100 万点以上，在这种情况下，Plant SCADA 系统通过建立多台实时数据 I/O 服务器，分别完成不同区域控制系统数据的监控处理，实现负载平衡和扩展，满足具体应用的要求。集中体现在如下几个方面：

1）满足严格的现场操作需求。
- 为现场操作人员提供清晰易辨的人机交互界面。
- 独立显示并可附加操作员注释的报警与趋势信息显示机制，使得故障能随时随地得到最快的处理。
- 先进的报警与趋势模块，可达到毫秒级数据刷新速率。
- 网络客户端、智能移动终端（例如 PDA，移动电话等），令接收及处理现场数据不受地点限制。

2）满足苛刻的工程开发需求。
- 无需更换地点，即可对整体控制系统进行修改和开发。
- 面向对象的工程开发工具使工程开发事半功倍。
- 提供大量的、可重复调用的、带有控制组态的对象库。
- 离线仿真模式可以大大缩短调试周期。

3）满足对海量数据的管理需求。
- Historian 可从多种数据源获取所需的信息，并与 MES 系统无缝结合，向管理层提供各类数据报表，大大增强了企业的决策力。
- Historian 使用工业标准技术，具有高等级的数据安全性，杜绝了对数据的非法访问和篡改。

所以，Plant SCADA 监控系统可以应用于任何工业场合。由于考虑了灵活性的要求，因此经过配置的监控系统可以完全满足各种不同的工程需求。既可应用于大型工程，还可以应用于小型工程。其所具有的灵活性将保证 Plant SCADA 可以随现场设备的增加以及客户需求的变化而全面扩展或更新。

Plant SCADA 易学易用。诸如模板、精灵和向导等功能，可减少配置 Plant SCADA 系统所需时间和难度，并且最大限度地提高性能。

（2）Plant SCADA 功能特点

1）支持 RTUs 通信协议。

Plant SCADA 系统支持 RTUs 通信协议，使用标准的广域通信技术，Plant SCADA 提供与远程监测单元（RTU）的高效通信方式，使得系统运营更加经济高效。

- PSTN 监控。

Plant SCADA 的远程监控装置支持计划拨入和主动拨出功能，使得 Plant SCADA 可通过公共交换电话网络经济、快捷地监控设备和站点。此功能已广泛地应用在蜂窝网络、GPRS，铁路系统，供水，输配电和管道。

Plant SCADA 可以有计划地连接 RTUs（例如，通过调制解调器或无线连接）。为了最大限度地降低数据通信资源的占用，Plant SCADA 支持用户自定义 I/O 调用计划，在需要时交换数据，结束后自动断开连接。远程 I/O 设备监控可以兼容 Plant SCADA 提供的大多数串行协议，为使用者选择 PLC 或 RTUs 提供了灵活性。

- 内置化管理。

Plant SCADA 内置远程设备管理的全部功能如下：

a. 易于使用的通信发布向导；

b. 调制解调器与 I/O 设备可以一对多通信；

c. Plant SCADA 可以通过调制解调器池同时连接多个设备；

d. 远程设备拨入功能：如果在计划拨出时间以外发生远程报警，设备可以自动地拨入 Plant SCADA 并发送报警信息；

e. 拨出 I/O 完全支持冗余。如果主服务器发生故障，备用服务器将拨打远程设备。非易失性数据高速缓存将在服务器之间自动复制，因此最新的数据始终保持待命，并在主机重新启动时提供给主机，Plant SCADA 将从每个设备读取最新的数据值；

f. 如果经过自定义的重新连接次数后，Plant SCADA 仍然无法连接到某远程设备，该 I/O 设备将被标记为离线状态并标记相应值；

g. 每个调制解调器均可独立或同时配置拨入、拨出机制。如果需要，可将其配置为 Plant SCADA 专用；

h. 某些设备在通信时使用不同通信帧，Plant SCADA 可支持此类通信。

远程监控设备可同时使用多达 255 个的 I/O 服务器，支持数以十万计的应用点，如图 1-1 所示。

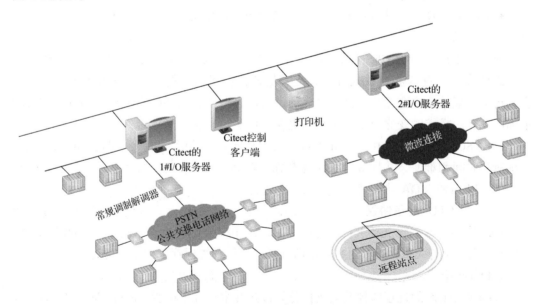

图 1-1 Plant SCADA 远程监控设备网络拓扑

2）Plant SCADA 安全性。

- 组态开发安全性。

控制系统的各个层次都需要进行必要的安全部署，除了对软件本身采取安全措施外，系统网络也应采取安全措施以防止攻击。同样，工程组态开发安全也很重要，开发工程在一个安全的网络，任何内部用户均可配置 Plant SCADA 的工程。对于这些用户，Windows

安全性提供对项目配置简单而安全的管理。每个项目的安全均可得到保证，只有具备权限的用户集才可访问。对于较大的项目，通过控制不同用户访问不同授权区域或流程的方法来确保安全。对于具有知识产权保护的 OEM 控制系统而言，此功能使其无论在什么情况下（例如 OEM 设备不再提供）都能够确保工程以及工程组件无法改变。使用 Windows 安全策略还可以确保无论工程项目中是否使用配置编辑器，它们将永远是安全的。

早期的 SCADA 网络与其他网络相对独立，因此来自外部的攻击首先需进行物理渗透。现代企业网络之间已经通过互联网或者无线网络技术相连，网络攻击已经不再需要物理的渗透。将 SCADA 网络进行物理上的隔离看似是解决问题的方法之一，但现代控制系统往往由上层商务系统及办公网络直接接入和控制，而且也越来越依赖从 RTU（远程终端设备）等远程数据源中获取数据，因此组态及网络安全必须在系统安全应用时谨慎分析考虑和设计部署。

为了推动 SCADA 控制系统安全的不断发展，Plant SCADA 软件提前准备了安全白皮书，施耐德电气将免费提供。对于不同需求的应用请关注各特定模块的安全设计，在白皮书中有针对系统整体安全性需求所做的技术设计细节。核心内容为

a. 网络设计简单化（减少连接点）；

b. 使用防火墙保护系统的各个部分，尤其是难以掌控的无线或无线电通信部分；

c. 利用 VPN 技术确保世界各地的用户能安全访问控制系统；

d. 使用 IPsec 确保只有授权的设备才能连接网络。

除了那些适用于大多数网络的核心安全元素，对于无线网络而言，还应采取额外的安全措施。获取对无线网络授权访问权限通常有两种方法：一种是使用授权的无线客户端，如便携式计算机或 PDA（Personal Digital Assistant，掌上电脑）等；另一种是复制无线访问点。如果没有对无线网络采取安全措施，那么这两种方法都可获得对无线网络的完全访问。

在应用无线网络时，应考虑以下几个标准安全措施，以防范攻击者取得无线网络访问权限：

a. 采用 MAC 地址限制；

b. 采用 WEP（Wired Equivalent Privacy，有线等效保密）协议保护；

c. 无线客户端采用 VPN 连接。

- 实时运行安全性。

Plant SCADA 全面的安全特性集成在所有界面中，为了确保系统运行的安全，大多数应用程序都包含一些只有特定权限的用户才能执行的操作。SCADA 系统提供了安全性对话框以防止意外的误操作或有意的破坏，确保现场人员和用户的投资安全。Plant SCADA 全面的安全特性集成到所有的接口组件中，确保安全的实时运行。

Plant SCADA 的安全系统是基于用户的，允许用户为实时系统定义个人或成组的安全级别。任何使用者都被指定一个具有一定安全级别的登录用户，强制性地要求输入用户名和密码以取得他们对系统的访问权。

用户名可以由 Plant SCADA 本地安全模型或者与 Windows 系统本地安全策略相结合进行管理。无论使用哪个控制模块，系统访问权限的实现机制是控制用户对画面区域

访问的权限，即使被允许访问某一画面区域，用户可能还需要具有操作或访问图形对象的权限。针对每一图形对象、界面、趋势和报告，用户均可定义其所属区域及权限级别，并可设置其可见或可用的权限。如果在一个广域网内，操作人员可以使用任何一台装有 Plant SCADA 的计算机，那么该广域网安全模式将只能由服务器来定义。

为了防止在操作站点无人值守时有不明人员执行非法操作，Plant SCADA 可以设定登录人员自动退出（例如，鼠标闲置 5 min 后）。如果没有正确的密码，非操作用户将无法访问系统。

Plant SCADA 支持只读工程，能够保护配置不受非法更改。系统集成商和原始设备制造商知道工程不会被更改时，可以安全地部署工程。

Cicode 命令在内核中受到保护，防止非法的访问。无论是否已经通信到 Plant SCADA，用户都需要通信到内核，然后在内核窗口中执行 Cicode 命令。

- 与 Windows 安全策略集成。

与 Windows 安全策略集成，保证在同一企业的其他应用程序使用一致的安全标准。Plant SCADA 可使用本地或与 Microsoft Windows 整合的安全模型。使用集成 Windows 安全模块，操作员通信到 Plant SCADA 监控画面是由该公司的 Windows 域管理员机制进行身份验证，使用 Plant SCADA 的本地安全模式时是通过 Plant SCADA 系统自身验证身份。通过这两种模式，可以将监控画面操作权限管理组态到工程本身。

与 Windows 安全策略集成，使企业安全标准应用到生产系统，实现用户账户的一贯性管理。例如，当一个操作员离开公司，则他进入公司系统的用户名将被删除，同时 Plant SCADA 的通信权限也会被删除。同样，当操作人员被替换，不需要任何额外的 Plant SCADA 的配置来授权新用户访问控制系统，可以立刻授予新用户一个域账户。

Windows 集成的安全通信机制将在 Plant SCADA 监控系统中始终保持有效，而无需该安全域的控制器始终保持在线。举例来说，当操作人员是 Plant SCADA 的某一授权访问节点，如果域控制器掉线，Plant SCADA 将直接利用标准的 Windows 通信用户缓存。当控制器重新上线后，当前的 Plant SCADA 通信用户可以选择自动进入 Plant SCADA 的记录，而无需重新通信 Plant SCADA 界面。域控服务器用户管理–Plant SCADA 和 Windows 集成用户安全操作权限如图 1-2 所示。

- Plant SCADA 图形。

图形功能在 Plant SCADA 系统的整体应用中是一个关键因素，其图形功能能快速地开发真彩、易用的图像，并确保为操作人员提供直观、统一的用户接口。

Plant SCADA 可以显示监控对象不同的状态。图形功能能创建一个实时直观的操作接口。例如，可以将一个储液罐的位图图形设置为图 1-3 状态。

使用图形功能会不断地涌现出对接口设计的新思路。Plant SCADA 图形功能是基于一套简单的对象集合，包括矩形、椭圆、位图、直线、手画线、多边形、文本、图符和管道等。与之相关的是一套通用的对象属性。这些属性允许对象的行为能直接与现场变量相关联。任何对象的移动、旋转、大小变化、颜色、填充、可视性等都可以被用来实时反映现场的实际状态；而命令和单击属性也可以对应于相应的对象使其能够接受多种方式的操作输入。

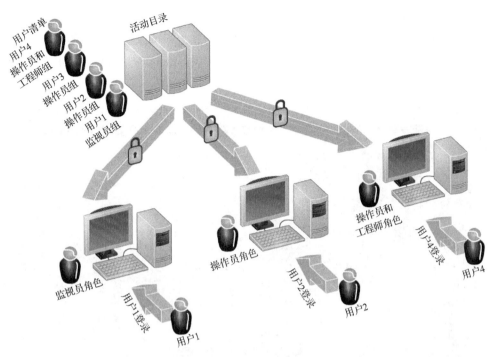

图 1-2 域控服务器用户管理 –Plant SCADA 和 Windows 集成用户安全操作权限

图 1-3 一个储液罐的位图图形设置

这种方式能快速地生成出色的效果，即使是针对复杂要求的应用。所有的对象都是交互式的，因此操作就变得简单、直观和灵活；图形开发是本着优化的思想，因而有更卓越的实时性能。Plant SCADA 生产过程监控界面实例如图 1-4 所示。

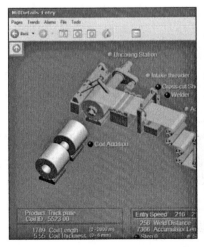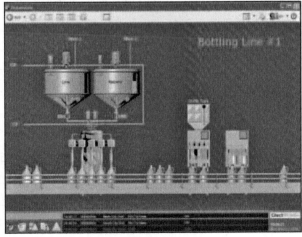

图 1-4 Plant SCADA 生产过程监控界面实例

Plant SCADA 可以支持屏幕的图形分辨率为 640×480 ～ 4 096×4 096，可以根据应用的需求选择适合的分辨率。具有了这种分辨率的能力，可以在画面中使用高质量的图像（如扫描的照片等）来提供对现场设备的直观辨识。Plant SCADA 高分辨率监控画面如图 1-5 所示。

图 1-5　Plant SCADA 高分辨率监控画面

　　Plant SCADA 带有丰富的图符库，常用的图形如泵、罐、阀门和电机等可以直接添加到界面中，不仅可以保证添加的一致性，还可以添加一些属性。例如图符，如果经常会用到某个特定的图形，可以将其作为图符保存在图符库中。这样使用时不需重画，直接从库里粘贴即可，保证工程的开发和使用的统一性。
　　例如，如果需要在多个界面中将同样的阀门图形作为静态背景图案使用，那么先绘制一个阀门，然后将其复制到图符库中，现在它就是一个图符了。图符可以根据设备的状态动态地改变。例如，可以将两个泵图符分配给一个设备，绿色的用于运行状态，红色的用于停止状态。泵图符示例如图 1-6 所示。
　　调用标准图符时，首先应检查 Plant SCADA 自带的标准图符库。如果此图符已经存在，那么只要将其粘贴到界面就可以了。如果没有此图符，那么将所需的图符直接绘入图符库。Plant SCADA 带有一些预定义的图符库，还提供了一系列预先定义的图符集，可以实现真正的动画效果。图符集中的每个图符快速、连续地显示时，就可以形成逼真的动画。动画也可以在运行中使用，用来表示移动的设备、活动过程等。

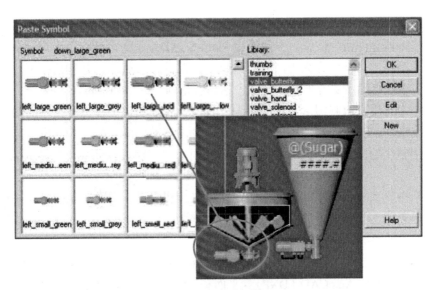

图 1-6 泵图符示例

总之，使用符号益处多多。只需绘制一个对象，然后将其作为一个图符存储在图形库中，就可以在任何图形界面中多次调用该对象。当更改了图符库中的某个图符后，所有界面中使用的该图符都会自动更新（图符需要保持与图符库的链接，取消链接则不会同步更新）。通过将常用的图符存储在一个图符库中，不仅可以减少工程所占用的磁盘空间，还可以减少运行时对内存的占用。

另外，可以使用 ActiveX 控件为 Plant SCADA 项目开发增添更多的自定义功能。CCTV 视频播放 ActiveX 控件示例如图 1-7 所示。

图 1-7 CCTV 视频播放 ActiveX 控件示例

- Plant SCADA 图形编辑器。

图形编辑器允许用户快速、方便地为 Plant SCADA 系统设计一个直观、清晰的操作员界面。绘制图形对象极为简单，只需选择一个工具，然后单击并拖动即可，被创建的图形对象可以被移动、更改形状、复制、粘贴、排列、分组和旋转。

工具箱中有用来绘制图形对象的绘图工具。所有的图形工具都有独特的图符及使用技巧，在线帮助中有详细的使用说明。工具箱可以移动到屏幕的任何部位，可以让开发者充分利用整个绘图区域。暂时不使用工具箱时，可以将其最小化（只显示标题栏）或隐藏起来。

使用网格或基准线可以准确地定位图形对象，因此设计的图形界面看起来将更加专业和精确。对象可以被锁定在界面中以避免被意外地移动或删除。对象还可以被旋转、镜像、编组、解除编组和对齐等。

Plant SCADA 支持图形导入，可以导入多种图形文件类型，包括：Windows 位图（BMP、RLE、DIB）、AutoCAD（DXF）- 平面和三维、Windows Meta File（WMF）、Tagged Image Format（TIF）、JPEG（JPG、JIF、JFF、JGE）、Encapsulated Postscript（EPS）、Fax Image（FAX）、Ventura（IMG）、Photo CD（PCD）、Paintbrush（PCX）、Portable Network Graphic（PNG）、Targa（TGA）、WordPerfect（WPG）、ActiveX objects。

如果需要的图形已经存在，可将其直接导入 Plant SCADA，导入过程非常简单。如果图形源应用程序支持单击和拖动，那么只要单击文件，然后将其拖动到 Plant SCADA 的图形编辑器中。对象被导入后，将会被识别为 Plant SCADA 的 RAD 图形对象，具有所有相关的组态特性和灵活性。

位图编辑器可以对任何图形对象（或者一组对象）通过一个简单的步骤转化为位图。使用位图编辑器可以编辑位图图像。位图编辑器允许编辑位图像素。可以放大或缩小图形，甚至连最小的细节也可以编辑。还可以改变位图的尺寸大小。颜色交换图形对象中的颜色是可以被自动改变的。这对于 3D 图形的处理是十分有用的。例如，一个 3D 的绿色球可以通过按钮单击改为蓝色，但立体感仍然保持不变。

渐变填充特性如颜色渐变、方向等适用于椭圆、矩形和多边形等图形对象。

在图形编辑器中，可使用 OLE（Object Linking and Embedding，对象链接和嵌入）自动化平台界面数据库自动生成图形，这就允许创建关联图像组态的应用。

- Plant SCADA 界面模板。

界面模板可以节省很多的麻烦，因为不必在每幅界面费力绘制相同的内容。当在模板的基础上绘制新界面时，界面的设计已经完成，只需添加每幅界面的特有信息即可。

模板在要对一组界面做相同修改时也是非常有用的。如果所有的界面都是基于相同的模板，那么只需修改模板即可更新所有的界面。

如果能充分利用 Plant SCADA 的模板功能，所开发的工程就会具有统一的风格。这种风格的一致性不仅能减少操作员熟悉系统的时间，还能降低错误发生的概率。

Plant SCADA 为常用的界面类型提供模板，可以很容易地创建图形界面。模板可用于试验画面的设计，可设计出适合自己的操作环境。Plant SCADA 提供大量的模板可供选择。如报警、趋势、SPC 显示等特殊界面已经预先建立，所要的仅仅是添加相关变量即可。风格一致的界面可以基于通用的模板，如 Normal 模板等。无论使用的是何种模板，基本的组件如边框、状态栏、浏览工具等都是事先组态好的。

- Plant SCADA 面向对象的组态。

SCADA 系统自带可用于组态的对象与设备种类十分丰富，从最简单的按钮、泵和阀门到复杂的回路控制器、电机一应俱全。在建立控制系统时，应为操作员提供通用的接口标准。

Plant SCADA 为系统开发提供了面向对象的组态工具，能够快速、轻易地开发控制系统，使用面向对象的组态减少维护量也保证了操作员接口的一致性。可将 Plant SCADA 现有的库进行扩展或加强，以满足工程的需要，也可以采用自定义的方式来建立新的库。

在设备标签中，使用统一的命名标准可大大地减少组态时的工作量，还能降低错误发生的概率。

Plant SCADA 自带的库和用户自定义的库可以在不同工程间进行复制，从而保证开发风格的一致性，对这些库所做的修改可以在系统中进行同步更新。

- 精灵。

Plant SCADA 精灵在工程开发中是以宏的方式存在的。精灵用来将任意数量的单个图形对象进行组合。例如一个泵可能包含泵的图形、自动/手动指示器、报警指示器和 RPM 指示。为了避免重复绘制和组态每个泵，只需组态一次，并将其保存为一个精灵，它可以被粘贴在任何位置，每次粘贴后只要添加相关的设备变量标签即可。常见的组态是固定文本与参数的集合。参数本身即可单独表示一个域值，也可与其他参数或文本相结合来表示一个域值。参数可选的精灵被引用可减少整体精灵的数量，并为维护和测试提供方便。运用可选参数可以实现例如当自动/手动的标签没有被创建时，泵未配置自动/手动控制功能的指示被隐藏。当精灵被添加到图形界面时，所有的参数都将被显示。参数显示界面的表单可定制附加用户帮助信息，或者提供数据库设备的可选下拉框。

精灵的典型应用有泵、阀门、当前值显示（带输入）、水箱、传送带、面板（屏幕）和任意重复组态。

- 超级精灵：包含精灵的精灵。

Plant SCADA 超级精灵最常用于设备控制弹出式窗口。超级精灵可将任意数量的图形对象组合到同一界面或弹出窗口。一个回路控制弹出式窗口可能包括趋势按钮、数值和其他组态信息。这些信息可组态到一个超级精灵中，并能够在整个工程中反复使用。要实现重复调用，必须将超级精灵组态成参数传递的形式。每一个参数都表示一个标签、数值或字符串。组态时可对超级精灵相关标签的数值和属性进行访问。

超级精灵的参数既可配置成来自精灵的固定值，也可利用命名规则将单一的设备名进行映射，甚至可以利用代码从其他数据源如数据库文件中来读取。

若要减少工程中超级精灵的数量，可以使用默认值替换不存在的标签，也可将文本字符串传递到超级精灵中作为标题、显示信息或在日志记录中使用。

超级精灵的典型应用有弹出式操作菜单，回路控制，顺序控制，工作/备用，PLC/RTW 状态，统一同种机器控制方式，任何重复的弹出菜单或界面。

精灵和超级精灵的优势是只需绘制并组态一个对象一次，然后将其存入库中，以后就可以多次使用。当改变一个库中的精灵或超级精灵的时候，在整个工程中所有用到它的地方都会自动地更新。（精灵需要保持与库的链接，取消链接则不会自动更新）。和图符一样，因为只需保存一组实际组态的对象，因此使用精灵和超级精灵能够节省磁盘空间，降低了系统运行时对内存的占用。Plant SCADA 有预先定义的精灵和超级精灵库，因而可以在系统开发时使用。

- Plant SCADA 操作员命令与控制。

Plant SCADA 提供了一系列预先定义的系统界面和模板，使快速开发与高效运行成为可能。各类模板中包含了针对趋势、报警、管理工具和过程分析的系统界面。在运行时，操作员可以使用系统界面和自定义界面，通过友好的用户界面实现各种命令和控制。可为不同的命令和控制分配优先级，也可将所有操作员的操作记录到控制日志中。

a. 单击命令（见图 1-8）：单击命令能够被分配给包括按钮在内的任何图形对象。操作员通过单击此对象来执行相关命令。通过鼠标按钮的按下、释放和按住保持可执行不同的命令。

b. 滑钮（见图 1-9）：所有的图形对象（矩形、椭圆等）都能够被定义成滑钮。操作员可通过改变滑钮对象的位置来改变模拟量的值。例如，可以将滑钮上移以增加某个设定值，也可将滑钮下移以减少该值。滑钮可以上下、左右移动，甚至可以旋转。如果运行时此变量的值发生变化，那么滑钮也会自动改变到相应位置。

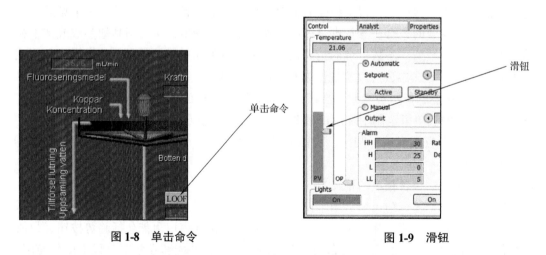

图 1-8　单击命令　　　　　　　　　　图 1-9　滑钮

c. 键盘命令：Plant SCADA 提供三种不同类型的键盘命令。全局（或系统）键盘命令可以在系统运行时的任何位置执行，例如记录或得到系统信息。界面键盘命令只能在组态该命令的界面中执行。

d. 屏幕目标（见图 1-10）：屏幕目标是一个操作员在背景屏幕上可以单击的某个区域（类似一个按钮）。这一功能为操作员人机接口的设计提供了更大的灵活性。

e. 弹出菜单（见图 1-11）：弹出菜单可以简化向导，而且可以用于触发 Cicode 或 Citect VBA 脚本。弹出菜单可以被禁用、选中或连接到其他菜单。

f. 用网络门功能纵览全厂：Plant SCADA 内置的网络门功能能够远程访问 HMI 的画

面，对 HMI 终端和施耐德控制元器件进行访问和操作，实现全厂设备的中央集控。通过使用 HMI 组态软件的网络门功能，HMI 设备将作为一个网络服务器运行，允许查看、监测和控制 Plant SCADA 的人机界面。此外，网络门和 HMI 的 Web 客户端还允许 Plant SCADA 画面显示远程人机界面的内容。

图 1-10　屏幕目标

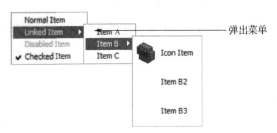

图 1-11　弹出菜单

- Plant SCADA 的过程分析器。

过程分析器在现行的 SCADA 系统里是一个重大的改进，使操作人员分析曲线的工作大大简化，从而优化了操作流程。而 Plant SCADA 的过程分析器是新一代的实时历史数据研究工具（见图 1-12 和图 1-13）。

操作员和过程工程师通过过程分析器并结合趋势和报警数据分析生产过程中的问题诱因，而这些数据通常是单独存储的。通过过程分析器，可以在一个完整的界面上看到这些数据。趋势线将如何显示完全可以自己定义，比如，它可以覆盖和层叠，并且任何趋势线都可以显示在画面的不同区域中。这样可以减少画面切换带来的麻烦，使得显示画面简洁明了。过程分析器包含了许多独特的功能，包括夏令时转换、精确到毫秒的刷新、单个趋势线的时间轴、可定义的工具栏，以及强大的界面设置的保存和打印功能，简化了界面重新调用时的设置。过程分析器可以在以下几个方面有特殊的意义：

a. 问题根源的分析：当生产过程出现不稳定就需要通过分析历史数据来寻找问题的根源。在以前，工程师需要从屏幕上找出趋势画面并且和报警记录进行比较。有了过程分析器，工程师需要做的只是简单地将若干可能导致系统不稳定的变量（可以是模拟量的、开关量的或报警)添加在同一个界面。所有系统的变化都可以通过和相关报警的对比,来分析造成生产系统紊乱的复杂原因。

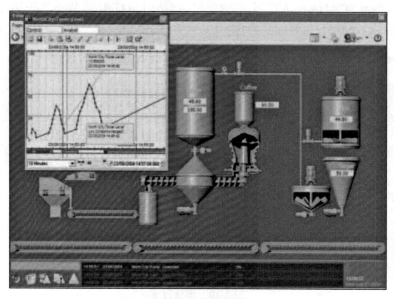

图1-12 过程分析器界面(1)

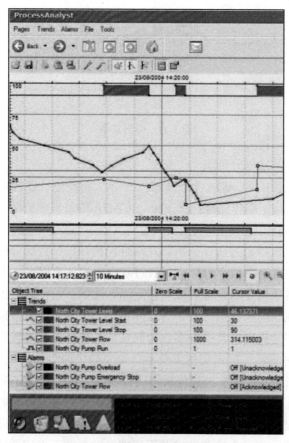

图1-13 过程分析器界面(2)

b. 对比不同的配方：使用过程分析器可以在同一个界面分析不同批次的数据。可以简单地将两组批次的数据加在界面的上部和下部。操作员可以很方便地滚动时间条来定位时间，从而可以很直观地看出两组配方执行过程中的不同。

c. 事件顺序分析：利用 Plant SCADA 系统可以在很大的范围内采集数据，控制器刷新数据的周期是毫秒级的，当系统产生数据需求，控制器数据就会被发送给 Plant SCADA。这时过程分析系统能够显示的数据包括报警和历史趋势，以及这些事件发生的时间。这样保证了显示的报警时间是真实的发生在现场的时间，而不是 Plant SCADA 系统本身刷新的时间，可以很容易地精确判断报警事件的顺序。

通过过程分析器窗口显示趋势和报警数据，且两者可同时显示，以加强监控工程界面。

过程分析器简单易用，有丰富的信息显示功能，可通过一个操作简单、功能强大的向导来实现，添加到过程分析器中的每一个趋势笔都包含以下属性：

a. 颜色和名称；

b. 标签属性，如工程单位、刻度等；

c. 光标位置显示；

d. 数据平均/最小/最大值。

这些信息可以是定制的，能添加或删除任何标准的属性（如工程单位），也可添加自定义属性。

同时，过程分析器还有自定义功能，可以选择在过程分析器的不同实例中显示特定的按钮，并为其定义相应的安全访问级别。还可为附加功能添加自定义按钮，如：

a. 单独的笔可以被解锁，允许在不同的时间帧中对比其数值；

b. 将当前视图保存为模板或过程快照；

c. 操作员可以轻易地消除屏幕混乱；

d. 每支笔的值在当前光标位置显示；

e. 可以显示多个趋势指针（带或不带工具提示）；

f. 报警笔可以通过不同的颜色和填充模式重现不同的报警状态；

g. 警报可以在不同的矩形上覆盖或显示，每支笔显示报警的在线、离线、确认时间和操作注释。

● Plant SCADA 可自定义趋势界面。

Plant SCADA 趋势将实时和历史数据无缝地组合在一起。当显示一个 Plant SCADA 趋势界面时，可以监视当前的数据，也可通过拉动和翻滚按钮来浏览历史数据。Plant SCADA 趋势任务是基于客户端/服务器结构的。主趋势服务器采集并记录趋势数据，并根据收到的请求更新备用趋势服务器的数据。当在客户端显示趋势时，只需向主趋势服务器请求所需的趋势数据即可。可以通过指定一个备用的趋势服务器（使用快速向导）来完成趋势系统的冗余设置。如果主趋势服务器发生故障，那么备用的趋势服务器就会担当起主趋势服务器的任务，直接通过 I/O 服务器取得数据并响应所有趋势客户的请求（因为在主趋势服务器正常工作时，备用的趋势服务器始终与主趋势服务器同步所有的趋势数据，因此如果主趋势服务器发生故障，不会造成数据的丢失）。当重新启动时，主故障服务器会从原备用趋势服务器自动补回丢失的数据，并成为新的备用趋势服务器。

　　Plant SCADA 分布式的趋势系统能够处理大量的变量，而不会影响性能和数据的完整性。从预定义的趋势界面中选择一个，就可以在高度用户化的界面中看到清晰的趋势数据。任何现场的变量都可以作为趋势变量记录。一个趋势是根据某个变量（产品的产量、液位、温度等）的变化或一个设备和过程的表现来创建一个随时间变化的图形。Plant SCADA 趋势是通过选择采样值来完成的。采样值是根据时间来描绘的，并且趋势图提供了一个对过程行为的指示。趋势采样能够周期性地进行，也可由事件触发。采样速率能够小到 10 ms，也可高达 24 h。Plant SCADA 提供许多预定义的趋势模板，可快速地创建一个趋势界面并带有完整的浏览工具和动态读取来自现场的数据。可以显示单趋势、双趋势、弹出窗口式趋势，但如果想定义满足特定要求的界面，也可以方便地自定义创建，使用自己的功能和趋势笔。

● Plant SCADA 统计过程控制（SPC）。

　　如果想通过图形描述的方式来了解现场产品的生产质量情况，采用 SPC 图是用户最好的选择。使用 Plant SCADA 易于理解的 SPC 图，可以确保生产偏差在规定的范围之内。Plant SCADA 提供三种最常用于统计分析的图表类型。

　　a. 控制（XRS）图：控制（XRS）图（见图 1-14）用来分析现场数据的变化。可以组态一个图表来单独显示平均值、范围或标准偏差，或上述所有数据的组合。

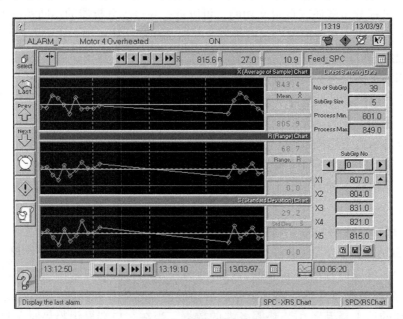

图 1-14　控制（XRS）图

　　b. 能力图（见图 1-15）：可以使用性能图表来确定工业过程是否符合性能的要求。Plant SCADA 已预先组态安排数据并进行所有需要的计算。

　　c. Pareto 图（见图 1-16）：如果想分析故障和事故发生的频率，可以使用 Pareto 图。指定需要查看的变量后，Plant SCADA 会自动地排列数据并实时绘制图表。

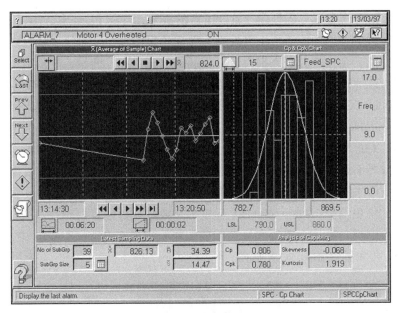

图 1-15　能力图

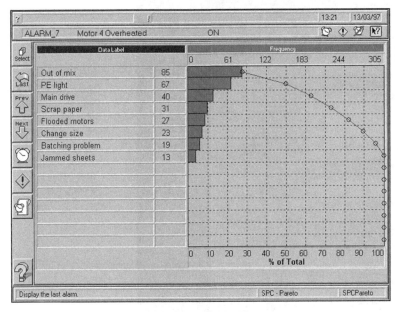

图 1-16　Pareto 图

● Plant SCADA 迅速可靠的报警。

高效的报警系统可以快速地区分和辨别故障，减少系统的故障时间。Plant SCADA 的报警系统信息可提供详细的报警信息。现实的生产过程中，经常会遇到多个报警同时触发的情况。可以指定报警触发时所执行的动作（例如，采用一个 .WAV 文件激活一个语音报警）。为了帮助操作员处理报警，可以创建包含报警信息的帮助界面（例如操作员需要进一步地处理以恢复状态）。可以设置在报警发生时自动显示这些界面，或设置成只在操作员请求帮助时才显示。

Plant SCADA 报警服务器处理并管理所有的报警，任何 Plant SCADA 控制客户端都能显示和确认报警。这样能避免重复处理，保证了报警在整个系统中都可以被确认，从而为服务器提供安全检查。组态报警包括现场的故障状态。变量、变量组、表达式、计算结果等都可以通过 Plant SCADA 报警系统进行检测。报警系统的工作是与 I/O 设备直接关联的，Plant SCADA 报警带有时间戳，精度可以达到 1 ms。这样对于区分间隔微小的报警是十分重要的。毫秒级的精度能够在报警之间建立因果关系。否则这种做法是不可能实现的。对报警的快速分辨和识别是非常重要的。Plant SCADA 在指定的界面中显示报警在所有界面始终可见。报警可以根据最新发生的优先级、类别或发生时间，以颜色、字体和顺序来进行组织。对于在系统中发生的一定数量的所有报警，报警概要界面提供了完整的历史信息。Plant SCADA 可以不断地进行诊断，检测自身的操作和 I/O 设备。所有的故障都自动地上报操作员，此功能完全集成在 Plant SCADA 中，无需组态。Plant SCADA 报警界面如图 1-17 所示。

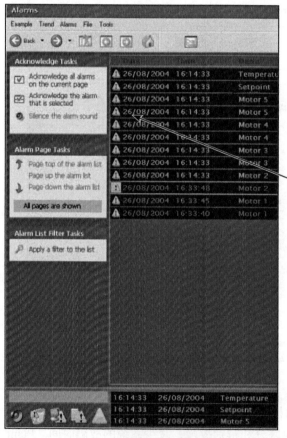

报警汇总界面在一行内显示一个报警发生的详细信息，无需滚动界面即可查询该报警的发生时间、恢复时间和间隔时间等

灵活的报警格式使报警在触发时可以显示任何相关的变量

图 1-17 Plant SCADA 报警界面

a. 报警属性：报警属性可以用来改变图形对象的外观，例如当特定的报警发生时，可以将图标的颜色从绿色变为红色，或者显示"危险"字样。

- 报警标签、报警名称、报警描述；
- 报警类别、帮助界面、区域、优先级；

- 被禁止的、确认的、未被确认的；
- 报警触发时间、复位时间、触发日期、复位日期、间隔时间、确认时间/日期；
- 操作员可添加注释；
- 报警状态：高高、高、低、低低、速率、变化、偏差；
- 变量值和报警死区；
- 自定义的过滤器。

b. 报警过滤器：一个良好的报警系统应避免提供给操作员过于繁琐的报警信息。Plant SCADA 允许操作员根据报警的属性来过滤报警信息。过滤器可以被保存，并能自动地根据当前用户加载。

- Plant SCADA 访问数据库系统。

Database Exchange 是一个 ActiveX 控件，能够增强 Plant SCADA 与数据库间的联系。

Database Exchange 可在操作员的屏幕上显示来自组态数据库的数据〔通过 ODBC（Open Database Connectivity，开放式数据库连接性）接口〕。显示数据可通过在工程中修改查询命令进行控制。Database Exchange 可以对操作员在控制系统中所编辑的数据设置做出响应。数据也可以在运行时通过代码来修改，这些改变会自动地存储到数据库中。除了能显示数据库中的信息以外，此控件还允许用户为每一行返回数据定义一个标签，并选择在这些标签和数据库之间上传或下载信息。该功能可以从数据库下载机器设置的参数或设置点值，或者将最优化运行后的参数存储到数据库。如果某一行被选中或额外被添加，那么上传的数据将会取代现有的数据。Database Exchange 集成在图形编辑器的工具栏中。

数据交换属性配置界面如图 1-18 所示。

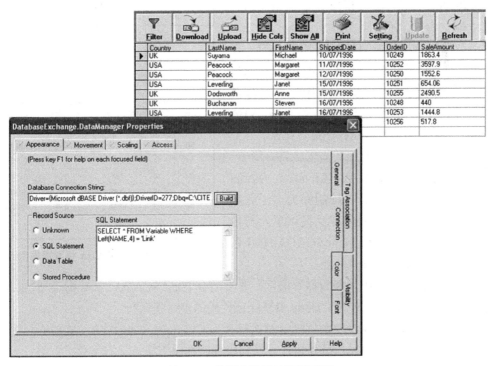

图 1-18　数据交换属性配置界面

直接在 Plant SCADA 中使用 SQL（Structured Query Language，结构化查询语言）功能，返回的数据可以显示或交换。

- Plant SCADA 报表。

Plant SCADA 报表是集成在 Plant SCADA 系统中的一部分。安装 Plant SCADA 就会自动地获得该报表的工具创建并运行美观、详实的报表。

Plant SCADA 的报表可以由一个命令触发，或者根据需要按一定周期运行或当特定事件发生时运行（例如，一个状态位改变，或 Plant SCADA 的启动，或在一天的某个特定时间）。报表能够以任何想要的格式生成，包括文本、历史数据，甚至计算的结果。报表内包括操作指令以改变现场的操作或变量，下载指令进行诊断和改变数值等。报表在运行时可在界面实时地显示或打印输出，或保存在硬盘中日后再打印，还可以使用文本编辑器或文字处理器查看、编辑或打印这些报表。报表一方面可以自动地输出到 SQL 数据库和任何 ODBC 兼容的数据库，另一方面可以用 HTML（Hypertext Markup Language）格式来保存，这样就能在 Internet 上用标准的网络浏览器进行访问。

对于更复杂的报表，或者含有多个 SCADA 系统的报表，应使用 Plant Historian 软件。这是一个强大的报表分析工具，可以从多个 SCADA 系统中无缝地采集、记录并显示数据。用户可以通过包含趋势、报警和事件数据的集成数据库获得现场运行的情况。Plant SCADA 标准报表示例如图 1-19 所示。

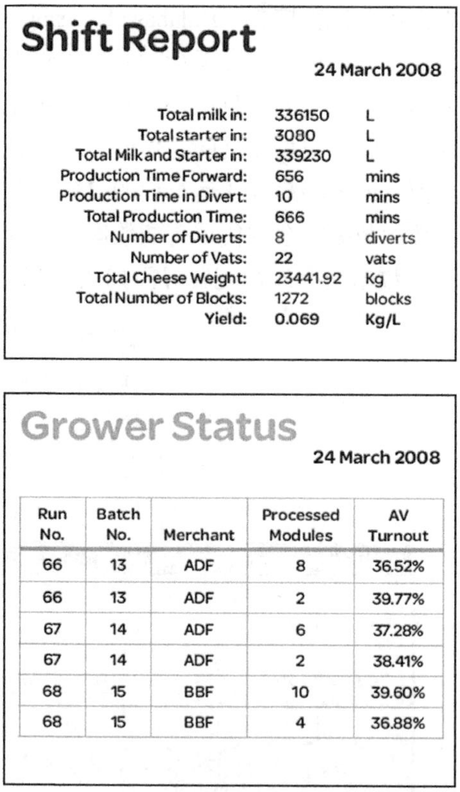
Shift Report

24 March 2008

Total milk in:	336150	L
Total starter in:	3080	L
Total Milk and Starter in:	339230	L
Production Time Forward:	656	mins
Production Time in Divert:	10	mins
Total Production Time:	666	mins
Number of Diverts:	8	diverts
Number of Vats:	22	vats
Total Cheese Weight:	23441.92	Kg
Total Number of Blocks:	1272	blocks
Yield:	0.069	Kg/L

Grower Status

24 March 2008

Run No.	Batch No.	Merchant	Processed Modules	AV Turnout
66	13	ADF	8	36.52%
66	13	ADF	2	39.77%
67	14	ADF	6	37.28%
67	14	ADF	2	38.41%
68	15	BBF	10	39.60%
68	15	BBF	4	36.88%

图 1-19　Plant SCADA 标准报表示例

- Plant SCADA 监视和控制—使用 Cicode 编程语言。

多数应用程序都有其特殊的需求，为了提供最完整且灵活的功能，Plant SCADA 支持两种编程语言——Cicode 和 Citect VBA。Cicode 是为现场监控应用而专门设计的，而 Citect VBA 更适合与第三方对象或应用程序进行交互。

Cicode 为满足工厂监控的需求，具有简单、灵活、可靠和高性能的特点。Cicode 是为控制环境而生的一种编程语言，编制和提供了完整的多任务处理。这些重要的特性提供了无与伦比的灵活性，并且在扩展 Plant SCADA/HMI 系统功能时不影响系统的整体性能。

Citect VBA 是与 VB 兼容的脚本语言，非常适合 Plant SCADA 与 ActiveX 对象及第三方程序之间的集成。它使用 Cicode 引擎保证代码的多线程运行。

事件可以被组态成在触发条件满足时执行某一 Cicode 或 Citect VBA 的动作。例如，当一个过程完成后，通知操作员并执行一系列指令，在以下条件运行事件：

a. 在特定的时间和间隔后自动运行；

b. 在触发条件为"真"时自动运行;

c. 当触发条件为"真"且在特定的时间和间隔后,自动地运行监视和控制—使用 Cicode 编程语言。

几乎所有的图形和数据库配置均可用一种"表达式"来表示,而不仅是一个标签。"表达式"可以使模拟值变化趋势显示得更加平滑,将数字量转换成字符串,或将多个标签合并成一个简单的表达式。Cicode、Citect VBA 编程语言均拥有一个扩展功能库,可直接访问表达式区。另外,生成所需的特殊功能可以根据已有的功能库自行创建。

代码可以由事件或者用户界面的按钮来触发。此代码在 Plant SCADA 内作为一个独立的线程运行,并可以访问系统内的增强功能。例如,它可以从远程服务器检索、调用数据库和外部库的信息,或生成其他线程等待响应未来事件。

Plant SCADA 提供全面的记录和代码跟踪。Plant SCADA 的调试器提供了一个可以访问所有内部和外部变量的状态代码的分步调试系统。附加的调试记录时间可以在被激活或运行之前编译,以追踪在 SCADA 系统的实时或时间触发代码的运行。结合调试器和跟踪的详细信息能够迅速地诊断 Plant SCADA 系统中的任何问题。

Plant SCADA 中 Cicode 编程和调试窗口界面如图 1-20 所示。

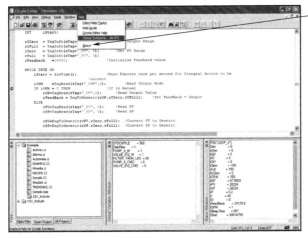

文件窗口显示所有与项目开发环境链接的 Cicode 和 CiVBA 文件

全局变量窗口显示每一个全局变量的当前值

堆栈窗口中显示调用的函数、其参数以及每个函数中局部变量的值

在 Plant SCADA 中含有的控制调试工具支持启动和停止调试模式、插入和删除断点,以及单步执行控制等

中断点:在调试某个功能块时,必须找一个合适的中断点。将 Debug Break 功能激活,手动插入中断点或者是硬件错误的发生将使 Cicode 线程终止。调试 Cicode 每个线程的停止位置均标有箭头。可以逐行地调试函数,并观测调试窗口中的代码执行情况。Cicode 编辑器中提供了跳入、跳过、跳出和继续功能来控制逐步调试

图 1-20 Plant SCADA 中 Cicode 编程和调试窗口界面

● Plant SCADA 移动监控。

Plant SCADA 移动监控可支持多种软件平台和硬件设备,大大地扩展了软件的功能,同时也增加了监控的实时性和可视性,并因此可以实现更多的智能决策。

Plant SCADA 的移动监控可以远程控制和跟踪,指定的用户可以通过远程拨号访问服务器,并可以要求同步访问对话窗口。移动监控还支持无线客户端访问监控画面,实现 Plant SCADA 功能应用。几乎所有的无线设备都可用 TCP/IP 与 SCADA 进行连接,使 Plant SCADA 系统可以移动式全天候地访问。

a. 提高网络的灵活性：
① 为企业建立计算机网络；
② 支持远程访问；
③ 几乎任何地方均可访问 Plant SCADA 系统；
④ 唯一需要的是屏幕、键盘和足够的电气连接。

b. 改善数据的安全性：
① 不易受到黑客入侵；
② 相比客户端，更专注于服务器的安全，因为所有数据都在服务器上处理；
③ 在客户端完好的情况下永不丢失数据；
④ 在互联网运行时，虚拟专用网（VPN）为数据加密。

移动终端可随时随地现场监控 Plant SCADA 的终端服务软件，为用户提供了移动性和灵活性，可通过如下方式查看 Plant SCADA 工程：

a. 硬件系统；

b. 小型客户端终端；

c. 掌上计算机；

d. 互联网浏览器。

如今，掌上计算机可以显示 Plant SCADA 界面，移动终端应用的优势凸显及逐步普及，可以做到：

a. 增强用户能力；

b. 增加生产力；

c. 随时随地实现控制。

Plant SCADA 移动监控系统拓扑如图 1-21 所示。

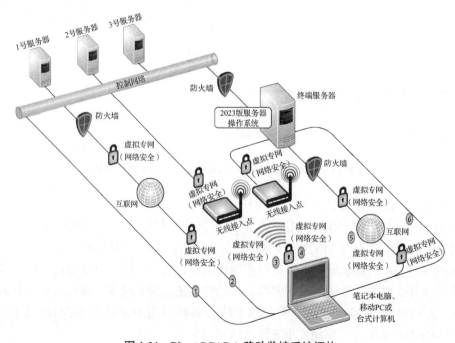

图 1-21　Plant SCADA 移动监控系统拓扑

- Plant SCADA 在线帮助。

Plant SCADA 中文在线帮助可以满足各类技术层次的用户。拥有超过 4 000 页的信息，功能信息更加完整。在线帮助逻辑性极强，查找方便，内容简单、易懂。

所有的 Plant SCADA 对话框都有帮助按钮，可以打开相关的帮助信息。使用帮助菜单可获得更多的帮助信息。通过此菜单可以直接地访问帮助目录和帮助向导，以及应用方面的信息，如单击学习工具等。当然，也可以通过单击工具栏的帮助主题按钮显示帮助内容。帮助信息被打开后，可以进行索引或关键字搜索，也可以浏览"帮助指导"主题。无论需要何种信息，Plant SCADA 在线帮助都能提供相应的查找工具。

Plant SCADA 在线帮助索引采用标准的 Windows 功能。在查找所需的信息时，只需输入关键字的一部分，则最接近的内容的列表会自动地显示出来，也可以使用查找功能搜索完全匹配的内容。

Plant SCADA 在线帮助提供了对所需信息的便捷访问，包括在 Plant SCADA 帮助概览界面上的主题分类，对驱动帮助的便捷访问，以及使用帮助向导进行导航。

Plant SCADA 在线帮助示例如图 1-22 所示。

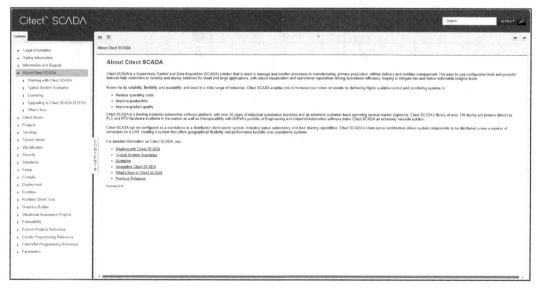

图 1-22　Plant SCADA 在线帮助示例

3. Plant SCADA 系统架构及其特点

（1）典型的 SCADA 系统架构

主要分为三部分：

- 上位监控系统：实现对生产过程的实时监视和控制，如 Plant SCADA 软件。
- 通信网络：为上下位系统提供数据交换的介质和桥梁，网络拓扑可以是总线型、星型，为提升网络的稳定性和冗余性，可以是单环网，也可以是双环网。
- 下位自控系统：实现对生产过程的控制，如 DCS 控制系统和 PLC 控制系统。

一个典型的 SCADA 系统，其网络拓扑图如图 1-23 所示。

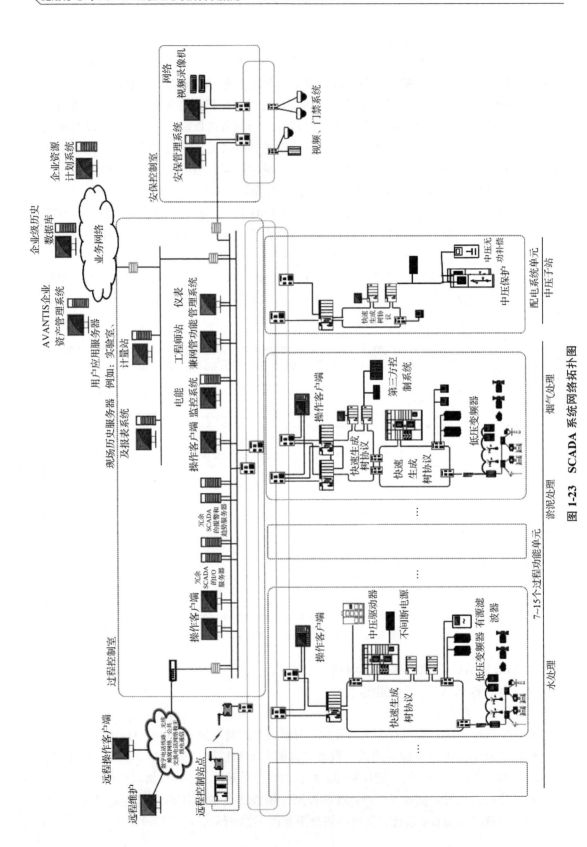

图 1-23 SCADA 系统网络拓扑图

（2）Plant SCADA 系统架构

Plant SCADA 系统架构作为上位监控系统，由其自身的架构特点为 C/S（Client/Server）架构，即业界俗称的客户端/服务器架构。

Plant SCADA 系统的典型架构如图 1-24 所示。

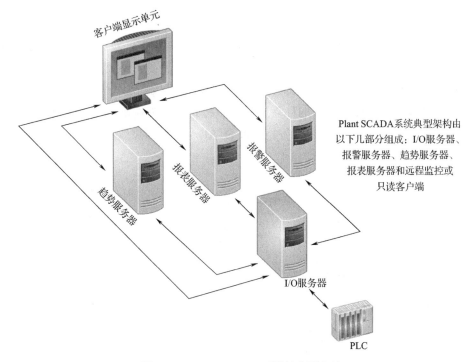

图 1-24　Plant SCADA 系统的典型架构

服务器（Server）主要实现数据的处理和控制，分为四大服务器：
- 实时数据服务器：简称 I/O 服务器，实现与下位自控系统的数据交换。
- 报警服务器：与 I/O 服务器进行数据交换，分析报警数据，实现报警信息管理，如实时报警、历史报警和报警禁用等。
- 趋势服务器：与 I/O 服务器进行数据交换，分析定义的历史化数据，实现数据长时间存储和趋势展示提供数据。
- 报表服务器：与 I/O 服务器、报警服务器和趋势服务器进行数据交换，按照定义的报表格式和数据统计策略输出生产管理报表。

客户端（Client）主要实现与各数据服务器的数据交互，实现操作人员远程监控和操作。功能分为如下类型：
- 只读客户端：需要安装 Plant SCADA 客户端软件，需要监控工程，只能对生产过程进行监视，无权限操作。
- 控制客户端：与只读客户端类似，只是操作权限带控制功能。
- Web 只读客户端：无需安装 Plant SCADA 客户端软件，仅需通过 IE 浏览器，访问实时数据服务器，认证后可以进行远程监视。

- Web 控制客户端：与 Web 只读客户端类似，增加远程操作权限。从系统安全性角度出发，一般不建议使用 Web 远程控制客户端应用功能，避免因网络安全漏洞，遭受网络黑客攻击，破坏生产控制过程，造成不必要的网络安全隐患和安全生产事故。

Plant SCADA 系统架构具备如下特点：

1）可扩展性。

可扩展性是指在保持现有系统硬件和软件不变的前提下，可任意改变系统规模的能力，即无论是扩大还是缩小。Plant SCADA 极具创新性的可扩展架构允许 SCADA 系统架构随着需求的增长而变化，同时保留最初的系统投入。如果需要添加一个控制终端，只需在局域网中添加一台新的计算机，然后将其指定为控制客户端即可。新的控制客户端可共享相同的组态并通过第一台 Plant SCADA 服务器接收 I/O 的信息，如图 1-25 所示。

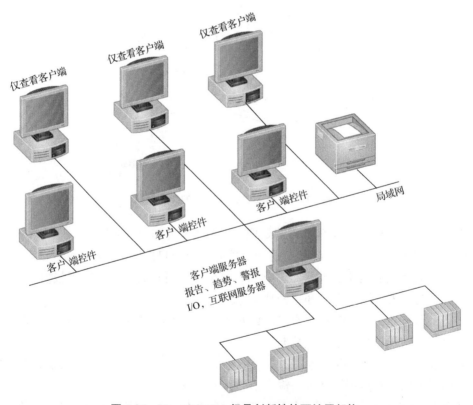

图 1-25 Plant SCADA 极具创新性的可扩展架构

2）灵活性。

SCADA 系统必须对不断变化的应用需求做出及时的调整。而产能扩张和成本改善的压力可能会使 SCADA 系统升级困难重重。Plant SCADA 采用真正的客户端/服务器架构，灵活地修改了系统架构，解决了后顾之忧。

Plant SCADA 从设计之初就是为了满足真正的工业应用需求，即服务器系统架构，从而能够确保高性能的响应和数据的高度完整性。要充分利用工业应用需求,即服务器架构的优越性,必须着手于任务级应用。每一个任务都作为特定的客户端/服务器模块,扮演着自己的角色,并通过客户端/服务器架构与其他任务相关联。Plant SCADA 有 5 个基本的任务,分别用来处理 I/O 设备的通信、报警状态的监测、报表的输出、趋势的记录和用户画面,5 个基本任务都是相对独立的,执行其特定的任务,这种独特的架构能够控制不同的计算机并执行特定的任务。例如,可以指定一台计算机执行显示和报表任务,而另一台计算机执行 I/O 设备通信和趋势分析任务。

搭建控制系统的首要环节是根据需求配置 I/O 服务器来访问数据。Plant SCADA 系统能够支持多达 255 个 I/O 服务器,可以对任意数据源进行访问。一旦数据被 I/O 服务器所获得,数据源对于控制系统的设计者来说就相对独立了。这使得通信和控制系统的设计得以完全分开,并且为将来 I/O 服务器位置的变动和系统的重新连接提供更多的灵活性。Plant SCADA 系统中的 I/O 服务器和其他任务之间还有一个接口,该接口保证客户端和服务器之间的通信带宽是由特定变量的变化次数来决定的,而不是取决于整个系统的大小。通过保持低带宽,Plant SCADA 服务器的其他任务可以与 I/O 服务器分离,从而增加了控制系统的灵活性。Plant SCADA 系统如图 1-26 所示。

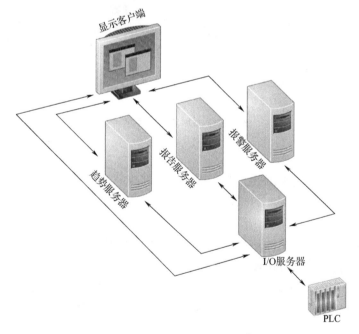

图 1-26 Plant SCADA 系统

通过使用标签,Plant SCADA 的任务可以面向对象设计来满足系统的要求。通常情况下 Plant SCADA 系统是围绕着一对冗余服务器建立的。各项任务也可以根据系统的规模要求向其他计算机上进行分配。这种将各个控制任务单独执行的设计优化了整套系统的运行性能。

该设计也使 Plant SCADA 可以将不同的任务分配到不同的 CPU 上,从而改善了系统的性能和稳定性。系统中具有独立执行能力的各项任务既可保留在中央服务器上，也可根据系统的需求进行分散。

除了可以通过重新分配任务以满足系统规模不断扩大的需求之外，Plant SCADA 还可通过添加集群来支持系统的扩展（见图 1-27）。集群可以使 SCADA 系统使用更多的现有硬件资源，从而控制成本。举例来说，一个服务器需要增强数量繁多的趋势监控模块，此时，如果没有集群解决方案，可能需要重新购置一台价格不菲的服务器。但使用了集群后，系统可以将新增的趋势配置在另一台集群服务器中，而无需重新购置硬件。

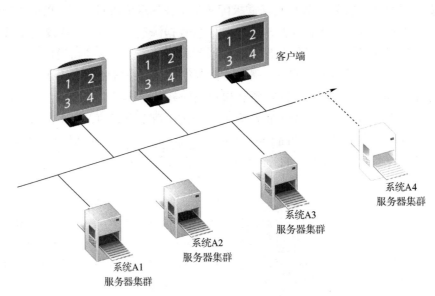

图 1-27 添加集群扩展系统

3）可靠性。

在工厂自动化和其他关键任务的应用中，硬件故障会造成生产损失，并因此引发潜在的严重后果。Plant SCADA 的冗余功能可主动防范系统中任何地方发生的故障，而不会因此影响系统的功能和性能。

Plant SCADA 支持完全的热备组态，提供完全的 I/O 设备冗余。通过指定一台设备为主设备，另一台设备为备用设备，Plant SCADA 可以在一台设备发生故障时自动地切换到另一台设备。Plant SCADA 能将设定点变化写入主 I/O 和备用 I/O 设备中，即使 I/O 设备并未设计为冗余也能在冗余组态下使用。I/O 服务器设备冗余的 Plant SCADA 系统如图 1-28 所示。

通信电缆损坏或无法排查的噪声干扰是非常常见的通信故障。为应对此类故障 Plant SCADA 允许每个 I/O 设备同时连接两根独立通信电缆（独立工作）。通过数据链路的冗余，可最大限度地减小因为通信故障带来的损失，保证现场操作的连贯性和准确性。数据链路冗余的 Plant SCADA 系统如图 1-29 所示。

当与 I/O 设备进行通信时，许多系统都要求 I/O 服务器冗余。为了避免数据冲突，尽可能充分地利用通信带宽，Plant SCADA 只有主 I/O 服务器与 I/O 设备进行通信。

很多 SCADA 系统使用局域网来连接组件，但有时诸如网卡故障这样的小问题也会影响到系统的通信。Plant SCADA 内嵌的多网络支持提供了完全的局域网冗余，需要做的仅仅是安装两个或者更多的网络（如果愿意的话）。主局域网发生故障时，无需进行组态，Plant SCADA 会自动连接其他可用的局域网。

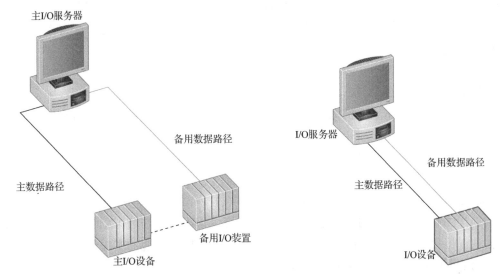

图 1-28　I/O 服务器设备冗余的 Plant SCADA 系统　　图 1-29　数据链路冗余的 Plant SCADA 系统

文件服务器的不可靠性经常会被忽略。Plant SCADA 支持冗余的文件位置，这样即使文件服务器发生故障，SCADA 系统仍然不受影响地运行。Plant SCADA 的冗余功能是完整且易于组态的。局域网冗余不需要组态，任务冗余的设置通过一个简单的向导只需几秒钟就能完成。Plant SCADA 所有的冗余特性可以同时使用来给予系统最大限度的保护。由于 Plant SCADA 采用的是基于任务的系统架构，可以获得无与伦比的 SCADA 与人机接口冗余。Plant SCADA 中的每一个任务（I/O、趋势、报警、报表、显示）都可以被系统中的其他计算机共享。这就允许同时指定两台计算机完成服务器的任务，其中一个作为主服务器而另一个作为备用服务器。如果主服务器发生故障，备用服务器会自动地取代主服务器，客户端会自动寻找并访问备用服务器。当主服务器重新上线后，会自动与备用服务器重新同步，以确保历史文件不会丢失。即使所有的任务在本质上是不同的，Plant SCADA 允许为每个任务设计不同的冗余策略。如果需要进行升级或者改变组态，可以将新工程载入到备用服务器中，然后从主服务器切换到备用服务器以运行此新工程。如果和预期的效果不符，可以切换回主服务器，并不影响到既有的生产。

4）客户端：Plant SCADA 的客户端技术提供了随时随地访问系统的灵活性。

a. 增加灵活性。

Web 客户端为现场的操作管理增加了灵活性和方便性。现在 Plant SCADA 用户可以从具备互联网或企业内网的任何位置进行远程监视和操作。使用 Web 客户端是非常经济的，因为只需要在服务器上做维护。另外，由于采用了浮动授权，所以只需按照同时访问服务器的最大客户端数量选择客户端授权许可证。因而 Plant SCADA 广泛地应用于移动用户、远程用户、供应商、远程现场和特殊用户。

Plant SCADA 提供了两种类型的客户端。控制客户端拥有全部的系统功能,既可以查看任意实时数据,也可读写由 Plant SCADA 系统控制的任何变量。因此,控制客户端非常适合现场工程师使用。只读客户端可以查看 Plant SCADA 系统内的所有信息,但是不能写入任何变量或者执行与其他服务器通信的代码。因此,只读客户端非常适合控制系统的上层管理、过程优化或者不定期的访问。当然只读访问也可以通过配置控制客户端的访问权限来实现。

b. 客户端。

两种类型的 Plant SCADA 客户端都可用于系统控制信息的显示。在控制室中,通常会在每台计算机上安装全套的 Plant SCADA 客户端应用程序。这些客户端含有应用程序接口以提供最大的可视化空间。使用者既可选择为每台客户端配置独立的授权,也可在服务器上安装所有的授权,以实现客户端的"浮动"授权。

c. Web 客户端。

Plant SCADA 的 Web 客户端具有和普通客户端一样的功能,并且具有和普通显示客户端一样的画面(在 IE 浏览器中显示)且不需要进行维护。修改工程时,Web 客户端会自动地保持更新同步。Web 客户端允许远程用户实现控制系统的实时访问。集成 Web 客户端的 Plant SCADA 系统如图 1-30 所示。

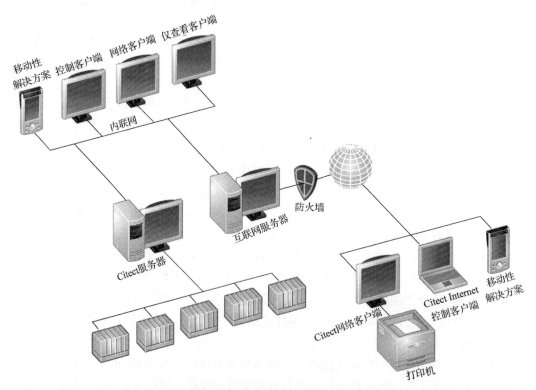

图 1-30 集成 Web 客户端的 Plant SCADA 系统

d. 安全性。

Web 服务器使用先进的防火墙和密码保护加密技术来确保互联网中 Web 客户端操作的安全性。Web 客户在访问时若不能提供正确的用户名和密码，或者超过服务器许可的访问客户数目，该访问都会被拒绝。此外，Plant SCADA 进行工程组态时要求提供本地用户名和密码，从而为企业或远程访问提供可靠性。

e. 授权。

对于客户端的数量并没有技术上的限制。Plant SCADA 授权的计算是基于当前连接到服务器的客户端的数量，而不是所有用户数量，因此这是一种非常经济的配置方案。

Plant SCADA 支持在一台计算机上运行多个 Web 客户端，因此可以同时浏览两个或三个不同的工程。

互联网 Web 只读客户端授权后可经由互联网随时随地访问 SCADA 界面。

5）Plant SCADA 通信：OFS（OPC 工业服务器）透明就绪。

控制器和 SCADA 系统之间的通信原理是 SCADA 在 PLC 的缓存区内通过地址访问数据。虽然这种方式能提供高性能的通信能力，但是它对系统硬件性能提出更高的要求，使得 PLC 的诸如内存分配、刷新机制的设计变得非常复杂。

Plant SCADA 和施耐德电气产品间的通信采用工业标准 OPC 协议，能够成功地逾越上述各类限制。该协议取消了 SCADA 组态里的硬件地址，并允许用户采用基于控制器的命名方式。简单地说，Plant SCADA 的组态和同步可以将标签库与 OFS 组态建立映射，同步更新。

通过在 SCADA 和控制器间实现自由和免维护的通信链接，可以自由地搭建和更新系统。

OFS 是一种高兼容性控制器数据服务器，它可以与任意一款施耐德控制器建立连接。通过 OFS 可以方便、实时地访问 Modicon、Quantum、Premium、TSX、Micro、Twido、Momentum 和其他支持 Modbus 总线协议的控制元器件。

OFS 保障访问控制器在内的所有数据，快速与 PLC 通信，直接同步和 Plant SCADA 间的标签数据（减少组态耗时）。访问关键数据，开放的接口和透明的架构对核心流程的准确进行大有裨益。

a. 全面开放。

虽然施耐德控制器与 Plant SCADA 配合使用是工程运用中的最佳选择，但能与更多第三方控制元器件实现高效通信是高端产品不可或缺的能力。为此，Plant SCADA 集成了 150 种通信协议。Plant SCADA 对各种信息系统的开放式连接提供了无缝的数据流和丰富的实时过程信息。Plant SCADA 可以灵活地支持各类厂商开发的标准软硬件。

b. 强大的数据交换能力。

在实际使用过程中，某些 I/O 设备在响应数据请求时效率低下。有别于此，Plant SCADA 运用独特的数据响应策略，能够大大地增强 I/O 设备的数据吞吐能力。

Plant SCADA 进行订阅式访问——只访问客户要求访问的数据。更重要的是，这一机制使 I/O 服务器可以优化客户端对其访问。举例说明，将客户端相同的订阅信息合并，并统一发放，可以减少对服务器的访问次数，把界面刷新效率提高近 8 倍。

只有特定的数据才能在请求后得到独立的响应。如果所有请求的数据优化组合在一起，那么请求和响应速度将变得更快。通过建立在一个扫描周期内扫描的数据列表，Plant SCADA 可自动地计算数据访问的最佳方式。

Plant SCADA 客户端 / 服务器的模式通过对 I/O 服务器缓存的创造性使用，大大地提升了系统的效能。其原理是：当某个 I/O 服务器读取寄存器后，其值将保留在寄存器内，用户可指定保存时长（通常为 300 ms）。如果客户端请求的数据在寄存器中，那么客户端无需向服务器提交请求便可得到该数据。在一个典型的双客户端系统中，这种访问机制出现的概率为 30%，可能带来 30% 的性能提升。

c. 可靠的性能。

Plant SCADA 的数据分发和优化网络能够提供优异的网络性能，即便是在系统具备 450 000 点、60 台计算机这样的大规模应用场合下。可以想见，如果没有 Plant SCADA 的优化机制，网络负担将不堪重负，无法增加更多的 I/O 和客户端。精确的数据流如图 1-31 所示。

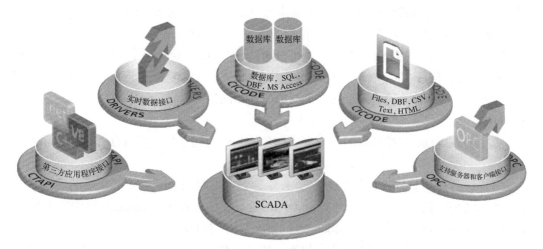

图 1-31　精确的数据流：具有方便与各类信息系统通信的接口

Plant SCADA 系统支持 RTUs 通信协议，使用标准的广域通信技术，Plant SCADA 提供与远程监测单元（RTU）的高效通信方式，使得系统运营更加经济、高效。

6）方便配置和使用。

Plant SCADA 的远程 I/O 设备的监控功能可以自动地连接远程设备来检索数据。同时，它可以接受未经请求的连接和从远程设备上传的数据。远程 I/O 设备的监控不仅用于远程监控，还可用于执行连接或断开的 Cicode 功能。快速通信向导包括电话号码和呼叫计划。创建并通过 Plant SCADA 自动处理呼叫计划、数据传输和链接断开。

实现拨号功能需要在远程设备或调制解调器发送一个标识字符串（ID 字符串）。Plant SCADA 使用 ID 字符串通过对应的通信协议标识远程呼叫。如果设备不能支持一个 ID 字符串（例如，串行端口可能被限制在本地协议），则由 Sixnet 或其他工业调制解调器能提供一个适当的接口。

7）时间戳数据。

Plant SCADA 使 RTU 的事件日志的时间戳数据可以很容易地上传和备份到历史记录。此数据配置的任何警报都会触发以原始时间戳为基础的新警报。为安全监控远程站和设备建立远程 I/O 设备读入 / 读出的双冗余组态如图 1-32 所示。

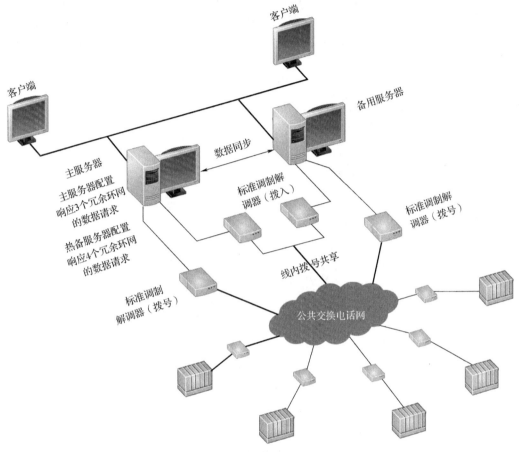

图 1-32　为安全监控远程站和远程设备建立远程 I/O 设备读入 / 读出的双冗余组态

4. Plant SCADA 系统不同拓扑架构的特点

（1）标准 SCADA 系统控制架构

许多 SCADA 系统都是从一台独立的计算机发展成大型控制系统的。Plant SCADA 无须更改配置即可任意扩展系统的规模和容量，是用户长期使用的最佳选择。

其特点是 I/O 服务器、报警服务器、趋势服务器和报表服务器及控制客户端集中在一台计算机，主要适用于 1～2 条生产线过程控制，监控变量在 5 000 点以内的应用场合。标准 Plant SCADA 系统如图 1-33 所示。

（2）大型 SCADA 系统控制架构

Plant SCADA 在大型控制系统领域一直享有专家

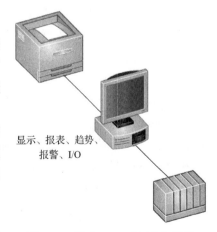

图 1-33　标准 Plant SCADA 系统

级的声誉，早在 1992 年就完成其在大型系统控制领域的第一个应用工程，并使用了近 5 万个变量标签。为了完成如此规模的工程，Plant SCADA 开发了先进的通信技术和软件结构，使得大型控制系统的设计、应用和维护更为安全和方便。

其特点是 I/O 服务器、报警服务器、趋势服务器、报表服务器和互联网服务器集中在一台计算机，且根据生产需求需要多台控制客户端对多个生产线进行监视和控制。主要适用于 3~5 条生产线过程控制的应用场合。大型 Plant SCADA 系统如图 1-34 所示。

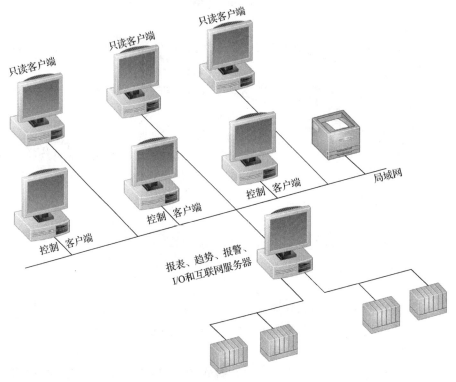

图 1-34　大型 Plant SCADA 系统

（3）SCADA 系统集群控制架构

节约成本和集中控制是当前经济环境下的主流趋势，Plant SCADA 能将任意数量的控制系统统一为一个"集群"，因此成为该需求应用的最佳选择，每一个本地站点都能查看其本地信息，而且可以通过安装全局控制客户端来查看全局控制信息，包括统一的报警列表等，并能够比较多个系统的趋势数据。

其特点是整个工厂可以按照工艺功能划分为不同的功能厂区，为实现不同功能厂区访问限制，相同工艺控制程序重复引用，提高开发部署效率，通过集群的方式可以进行区分和引用。同时，考虑监控负荷不高，不同厂区 A 和 B 的监控标签都在 5 万点左右，A 和 B 厂区的 I/O 服务器、报警服务器、趋势服务器、报表服务器可以集中在一台计算机，且有多台控制客户端对全厂 A 和 B 区生产线进行监视和控制的应用场合。集群控制的 Plant SCADA 系统如图 1-35 所示。

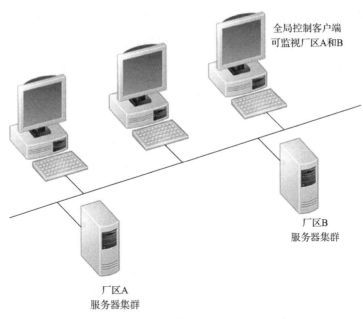

图 1-35 集群控制的 Plant SCADA 系统

(4) SCADA 冗余系统架构

1) 通信链路冗余架构：为了保证下位控制系统与 I/O 服务器之间通信不中断，采用通信链路冗余架构，确保监控数据的稳定性。主要应用在实时监控要求较高的场合。数据链路冗余的 Plant SCADA 系统架构如图 1-36 所示。

2) 服务器冗余架构：为了保证 I/O 服务器、报警服务器、趋势服务器和报表服务器，不因某一服务器计算机单点故障，导致整个 SCADA 系统监控功能缺失，除采用与下位控制系统通信链路冗余外，还可以采用不同职能的服务器冗余架构，确保在监控数据稳定性的同时，SCADA 监控功能稳定完整，可应用在实时监控要求高的场合。例如，化工过程生产中的危险反应的场景、钢厂钢包调用监控等。服务器冗余的 Plant SCADA 系统架构如图 1-37 所示。

(5) 特大型冗余系统

Plant SCADA 的应用程序可以轻易地扩展，以适应小型、中型和大型企业的应用。从只有几十点的超小型应用系统扩展为监控超过 70 万点的大型应用系统，是通过使用集中式或分布式处理的方式来实现的。集中式处理是在一台计算机中存储并处理所有的数据，因此是相对经济的解决方案；但是在超大规模系统的应用中，分布式处理能够共享多台计算机的算力资源。特大型 Plant SCADA 系统冗余架构如图 1-38 所示。

(6) 互联网型系统架构

Plant SCADA 系统在因特网还不普及的阶段，其系统仅限于工厂内部使用。各个有上下游关系的工厂的数据不能共享，处于孤岛运行模式。为了更好地实现各个工厂之间、上下游工厂生产的协同，通过互联网或专线将各个工厂的 SCADA 系统连接起来，实现了实时数据的共享和传递。同时，为了保证互联网与工厂控制网络的安全，在控制网络与外部的互联网进行物理隔离，设置防火墙或堡垒机，阻挡网络黑客或病毒的攻击，确保 Plant SCADA 系统和控制系统稳定、可靠地运行，从而确保生产的连续性和高效性。典型因特网用户的 Plant SCADA 系统架构如图 1-39 所示。

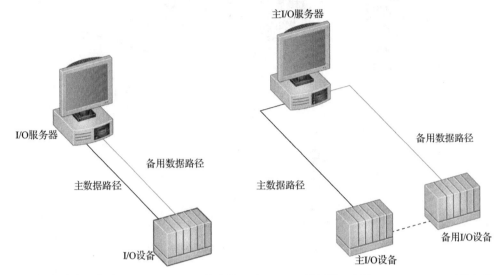

图 1-36　数据链路冗余的 Plant SCADA 系统架构　　图 1-37　服务器冗余的 Plant SCADA 系统架构

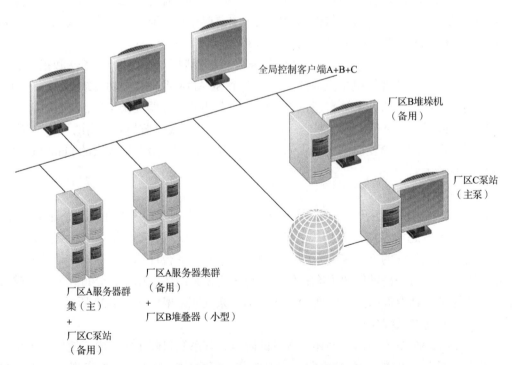

图 1-38　特大型 Plant SCADA 系统冗余架构

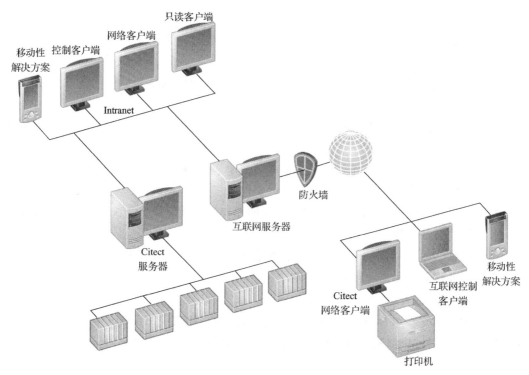

图 1-39　典型因特网用户的 Plant SCADA 系统架构

四、能力训练

1. 操作条件
- 理解 Plant SCADA 系统的相关功能和特点。
- 掌握 Plant SCADA 系统的相关基础知识。
- 通过 Plant SCADA 自带 Demo 程序进行简单操作，从感性认识上升到理性认识。
- 通过各种应用场景的 SCADA 需求，能够基于 Plant SCADA 的架构特点，确定合理的系统架构。

2. 安全及注意事项
- 在接触和了解 Plant SCADA 系统时，注意 Plant SCADA 的操作规程，在操作人员的指导下对系统的软硬件进行操作。
- 未经允许不得登录系统，未经授权不得登录系统进行监控操作。
- 对于 Plant SCADA 系统的机房重地，不得动手触碰服务器功能按键及拔插通信电缆。

3. 操作过程

问题情境一：

问：假如你是一名 SCADA 系统设计工程师，你需要设计一套符合客户需求的 SCADA 系统，应向客户获取哪些设计需求的信息？

答：

1）SCADA 系统需要接入的第三方控制系统的数量，第三方系统集成兼容的通信协议。

2）第三方控制系统的网络及客户对 SCADA 系统通信网络稳定性的要求，设计总线型网络、星型网络、单环网还是双环网。

3）第三方控制系统 IP 地址不在同一个网段，需要三层交换机或路由器进行跨网段通信设置连通。

4）SCADA 系统监控需求，需要多少个工艺监控界面，各个界面访问权限的要求，各个第三方控制系统数据的交互表。

5）报警、趋势标签的定义，趋势采样周期及存储时间要求，报表格式要求，日报、周报和月报的统计参数。

6）SCADA 系统性能的要求，比如数据刷新响应时间，界面切换时间，监控设备的响应时间，系统冗余要求和数据完整性及有效性的要求。

问题情境二：

问：假如你是一名 SCADA 系统设计工程师，当监控系统需要实现移动和跨厂区监控时，应选择哪种 Plant SCADA 系统架构，并考虑哪些安全的设置？

答：

1）Plant SCADA 系统应选择典型的因特网用户 Plant SCADA 系统架构，通过外网或专线实现不同厂区的远程监控。

2）跨厂区监控应考虑只读的远程客户端。

3）移动监控时，应选择 Web 控制客户端或 Web 只读客户端。

4）Plant SCADA 系统的对外接口网络应设置路由器和防火墙，防止网络病毒和黑客的攻击。

4. 学习成果评价

序号	评价内容	评价标准	评价结果（是/否）
1	Plant SCADA 系统功能及特点	1）掌握 SCADA 系统定义 2）准确说明 Plant SCADA 系统的监控功能	
2	Plant SCADA 系统典型架构及应用场景	1）准确说明 Plant SCADA 系统的架构及不同架构的典型应用场景 2）能根据 SCADA 系统的监控需求，规划和设计一套 Plant SCADA 系统架构图	

五、课后作业

请设计一套 Plant SCADA 系统并绘制系统架构图。系统需求：1 个厂区有两套 PLC 控制系统，与 Plant SCADA 的数据交互变量为 50 000 点，要求 PLC 与 Plant SCADA 通信链路冗余，Plant SCADA 各种服务器冗余，3 个远程控制客户端，2 个 Web 控制客户端和 2 台打印机。

职业能力 1.1.2　能根据需求选择不同的软件配置方案

一、核心概念

1. 监控需求

基于 Plant SCADA 的系统拓扑架构，完成数据上下位交互、报警信息、趋势数据和报表及全厂生产过程关键信息的实时监控，需要明确监控的区域、生产流程、操作需求、I/O 服务器及客户端（控制/监视），才能选择合适的软件授权，完成全厂的远程监控。

2. Plant SCADA 软件授权

安装 Plant SCADA 软件并根据 SCADA 监控需求在开发环境进行组态配置，监控界面的开发和运行脚本的编写不需要软件授权。当编译好的监控工程通过 Plant SCADA 软件发布、在 Runtime 模式下进行监控时，应根据 I/O 服务器与下位 PLC 控制系统或第三方系统通过 Plant SCADA 软件支持的各种通信协议进行数据交互，并根据交互数据量选择对应的软件授权并激活才能实现 Plant SCADA 的正常监控功能，否则将以 Runtime 演示模式运行，同时根据交互数据量的多少，Plant SCADA 会随机中断演示模式。Plant SCADA 的 Runtime 演示模式最长可以运行 10 min。

3. 授权的计算

软件授权的计算与需要授权的计算机数量和 I/O 服务器与下位 PLC 控制系统或第三方系统通过各种 Plant SCADA 软件支持的通信协议进行数据交互的变量标签数量相关。例如，Plant SCADA 的浮动授权是基于同时运行 Plant SCADA 程序的计算机数目，而不是安装 Plant SCADA 的计算机数目。这样，如果有 100 台计算机安装了 Plant SCADA，但同时运行它的计算机数目不超过 15 台，那么只需购买 15 个浮动授权即可。再例如，下位 PLC 控制系统或第三方系统可以对上位 SCADA 系统交互的数据有 2 000 个变量标签，但根据工厂生产工艺监控需求，需要通过 Plant SCADA 软件支持的各种通信协议进行数据交互的变量标签仅有 1 300 个，那么无需选择 Plant SCADA 软件 5 000 点授权，仅需选择 1 500 点授权即可满足需求。

4. 软件授权的种类

软件授权按照功能分为服务器授权和客户端授权。服务器授权需要安装在 Plant SCADA 软件定义的应用服务器上，客户端授权可以安装在服务器上，也可以安装在 Plant SCADA 定义的客户端计算机上。

软件授权按照依存的方式分为固定授权和浮动授权两种。指定授权顾名思义是将 Plant SCADA 不同档位的授权激活在对应安装 Plant SCADA 软件的计算机上。浮动授权是指激活在应用服务器计算机上，可以被其他安装 Plant SCADA 软件的客户端借用的授权，借用授权的计算机虽然安装了 Plant SCADA 软件，但无需给其激活相应的软件授权。

客户端软件授权根据监控功能分为控制客户端和只读客户端授权。控制客户端授权可以实现客户端对监控对象的监视与控制。只读客户端只能对监控对象进行监视。

Web 客户端授权是指需要实现 Plant SCADA 软件远程监控功能的计算机，无需安装 Plant SCADA 软件，通过 Web 浏览器方式，键入 I/O 服务器的 IP 地址，通过下载 Web 监控应用软件，以 Web 方式实现对全厂生产工艺过程的监视和控制。Web 客户端授权可以以浮动授权的方式在 I/O 服务器上激活，也可以在指定运行 Web 客户端的计算机上激活。

5. 授权计算机

授权计算机按照应用功能分为服务器和客户端。

二、学习目标

1. 根据实际 SCADA 监控架构选择合理的 Plant SCADA 系统授权。
2. 理解 Plant SCADA 软件授权的规格和种类。
3. 掌握 Plant SCADA 授权选择的决定因素。

三、基本知识

Plant SCADA 监控软件根据不同的监控应用场景，其软件包都包含全部的功能。通过 Plant SCADA 的授权方案，能够以最经济的方式获得针对具体需要所需的授权。

每个授权的规格是由以下几个因素决定的：

1. 点数计算和限制

点数是从 I/O 设备读出的一个单独的数字或整数变量。无论该点在工程中使用多少次，Plant SCADA 只会统计此 I/O 设备的点数。Plant SCADA 系统创建的内部变量是免费使用的。

点数限制是指能够读取的 I/O 设备（即下位自控系统的变量）地址的最大数量。Plant SCADA 可以满足任意点数需求，分为 75 点、150 点、500 点、1 500 点、5 000 点和无限点数。

在单授权情况下授权点数是指 I/O 服务器配置的读取 I/O 设备变量总点数之和。

2. 计算机角色

在网络应用中，并不是所有的计算机都完成 Plant SCADA 的所有任务。对于没有使用的功能可以不授权激活，因此可以选择性地使用控制或只读客户端授权，而不是完全授权。拥有控制客户端授权的计算机可以执行所有的操作员接口功能并与服务器交换数据，但是不能作为 Plant SCADA 服务器使用。拥有只读客户端授权的计算机提供只读显示功能，这对只需监视现场情况的应用是非常适用的，所以按照计算机角色授权可以分为如下几类：

1）服务器完整授权：包含 I/O 服务器授权、报警服务器授权、趋势服务器授权和报表服务器授权，点数分为六档，即 75 点、150 点、500 点、1 500 点、5 000 点和无限点授权。

注意：各种类型的服务器可以在一台物理服务器上激活服务功能，也可以在其他物理服务器上激活，但需要另外的授权激活。

针对 Plant SCADA 冗余系统应用，授权需要采购对应的冗余授权。

2）客户端授权：按照客户端接入类型可以分为客户端授权和 Web 客户端授权，客户端授权根据访问权限分为只读客户端和控制客户端授权，控制客户端授权点数分为六档，即 75 点、150 点、500 点、1 500 点、5 000 点和无限点授权。

Web 客户端拓展实例如图 1-40 所示。

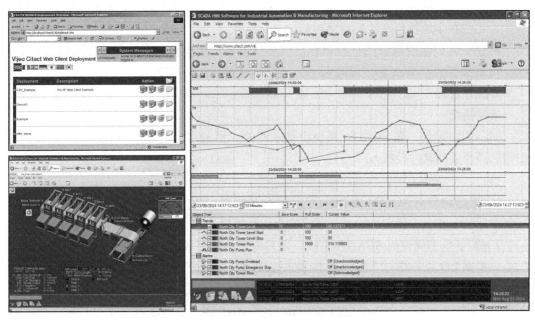

图 1-40　Web 客户端拓展实例

3. 单用户和多用户

Plant SCADA 的授权可提供单用户和多用户两种类型。多用户许可证允许在局域网或广域网运行的任何 Plant SCADA 工程，这意味着无需安装 Plant SCADA 软件和硬件加密狗，便可以在任何计算机上访问 Plant SCADA 工程信息。

4. 试用演示版

如果想试用一下 Plant SCADA，可以从施耐德电气网站上获得一套具备完全功能的试用软件。试用版和实际授权版的组态功能是完全一样的（包括软件和手册），但是只能在有限的时间段内运行。不过在组态环境可以随意使用，了解 Plant SCADA 软件平台的各种功能和监控效果。

四、能力训练

1. 操作条件

- 理解 Plant SCADA 系统定义的计算机类型，掌握并选择合理的、正确的软件授权。
- 掌握 Plant SCADA 系统授权的计算原则和选择规格。
- 知道 Plant SCADA 软件的试用演示模式无需授权，但根据外部变量标签的数量，其演示时间有长短之分，最长可以运行 10 min。

2. 安全及注意事项

- 软件授权为指定模式时，如果授权是烧录在物理 USB 中，不能随意插拔授权 USB，否则会使正常工作在 Runtime 模式下的 Plant SCADA 软件自动退出服务。
- 客户端授权通常都是激活在本地客户端或应用服务器上，不能反向操作，把服务器授权激活在客户端上，否则应用服务器无法正常进入 Runtime 运行模式，软件无法在本地找到合法的激活授权。
- Web 客户端授权虽然有控制客户端和只读客户端授权之分，但考虑到网络安全，通常有远程 Web 客户端需求时，只设计只读客户端授权。

3. 操作过程

问题情境一：

问：假如你是一名 SCADA 系统设计工程师，根据用户对 SCADA 系统的需求，应如何选择合适的软件授权？

答：

1）根据用户对 SCADA 系统的需求接入下位 PLC 控制系统及第三方控制系统的交互变量标签的数量，确定 SCADA 系统的架构和规模。

2）如果是小规模的 SCADA 系统，即只需要本地完成监控，无远程控制端的需求，只需要根据 I/O 服务器与下位 PLC 控制系统或第三方系统交互数据变量标签的数量，按照 Plant SCADA 软件授权的规格，选择合适点数档位的服务器授权即可。如果是大规模 SCADA 系统，且有多个远程控制客户端，甚至 Web 客户端需求时，则选择合适点数档位服务器授权和客户端授权。

3）如有冗余要求时，应选择合适点数档位的冗余服务器授权和冗余客户端授权。

问题情境二：

问：假如你是一名 SCADA 系统设计工程师，通过计算评估，Plant SCADA 系统与下位 PLC 控制系统或第三方控制系统进行数据交互的变量标签是 16 000 点，且有三个远程控制客户端和系统冗余要求，应选择哪种 Plant SCADA 软件授权及激活方式？

答：

1）选择 1 套无限点的全功能服务器授权，包括 I/O 服务器授权、报警、趋势和报表服务器授权。

2）选择1套无限点的冗余全功能服务器授权。

3）选择3个无限点控制客户端授权和3个无限点冗余控制客户端授权。

4）授权选择浮动授权方式，即在一台服务器上激活1个服务器授权及3个控制客户端授权，在另外一台冗余服务器上激活1个冗余服务器授权及3个冗余控制客户端授权。

5）远程控制客户端不再进行软件授权，通过Plant SCADA网络，访问服务器获取浮动远程控制客户端授权即可。

4. 学习成果评价

序号	评价内容	评价标准	评价结果（是/否）
1	Plant SCADA系统授权种类和规格	1）掌握Plant SCADA授权种类，分服务器和客户端授权 2）规格分为75点、150点、500点、1 500点、5 000点、15 000点和无限点授权 3）激活方式分指定和浮动模式	
2	Plant SCADA系统授权计算要素	1）点数计算和限制 2）计算机角色 3）单用户和多用户 4）试用演示版	

五、课后作业

请根据职业能力1.1.1的课后作业内容，为自己设计的Plant SCADA系统选择合适的软件授权，并确定授权模式，说明此种授权模式的优缺点。

注意：Plant SCADA系统需求，一个厂区有两套PLC控制系统，与Plant SCADA的数据交互变量为50 000点，要求PLC与Plant SCADA通信链路冗余，Plant SCADA各种服务器冗余，3个远程控制客户端，2个Web控制客户端和2台打印机。

工作任务 1.2 Plant SCADA 软件的安装

职业能力 1.2.1 能根据需求配置 Plant SCADA 软件的安装环境

一、核心概念

1. 软件运行环境

软件运行环境,狭义上讲是软件运行所需要的硬件支持。广义上也可以说是一个软件运行所要求的各种条件,包括软件环境和硬件环境。譬如各种 SCADA 软件对计算机操作系统的硬件需求是不一样的,即对 CPU、内存、存储空间、网络适配器的处理能力等的要求也是不一样的。同时 SCADA 软件不仅仅要求硬件条件,还需要软件环境条件的支持,通俗地讲就是 SCADA 运行的 Windows 操作系统环境和 Linux 操作系统环境的兼容性是不一样的,同类操作系统不同版本的兼容性也是不一样的。所以,在使用 Plant SCADA 软件进行监控设计开发前,首先需要核查软件对运行环境软硬件系统的要求,才能顺利安装软件并正常使用。

2. Plant SCADA 运行性能

Plant SCADA 的系统架构为 C/S 架构,即有应用服务器和控制客户端之分。由于两种终端承载的服务不同,因而对计算机的硬件需求也不同。通常情况应用服务器承载 I/O 实时数据的处理、报警、趋势及报表的业务数据处理及存档,其对计算机硬件配置要求较高,否则会因硬件配置无法满足海量数据的处理和展示,导致系统性能缓慢,直接表现就是客户端用户通信认证,实时数据刷新,监控界面刷新,界面导航和监控操作迟缓。客户端主要作为监控界面的操作终端,对计算机性能的要求不高,如果对显示要求不高,常规配置的计算机即可以满足使用的要求。

3. 虚拟化系统

虚拟化系统是指在一台物理计算机系统上虚拟出一台或多台虚拟计算机系统。虚拟计算机系统(简称虚拟机)是指使用虚拟化技术运行在一个隔离环境中的具有完整硬件功能的逻辑计算机系统,包括操作系统和应用程序。一台虚拟机中可以安装多个不同的操作系统,并且这些操作系统之间相互独立。虚拟机和物理计算机系统可以有不同的指令集架构,这样会使得虚拟机上的每一条指令都要在物理计算机上模拟执行。显而易见,会导致性能低下。所以,我们一般使虚拟机的指令集架构与物理计算机系统相同。这样大部分指令都会在处理器上直接运行,只有那些需要虚拟化的指令才会在虚拟机上运行。Plant SCADA 系统支持虚拟化技术应用,可以利用最新的 IT 技术,在一台高能服务器上通过虚拟化软件创建 Plant SCADA 系统所需的服务器和客户端虚拟机,通过虚拟网络构建 Plant SCADA 监控系统。

二、学习目标

1. 了解 Plant SCADA 软件正常运行所需的计算机软硬件环境。

2. 掌握 Plant SCADA 不同角色的计算机,根据业务处理要求的不同,对硬件及软件的要求及取决因素。

3. 了解 Plant SCADA 对计算机操作系统的兼容性。

三、基本知识

安装 Plant SCADA 之前,需要配置用于 Plant SCADA 服务器的计算机。Plant SCADA 对计算机硬件的配置有一定的要求。在开始安装 Plant SCADA 之前,建议为操作系统和系统软件安装 Microsoft® 的最新更新。

1. 硬件要求

基于计算机的服务器和客户端硬件的选择取决于许多因素,例如:

- 硬件在 SCADA 系统中的作用;
- I/O 量、警报、趋势和变化频率;
- 客户端数量(用于服务器);
- 服务器集群用户;
- 界面的复杂性定制程度。

以下要求已经通过模拟 Plant SCADA 系统进行测试,该系统连接了 10 个客户端,服务器 CPU 负载保持在 25% 以下,由于上述因素的影响,仅作为指南使用。

SCADA 系统需要或多或少强大的硬件。硬盘驱动器(HDD)表示安装软件、存储项目和运行时数据所需的空间估计。

(1)计算机性能

一般计算机性能将受到 CPU、RAM、总线和 HDD 速度等主要因素的影响。在选择客户端和服务器硬件时,建议注意两件事——PassMark 分数和 CPU 时钟速度。所需的处理器是根据 PassMark® 软件给出的平均 CPU 标记来定义的。要检查 CPU 性能,例如 Core i7 CPU,请在互联网浏览器的搜索引擎中键入 "PassMark Core i7"。与其他类似的众所周知的处理器相比,这将返回 CPU 的计算性能。

一般来说,应用程序越复杂,所选择的时钟速度就越高。对于运行图形密集型或脚本化程度高的应用程序的客户端来说尤其如此。通常,建议 Plant SCADA 网络中的计算机在正常状态下的目标 CPU 应在 25%～50% 之间。这允许系统对异常情况做出响应。

(2)客户端性能推荐

CPU PassMark®	Cores 核数(1)	RAM 内存	HDD 硬盘(2)	图形处理	屏幕分辨率(3)	网络
2 000	2	4 GB	10 GB	DirectX 9 或更高版本,支持 Windows 显示驱动程序模型,驱动版本 1.0,128 MB 的独立显存	1 920 × 1 080	100 MB

1)界面的复杂性,如图形动画的数量和后台运行的 Cicode,将影响客户 CPU 的选择。强烈推荐在构建复杂监控界面时使用具有高时钟速度的高性能 PC。作为指导,以下将需要高时钟速度以在单核上保持低于 25% 的客户端 CPU 负载:
- 拥有 50 个复杂精灵的高清用户界面;
- 具有 100 个复杂精灵的 4K 超高清用户界面。

2)如果激活工程部署功能,则 HDD 需要具有足够大的硬盘空间,可以容纳 2 个工程项目的运行空间。

3)Plant SCADA 支持更低和更高的分辨率,包括 4K 超高清分辨率(3 840×2 160)。4K 超高清将需要高时钟速度的 CPU。

4)多监视器客户端通常需要更高的时钟速度 CPU 和更多的内存。

(3)服务器性能推荐

每台服务器的 I/O (1)	CPU PassMark®	Cores 核数 (1)	RAM 内存	HDD 硬盘 (2)(3)	图形处理	屏幕分辨率	网络
迷你型 (<1 500 点)	1 800	1	4 GB	10 GB	DirectX 9 或更高版本,支持 Windows 显示驱动程序模型,驱动版本 1.0,64 MB 的独立显存	1 920×1 080	100 MB
小型 (<15 000 点)	4 500	4	8 GB	20 GB	DirectX 9 或更高版本,支持 Windows 显示驱动程序模型,驱动版本 1.0,128 MB 的独立显存	1 920×1 080	100 MB
中型 (<50 000 点)	8 000	4	8 GB	100 GB	DirectX 9 或更高版本,支持 Windows 显示驱动程序模型,驱动版本 1.0,128 MB 的独立显存	1 920×1 080	100 MB
大型 (<200 000 点)	10 000	8	16 GB	500 GB	DirectX 9 或更高版本,支持 Windows 显示驱动程序模型,驱动版本 1.0,128 MB 的独立显存	1 920×1 080	100 MB

1)这是针对仅运行 I/O、报警、趋势和报表的单个服务器的建议。对于较大系统,可以将服务分发到其他的 PC 上,以及可以使用集群来添加额外的服务器。以下情况下,应增加 CPU 和内存的系统资源:
- 使用聚类;
- 数据变化率高(I/O 或报警)。

2）如果激活工程部署功能，则 HDD 需要具有足够大的硬盘空间，可以容纳两个工程项目的运行空间。

3）磁盘空间仅为估计值，包括：
- 运行时组件；
- 已编译项目；
- I/O 趋势的 20%，平均每 10 s 变化一次，连续 3 个月 24×7 次；
- 报警变化等于每天 I/O 变化的次数。

（4）工程师站性能推荐

系统规模	CPU PassMark®	Cores 核数	RAM 内存	HDD 硬盘（1）（2）（3）	图形处理	屏幕分辨率（4）	网络
迷你型（<1 500 点）	2 000	2	8 GB	10 GB	DirectX 9 或更高版本，支持 Windows 显示驱动程序模型，驱动版本 1.0, 64 MB 的独立显存	1 920×1 080	100 MB
小型（<15 000 点）	2 000	2	8 GB	20 GB	DirectX 9 或更高版本，支持 Windows 显示驱动程序模型，驱动版本 1.0, 128 MB 的独立显存	1 920×1 080	100 MB
中型（<50 000 点）	4 250	4	8 GB	50 GB	DirectX 9 或更高版本，支持 Windows 显示驱动程序模型，驱动版本 1.0, 128 MB 的独立显存	1 920×1 080	100 MB
大型（<500 000 点）	4 250	4	8 GB	50 GB	DirectX 9 或更高版本，支持 Windows 显示驱动程序模型，驱动版本 1.0, 128 MB 的独立显存	1 920×1 080	100 MB
超大型（>500 000 点）	8 000	4	8 GB	100 GB	DirectX 9 或更高版本，支持 Windows 显示驱动程序模型，驱动版本 1.0, 128 MB 的独立显存	1 920×1 080	100 MB（5）

1）建议工程师站使用 SSD，以获得更流畅、更快的体验。如果使用非 SSD，请选择最低转速 7 200 r/min。

2）如果工程站用作部署服务器，则 HDD 的大小将决定可以保留多少个工程项目文件。

3）磁盘空间仅为估计值，包括：

- 完整的 Plant SCADA 安装，包括可选组件和文件；
- 指定系统规模的项目文件。

4）Plant SCADA Studio 的最低桌面分辨率为 1 920×1 080。

5）如果工程站用作部署服务器，建议使用 1 Gbit/s 网络连接。

（5）HMI 人机界面性能推荐

HMI 客户端和服务器一体机。

系统规模（1）	CPU PassMark®	Cores 核数	RAM 内存	HDD 硬盘（1）（2）（3）	图形处理	屏幕分辨率（4）	网络
迷你型（<1 200 点）	1 400	1	8 GB	10 GB	DirectX 9 或更高版本，支持 Windows 显示驱动程序模型，驱动版本 1.0，64 MB 的独立显存	1 920×1 080	100 MB

2. 系统软件

在服务器或客户端上安装 Plant SCADA 所有核心组件和所有可选组件计算机上所需的系统软件。

Plant SCADA 组件	系统软件最小需求
所有核心组件	操作系统： Windows® 7 SP1（64 bit only） Windows® 8.1（64 bit only） Windows® 10 version 1607 and later（64 bit only） Windows® 10 LTSC version 1607 and later（64 bit only） Windows® Server 2008 R2 SP1 Windows® Server 2012 Windows® Server 2012 R2 Windows® Server 2016 Windows® Server 2019 Microsoft .NET Framework 4.7.2（在安装 Plant SCADA 软件时自动安装） 如果操作系统是 Windows Server 2012，施耐德电气软件自动更新服务需要安装 Microsoft .NET Framework 2.0（x64），IEV9.0 或更高版本 注意：如果安装不成功，请检查计算机上是否安装了早期版本的 ArchestrA 数据存储。如果安装了早期版本，请将其卸载。在安装 Plant SCADA 之前重新启动计算机 如果要让多个客户端访问远程服务器，请使用局域网（LAN）

（续）

Plant SCADA 组件	系统软件最小需求
支持虚拟化系统	支持以下虚拟化环境： ● Microsoft Hyper-V：基于 Windows 版本 ● VMware 工作站 ● VMWare vSphere 有关虚拟化的更多信息，请参阅 AVEVA 知识与支持中心网站上的 Plant SCADA 技术说明界面，网址为 https://softwaresupport.aveva.com
Plant SCADA 网络服务器	对于 Plant SCADA，所有核心组件增加的内容： 运行 TCP/IP 和 Microsoft Internet 信息服务（IIS）有关信息，请参阅 Microsoft IIS 兼容性 注意：在 Web 服务器软件的目标驱动器上使用 NTFS 文件系统，否则将无法访问必要的 Windows® 安全设置（即"文件夹属性"对话框将没有"安全"选项卡）。如果当前使用的是 FAT/FAT32 系统，请在安装 Web 服务器软件之前将驱动器转换为 NTFS
工程 DBF 在 Excel 的 Addin 控件	对于所有核心组件，以及 Microsoft Excel 2007 或更高版本（仅限 32 位软件）

注：Plant SCADA 的配置环境可能会受到不同 DPI 设置的影响。运行 Plant SCADA 时，建议将 Windows® 显示设置"比例和布局"设置为"100%"。更改计算机的"比例和布局"设置后，应重新启动它。

3. 微软 IIS 兼容性

为了正确操作 Web 服务器，请为计算机操作系统安装相应的 Microsoft Internet 信息服务（IIS）功能。

操作系统	IIS 版
Windows Server 2019	10.0（version 1809）
Windows Server 2016	10.0（version 1607）
Windows 10	10.0
Windows 8.1	8.5
Windows Server 2012 R2	8.5
Windows 8	8.0
Windows Server 2012	8.0
Windows 7	7.5
Windows Server 2008 R2	7.5
建议用于 Web 服务器安装的组件	
Web 管理工具	IIS6 管理兼容性 IIS6 源数据库和 IIS6 配置兼容性 IIS 管理控制台 IIS 管理服务

(续)

操作系统	IIS 版
建议用于 Web 服务器安装的组件	
应用程序开发功能	ASP ISAPI 扩展
常见 HTTP 功能	默认文档 目录浏览 HTTP 错误 HTTP 重定向 静态内容 WebDAV 发布
健康与诊断	HTTP 日志记录
性能特点	静态内容压缩
安全性	基本身份验证请求筛选 Windows 身份验证

4. 运行服务器或运行客户端系统软件

Plant SCADA Runtime Only 服务器或客户端的安装系统需求应一致，硬件和系统软件需求应一致。

5. 虚拟化兼容性

可以在虚拟环境中运行 Plant SCADA 系统的组件。支持以下虚拟化环境：

- Microsoft Hyper-V：基于 Windows 版本；
- VMware Workstation：基本虚拟化，无高可用性和灾难恢复；
- VMware vSphere。

有关虚拟化的更多信息，请参阅 AVEVA 知识与支持中心网站的 Plant SCADA 技术说明界面，网址为 https://soft-waresupport.aveva.com。

6. 防病毒软件安装设置

建议将以下目录排除在任何防病毒产品的扫描之外：

- 程序文件安装目录（包括文件和子目录）；
- 数据和日志目录；
- 任何报警服务器存档路径。

建议对连续运行并扫描从中读取或写入的每个文件的"访问时"或"实时"扫描进行上述排除。

四、能力训练

1. 操作条件

- 理解 Plant SCADA 系统软件对计算机软硬件的要求，根据说明选择合适的计算机硬件配置及兼容的操作系统。

- 针对 Plant SCADA 系统不同角色的计算机，即应用服务器和远程客户端，根据 Plant SCADA 需要监控的场景规模和说明选择合适的硬件配置。
- Plant SCADA 软件能够正常运行，对计算机操作系统的防病毒软件和防火墙进行关闭设置，否则因软件防护冲突，导致软件运行不正常。

2. 安全及注意事项

- 在进行 Plant SCADA 软件安装前，应根据 Plant SCADA 的系统架构、计算机角色，如工程师站、应用服务器和远程客户端，对计算机硬件及操作系统版本进行选择。按照要求针对性地选择软件并安装和配置，避免出现软件安装不成功或运行不流畅的情况。
- 及时关闭杀毒软件及防火墙的防护功能，避免软件功能的冲突。

3. 操作过程

问题情境一：

问：假如你是一名 SCADA 系统设计工程师，需要配置一台工程师站时，应考虑哪些因素？应怎样选择合适的计算机软硬件配置？

答：

1）根据 SCADA 系统监控数据的规模，按照手册推荐表，选择合适的计算机硬件配置。

2）工程师站使用 SSD，以获得更流畅、更快的体验。

3）如果工程站用作部署服务器，则 HDD 的大小将决定可以保留多少个工程项目文件。

4）磁盘空间仅为估计值，包括：

- 完整的 Plant SCADA 安装，包括可选组件和文件。
- 指定系统规模的项目文件。

5）Plant SCADA Studio 的最低桌面分辨率为 1 920 × 1 080。

6）如果工程站用作部署服务器，建议使用 1 Gbit/s 网络连接。

问题情境二：

问：Plant SCADA 软件的 Windows 操作系统的兼容，支持哪些操作系统？哪些系统安装组件需要安装？

答：

1）Windows® 7 SP1（64 bit only）、Windows® 8.1（64 bit only）、Windows® 10 version 1607 and later（64 bit only）、Windows® 10 LTSC version 1607 and later（64 bit only）、Windows® Server 2008 R2 SP1、Windows® Server 2012、Windows® Server 2012 R2 Windows® Server 2016、Windows® Server 2019。

如果操作系统是 Windows Server 2012，需要安装 Microsoft .NET Framework 2.0（x64），IEV9.0 或更高版本。

2）Plant SCADA 网络服务器，增加运行 TCP/IP 和 Microsoft Internet 信息服务（IIS）有关信息，请参阅 Microsoft IIS 兼容性。

注意：在 Web 服务器软件的目标驱动器上使用 NTFS 文件系统，否则将无法访问必要的 Windows® 安全设置（即"文件夹属性"对话框将没有"安全"选项卡）。如果当前使用的是 FAT/FAT32 系统，请在安装 Web 服务器软件之前将驱动器转换为 NTFS。

3）微软 IIS 兼容性：为了正确地操作 Web 服务器，计算机操作系统应安装相应的 Microsoft Internet 信息服务（IIS）功能，如：

操作系统	IIS 版
Windows Server 2019	10.0（version 1809）
Windows Server 2016	10.0（version 1607）
Windows 10	10.0
Windows 8.1	8.5
Windows Server 2012 R2	8.5
Windows 8	8.0
Windows Server 2012	8.0
Windows 7	7.5
Windows Server 2008 R2	7.5

4. 学习成果评价

序号	评价内容	评价标准	评价结果（是/否）
1	Plant SCADA 系统务器和客户端硬件选择取决于许多因素	1）硬件在 SCADA 系统中的作用 2）I/O 量、警报、趋势和变化频率 3）客户端数量（用于服务器） 4）服务器群集用户 5）界面的复杂性定制程度	
2	Plant SCADA 系统不同角色计算机硬件配置及软件要求	1）工程师站根据组态配置的 SCADA 系统规模，选择硬件配置和计算机操作系统 2）应用服务器根据 SCADA 系统规模选择硬件配置，操作系统最好选择 Windows Server 版本 3）远程客户端没有特殊要求，按照说明推荐选择	

五、课后作业

根据工作领域 1 中设计的 Plant SCADA 系统及系统架构图。为工程师站，应用服务器和控制客户端选择计算机硬件配置和配置兼容的计算机操作系统及安装必备的操作系统组件。

注意：Plant SCADA 系统需求，一个厂区有两套 PLC 控制系统，与 Plant SCADA 的数据交互变量为 50 000 点，要求 PLC 与 Plant SCADA 通信链路冗余，Plant SCADA

各种服务器冗余，3 个远程控制客户端，2 个 Web 控制客户端和 2 台打印机。

职业能力 1.2.2　能进行 Plant SCADA 软件及驱动包安装

一、核心概念

1. Plant SCADA 与 Citect SCADA

Plant SCADA 实际是 Citect SCADA 软件升级的版本，其内核与 Citect SCADA 软件并无差异。会使用 Citect SCADA 软件，基本就可以上手 Plant SCADA，主要的区别就是操作界面的差异。

2. OPC Factory Server

OPC（OLE for Process Control，用于过程控制的对象连接和嵌入接口）技术是指为了给工业控制系统应用程序之间的通信建立一个接口标准，在工业控制设备与控制软件之间建立统一的数据存取规范。它给工业控制领域提供了一种标准数据访问机制，将硬件与应用软件有效地分离开，是一套与厂商无关的软件数据交换标准接口和规程，主要解决过程控制系统与其数据源的数据交换问题，可以在各个应用之间提供透明的数据访问。Plant SCADA 软件支持此标准通信协议，可以作为 OPC Server 为其他第三方系统提供 OPC 格式的标准数据。

3. Citect SCADA 驱动

Citect SCADA 驱动是 Plant SCADA 软件安装必须安装的组件。此驱动包含 Plant SCADA 可以与其他品牌 PLC 控制系统通过各种通信协议进行数据交换的桥梁。此驱动主要用于 I/O 服务器与 PLC 控制系统之间的通信。

4. Schneider Electric Floating License Manager

施耐德标准的浮动授权管理软件，通过此软件可以对 Plant SCADA 各类授权进行联网或离线激活。同时，可以实现以激活授权在各计算机之间的转移。

5. DBF 外加程序

DBF 外加程序是 Plant SCADA 软件平台实现基于 Excel Office 软件进行脱离 Plant SCADA 软件平台的系统设计，如服务器通信端口配置，实时数据定义，报警及趋势变量标签定义及历史化等配置，可以利用 Office 软件对数据高效处理的特性大大提高工程开发组态的效率。

二、学习目标

1. 了解 Plant SCADA 软件及补丁包的获取方法及安装前必要的准备工作。
2. 掌握 Plant SCADA 软件安装的方法及步骤。
3. 掌握 Plant SCADA 核心组件安装的意义。
4. 掌握 Plant SCADA 软件 DBF 外加程序的安装方法。

三、基本知识

按照 Plant SCADA 软件安装所需系统准备好硬件和 Windows 操作系统后,可以通过施耐德官网下载 Plant SCADA 软件的安装镜像文件或提供的物理软件 DVD 光盘进行软件的安装和运行。Plant SCADA 是 Citect SCADA 软件升级版本,当软件安装时,其相关软件及弹窗都显示 Citect 字样。接下来,以 Plant SCADA 内核集成的 Citect SCADA2018R2 软件为例,详细地介绍软件安装过程,以便能够顺利安装软件并正常使用和开发。

1. Plant SCADA/Citect SCADA2018R2 软件的获取

可以通过通信施耐德 AVEVA 网站下载相关软件,网址链接如下:

WWW.AVEVA.COM.CN

通过注册用户登录选择 Plant SCADA 软件,下载获取如下两个文件:

- Citect SCADA2018R2 镜像文件(见图 1-41)。
- Citect SCADA2018R2 补丁文件(见图 1-42)。

图 1-41 Citect SCADA2018R2 镜像文件

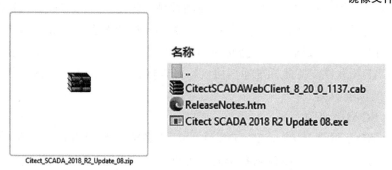

图 1-42 Citect SCADA2018R2 补丁文件

2. Plant SCADA/Citect SCADA2018R2 软件的安装

通过虚拟光驱或 Windows 自带镜像解压服务,可以加载和展开 Citect SCADA2018R2 镜像文件,如图 1-43 所示,双击 Launch.exe 可执行文件,系统自动地进入 Citect SCADA 2018R2 软件安装界面。

(1) Plant SCADA/Citect SCADA2018R2 软件安装欢迎界面

选择 Citect SCADA2018,单击"下一个",如图 1-44 所示。

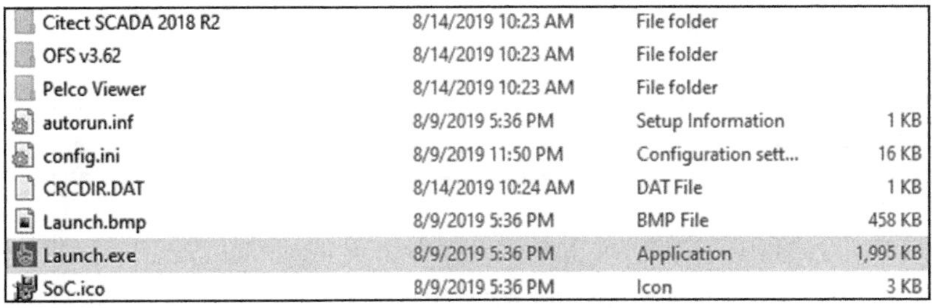

Citect SCADA 2018 R2 | 8/14/2019 10:23 AM | File folder
OFS v3.62 | 8/14/2019 10:23 AM | File folder
Pelco Viewer | 8/14/2019 10:23 AM | File folder
autorun.inf | 8/9/2019 5:36 PM | Setup Information | 1 KB
config.ini | 8/9/2019 11:50 PM | Configuration sett... | 16 KB
CRCDIR.DAT | 8/14/2019 10:24 AM | DAT File | 1 KB
Launch.bmp | 8/9/2019 5:36 PM | BMP File | 458 KB
Launch.exe | 8/9/2019 5:36 PM | Application | 1,995 KB
SoC.ico | 8/9/2019 5:36 PM | Icon | 3 KB

图 1-43　Citect SCADA2018R2 镜像文件加载截图

Citect SCADA 安装程序
Citect SCADA 2018
欢迎到 Citect SCADA
请选择一产品安装：
Citect SCADA 2018
OPC Factory Server v3.61
Pelco Viewer ActiveX 接口
退出安装器
Life Is On | Schneider Electric
下一个(N)

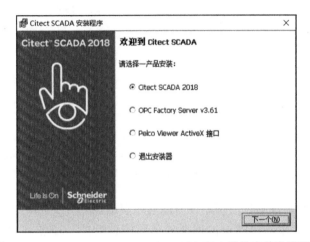

图 1-44　Plant SCADA/Citect SCADA2018R2 软件安装欢迎界面

注意：

- OPC Facutory Server V3.36 是施耐德 PLC 通信 OPC 服务程序（可以不安装）；
- Pelco Viewer ActiveX 接口是 Pelco 摄像头专用控件（可以不安装）；
- 如果计算机没有安装 .Net Framework4.7 会自动地安装并重启计算机。

Citect SCADA 安装程序顺序如图 1-45 所示，依次单击“下一步”。

Citect SCADA安装程序
Citect SCADA 2018
欢迎使用 Citect SCADA
Citect SCADA安装程序将会指导您安装Citect SCADA及其相关组件。继续，单击下一步.
警告：本计算机程序受版权法及国际条约保护。未经授权复制或发行本程序，或程序中的任意部分，将会导致严厉的民事或犯罪处罚，且将在法律的最大程度范围内受到起诉。
Life Is On | Schneider Electric
< 上一步(B)
下一步(N) >
取消

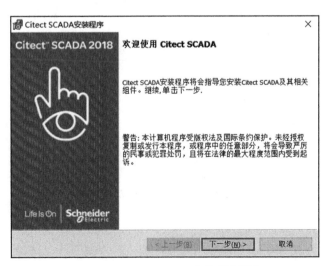

图 1-45　Citect SCADA 安装程序顺序

进入 Citect SCADA 安装欢迎界面如图 1-46 所示,单击"下一步"。

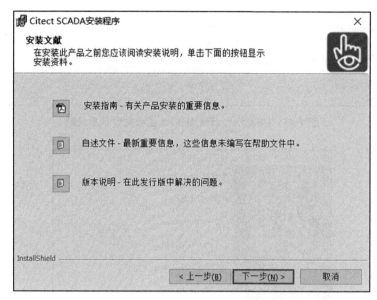

图 1-46　Citect SCADA 安装欢迎界面

此步骤可以查看软件安装声明,也可以通过单击"下一步"跳过。

如果此软件安装在工程师站,选择"全部核心组件",单击"下一步",如图 1-47 所示。

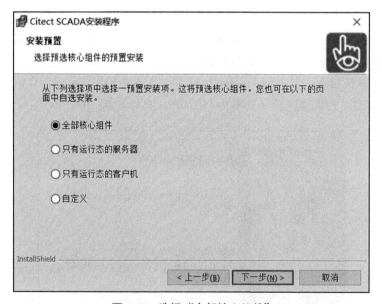

图 1-47　选择"全部核心组件"

注意:
- 如果此软件安装在明确工程应用的服务器或客户端,可以选择相应的选型进行软件安装,也可以选择"全部核心组件"安装。

- 自定义暂时不推荐。因计算机系统的 HDD 硬盘容量较大，建议无论是服务器还是客户端都应选择"全部核心组件"安装。

选择接受"许可证协议"条款，单击"下一步"，如图 1-48 所示。

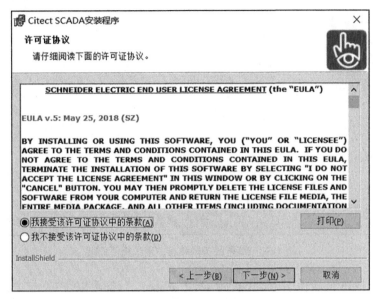

图 1-48　选择接受"许可证协议"条款

默认"选择核心组件安装"，如图 1-49 所示，单击"下一步"。

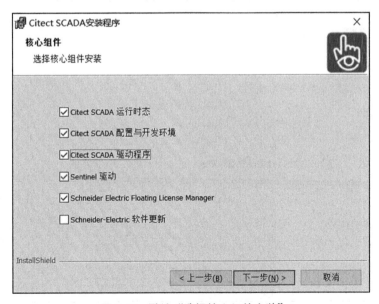

图 1-49　默认"选择核心组件安装"

部署服务器和客户端选择不安装（不影响开发和运行），单击"下一步"，如图 1-50 所示。

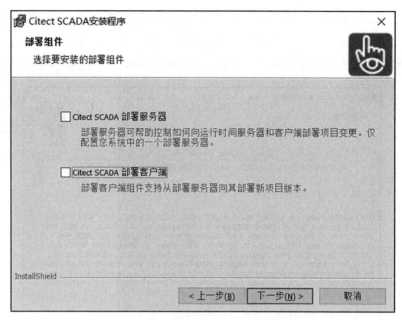

图 1-50　部署服务器和客户端选择不安装

选择安装 DBF 外接程序（需先安装 32 位 office），这样可以在 Excel 办公软件中加载 Addin 控件，以便通过 Excel 软件快速、高效地处理 Plant SCADA/Citect SCADA2018R2 的工程开发数据。单击"下一步"，继续安装软件，如图 1-51 所示。

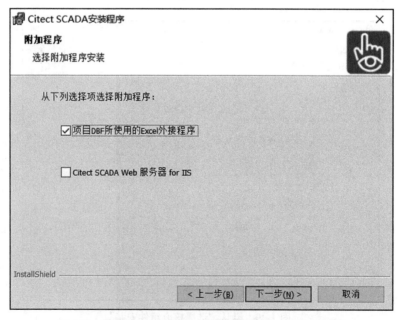

图 1-51　选择安装"项目 DBF 所使用的 Excel 外接程序"

选择"否，我以后自己调整防火墙设置"，单击"下一步"，如图 1-52 所示。

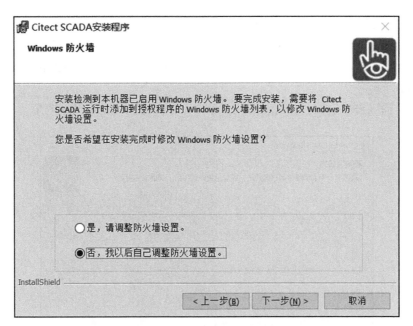

图 1-52　选择"否，我以后自己调整防火墙设置"

单击"下一步"，如图 1-53 所示。

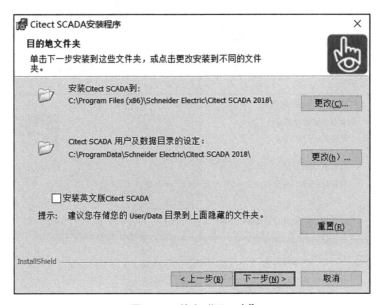

图 1-53　单击"下一步"

这里有两个路径选择默认路径或更改路径。

注意：

- 安装 Citect SCADA 到：是指安装 Plant SCADA 或 Citect SCADA2018R2 应用软件的路径，选择默认路径即可。
- Citect SCADA 用户及数据目录的设定：是指工程开发文件及监控工程运行时存

储工程文件及过程数据的路径，不推荐默认 C:\ 路径。建议更改工程开发文件存放的路径，比如 D:\Citect SCADA\Program Data。单击"下一步"。
- 如果需要安装英文版 Citect SCADA，应勾选安装英文版 Citect SCADA 选项，再单击"下一步"。

附加程序选择默认路径（默认即可），单击"下一步"，如图 1-54 所示。

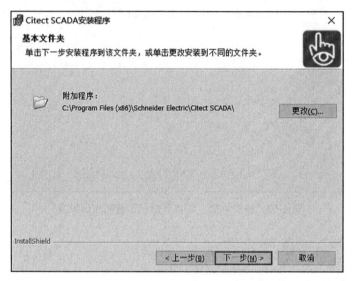

图 1-54　附加程序选择默认路径

单击"安装"Citect SCADA2018R2，继续安装。如图 1-55 所示。

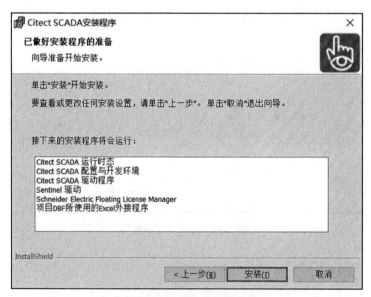

图 1-55　单击"安装"

单击"全部选中（S）"（安装所有驱动程序），可以确保 Plant SCADA/Citect SCADA 2018R2 可以最大程度地支持下位 PLC 或 DCS 第三方控制系统所兼容的通信协议。单击

"下一步"继续安装,如图 1-56 所示。

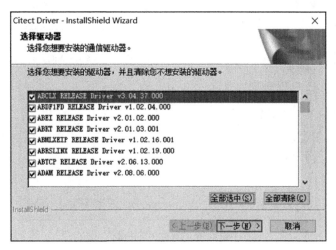

图 1-56 单击"全部选中(S)"

选择"下一步"(弹出对话框选择确定),继续安装,如图 1-57 所示。

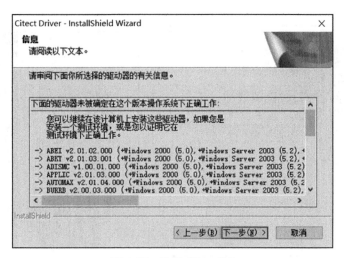

图 1-57 选择"下一步"

单击"下一步"直到完成安装,如图 1-58 所示。

直到 Plant SCADA/Citect SCADA2018 软件安装进程出现如图 1-59 的提示,表示软件所需的文件都已安装完毕,单击"完成"按钮,结束软件安装。

Plant SCADA/Citect SCADA2018R2 软件安装完成后,在计算机桌面和开始菜单分别会出现图标和菜单如图 1-60 所示,表明软件安装成功。

通过安装 Citect SCADA2018R2 的补丁文件,可以修正软件版本迭代中存在的问题,提升 Citect SCADA2018R2 软件运行的稳定性、可靠性、安全性和兼容性。

由于补丁包的安装与常规软件的安装类似,这里不再详细说明。按照软件补丁安装的提示,默认方式单击"下一步"直到软件安装完成为止。

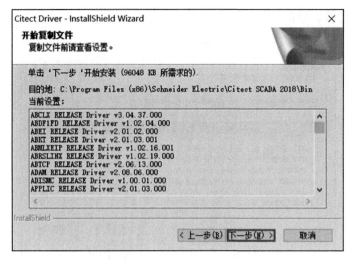

图 1-58 单击"下一步"

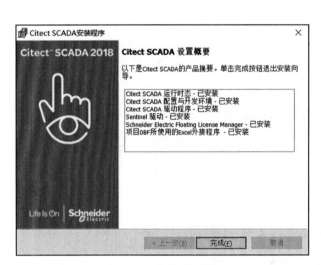

图 1-59 单击"完成"

图 1-60 图标、菜单

四、能力训练

1. 操作条件

- 根据 Plant SCADA 软件运行所需的计算机软、硬件，确定业务服务器和远程客户端的计算机。
- 准备软件安装所需要的软件，如虚拟光驱和 Excel Office 软件，并提前安装在计算机上，确保其能够正常使用。
- 从软件供应商获取软件 DVD 光盘或访问施耐德官网，搜索下载 Plant SCADA 软件安装镜像文件和必要的软件补丁。

2. 安全及注意事项

- 在计算机操作系统的杀毒软件和防火墙关闭时，待软件安装成功并能正常使用后再启用。
- 在为 Plant SCADA 应用服务器安装软件时，如果计算机的操作系统是 Windows Server2018，应核查 Framework 是否安装，如无安装，提前安装好，避免软件安装过程中，自检发现计算机没有安装必要的软件，中途要求退出。

3. 操作过程

问题情境一：

问：在没有确定安装 Plant SCADA 软件的计算机，在 Plant SCADA 系统架构中的角色，安装组件是选择哪种组件？

答：全部组件安装。

问题情境二：

问：在安装 Plant SCADA 软件前没有准备好 Excel Office 软件，能否安装 Plant SCADA、DFB 外接程序？

答：

1）可以安装 Plant SCADA 软件，只是在安装向导时不要选择 DFB 外接程序。

2）当 Plant SCADA 软件安装成功后，在 Excel Office 软件安装后，再重新安装 DFB 外接程序。无需重新安装 Plant SCADA 软件。

3）DFB 外接程序软件默认存放在 Plant SCADA 软件的 DFBAddin 文件夹。

问题情境三：

问：Plant SCADA 软件安装路径应选择默认还是用户自定义？

答：

1）按照 Plant SCADA 软件安装默认路径安装软件和工程管理目录。

2）考虑到后期工程维护和数据备份等，建议 Plant SCADA 软件安装在 C:\ 默认路径下。同时，用户和数据目录更新为 D:\ 指定路径，以便后期能快速查找和维护。

4. 学习成果评价

序号	评价内容	评价标准	评价结果（是/否）
1	Plant SCADA 系统软件安装必备前提条件	1）Plant SCADA 安装软件及补丁准备完毕 2）计算机上有 DVD 光驱或虚拟光驱，Excel Office 软件（32 bits）安装就绪 3）服务器操作系统应提前安装 Framework 补丁文件	
2	Plant SCADA 系统软件安装步骤和目录设定	1）能够按照说明书和软件安装向导的提示进行安装 2）理解软件安装向导每个节目选择项的意义，根据计算机的硬件配置和角色合理地选择安装 3）应分开安装软件目录和用户数据目录，将软件安装在 C:\ 盘指定目录。用户数据安装在 D:\ 目录。避免系统崩溃，重新安装操作系统时，所有用户数据无法备份	

五、课后作业

根据工作领域 1 中设计的 Plant SCADA 系统及系统架构图 1-25，在工程师站，应用服务器和控制客户端选择计算机硬件，独立完成 Plant SCADA 软件的安装并能启动 Plant SCADA 软件。

注意：Plant SCADA 系统需求，一个厂区有两套 PLC 控制系统，与 Plant SCADA 的数据交互变量为 50 000 点，要求 PLC 与 Plant SCADA 通信链路冗余、Plant SCADA 各种服务器冗余，3 个远程控制客户端，2 个 Web 控制客户端，2 台打印机。

职业能力 1.2.3　能进行 Plant SCADA 软件授权激活及退回

一、核心概念

1. Plant SCADA 授权激活与退回

Plant SCADA 软件在工程开发模式下，无需软件激活。只有开发编译成功的工程部署到安装 Plant SCADA 软件的计算机上进行 Runtime 运行时，运行 Runtime 的 Plant SCADA 软件需要激活授权，否则只能以试用演示模式短时间运行。授权的激活，需要在计算机上安装 FLM（Floating License Management）软件，通过其进行网络激活或离线激活。

当 Plant SCADA 软件不在此计算机上使用时，可以通过 FLM 软件，将激活的授权退回或转出，并在其他装有 Plant SCADA 软件的计算机上再次激活或转入。

2. Plant SCADA 集合授权

Plant SCADA 的授权种类很多，有服务器授权、客户端授权、单一授权和集合授权。集合授权是指此授权文件中含有多个相同的授权。比如工程师开发打包授权，其授权文件内含有 10 个开发授权，每一个开发授权含有的相同的功能，即 1 个业务服务器授权，8 个控制客户端授权。

注意：在集合授权激活时，应在 FLM 软件中声明授权的数量，通常是一台计算机一个授权。如在授权激活时，未声明授权数量，系统模式在此台计算机上将全部激活。此种情况属于过渡激活，需要通过 FLM 全部退回，重新授权。

二、学习目标

1. 掌握 FLM 软件的安装（FLM 可以通过施耐德官网下载，并安装常规软件方法进行安装）。
2. 掌握 FLM 软件激活的方法和步骤。
3. 掌握 FLM 软件退回授权的方法和步骤。

三、基本知识

在 Plant SCADA/Citect SCADA2018R2 软件安装完成后，无需激活可以进行工程的开发和测试，并根据 SCADA 与外部控制系统通信的标签数，最长可以无授权运行

Runtime 模式 10 min。如外部标签过多，Runtime 模式时间会锐减，甚至 1 min 内便终止运行。

鉴于试用演示情况运行时间不长，建议安装好 Plant SCADA/Citect SCADA2018R2 软件后，尽快通过软件自带浮动授权管理工具，通过 Internet 网络进行快速软件激活。

如果计算机能够与 Internet 连接，请按照以下步骤操作。应在隔离 / 脱机计算机上激活授权，或者在联机激活时遇到问题时跳到第 13 步。

第 1 步：运行 Plant SCADA Studio/Citect Studio。

第 2 步：在 Studio 左侧单击活动菜单栏，从菜单中选择"授权"，或单击此处所示的"授权"图标 Licensing 。

第 3 步："浮动授权管理器"面板上，单击"启动"。Schneider Electric 浮动授权管理器弹出。除非配置 FlexNet Enterprise License Server，否则它将不显示可用的浮动许可证，如图 1-61 所示。

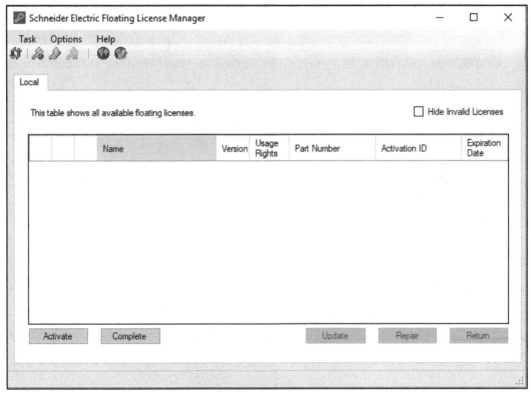

图 1-61　第 3 步操作步骤

请选择并返回所有过期的许可证，然后再继续。

第 4 步：在浮动授权管理工具界面：单击左上角添加授权码，如图 1-62 所示。

于是出现输入授权激活码弹窗，在输入授权码区域中输入授权码。添加授权码弹窗如图 1-63 所示。

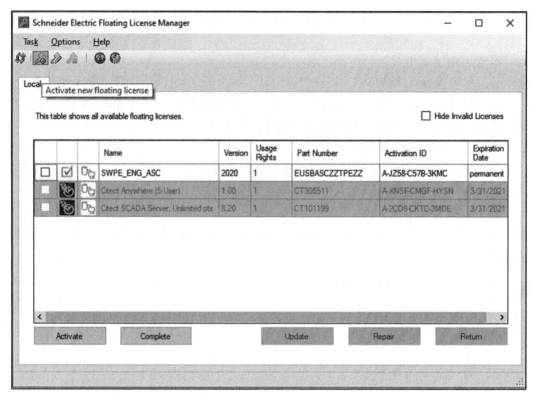

图 1-62　单击左上角添加授权码

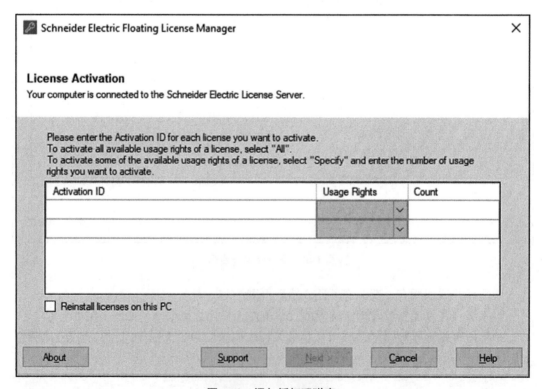

图 1-63　添加授权码弹窗

第5步：输入授权激活码，单击"下一步"，激活授权：
- Plant SCADA 服务器授权：A-XXXX-YYYY-ZZZZ。
- Plant SCADA 客户端授权：A-XXXX-YYYY-ZZZZ。

第6步：授权分为单一授权和集合授权，对于集合授权，在"使用权限"选项从"全部"更改为"指定"，如图1-64所示，并在每台服务器（不分主备）需要授权的计算机上输入计数"1"。

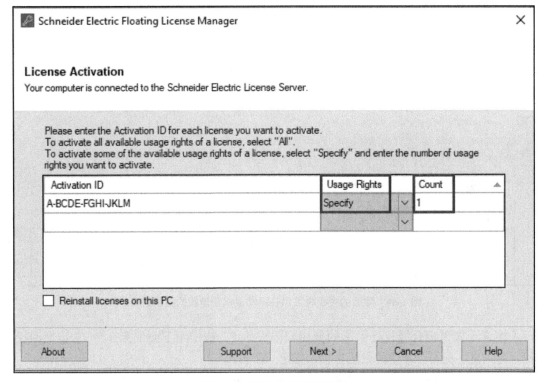

图 1-64　添加集合授权弹窗

请注意：Plant SCADA/Citect SCADA2018R2 服务器许可证激活还包括本地节点的控制客户端。对于远程客户端连接时，可以将远程客户端授权在服务器上激活，无需在单独的 Plant SCADA/Citect SCADA2018R2 客户端进行授权激活。于是客户端的授权模式更加灵活，其授权与被访问由服务器来管理，只有当访问客户端的数量大于服务器授权的客户端数量时，其他客户端将无法再访问，直到其中已被授权的客户端退出，才可以继续访问。这样客户端可以不受授权数量的限制，任意安装在计算机上。

第7步：当配置步骤完全如图1-65所示时，请单击"下一步"。

第8步：在授权完成激活过程后，系统将提示重新启动 Plant SCADA/Citect SCADA2018R2。显示列表如图1-66所示。单击"完成"。如果不需要对授权管理工具进行操作，请关闭浮动授权管理器。

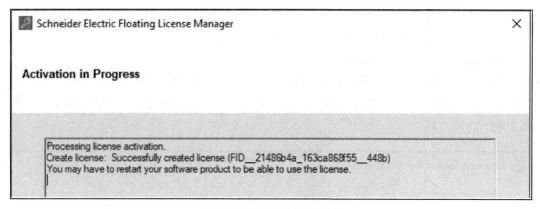

图 1-65 添加授权激活弹窗

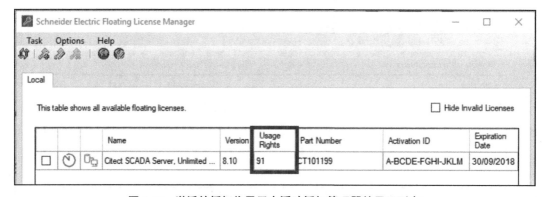

图 1-66 激活的授权将显示在浮动授权管理器的显示列表

注意：如果集合授权已激活的使用权限大于 1，请按照下面的第 9～12 步返回授权，并重复上面第 4 步中的激活过程，指定一个授权。

在虚拟机上使用时，应在删除/恢复虚拟快照之前返回授权，以便可以重复使用。请检查浮动授权管理工具版本是否为 V2.4 及以上版本。

第 9 步：当不再需要 Plant SCADA/Citect SCADA2018R2 授权时，请按照上述第 1～3 步启动浮动授权管理器。

第 10 步：使用复选框选择不再需要的授权，然后单击"退回"。确认理解退还授权的含义，单击"是"。

第 11 步：系统将处理授权返回并提供一个确认对话框，单击"完成"。

第 12 步：如果不再需要进一步的授权管理，请关闭浮动授权管理器。

第 13 步：如果 Plant SCADA/Citect SCADA2018R2 的计算机未连接互联网，或无法连接软件授权服务器，激活后将显示图 1-67 对话框。

第 14 步：单击"使用其他激活方法"使用其他联机计算机激活授权文件。

第 15 步：按照门户网站激活的步骤进行操作，确保按照上述第 5 和 6 步中所示的配置激活授权码、使用权限和计数参数。

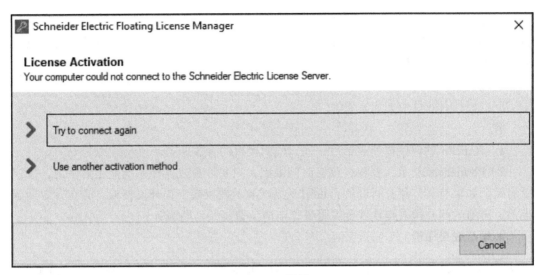

图 1-67　对话框

四、能力训练

1. 操作条件
- 已经在计算机上成功地安装 Plant SCADA 软件，并能正常使用。
- 在操作系统开始菜单或 Plant SCADA 的工程界面能够激活 FLM 软件。
- 从软件供应商处获取软件相关软件授权或工程开发集合授权。

2. 安全及注意事项
- 确保准备激活授权的计算机能够成功地访问 Internet 网络。
- 在访问外网前，应确保操作系统和杀毒软件都已成功启动并能够有效地保护计算机系统不受外网黑客或病毒的攻击。

3. 操作过程

操作过程内容参见基本知识中关于软件授权激活和退回的方法步骤。

问题情境一：

问：FLM 软件应如何安装？

答：

1）FLM 软件随 Plant SCADA 软件同步安装。旧版本的 FLM 软件无法通过外网与授权服务器连接，应进行收取激活和回退申请。

2）FLM 软件最新版本可以通过施耐德官网下载，在本地安装，无需重装 Plant SCADA 软件。

问题情境二：

问：Plant SCADA 的集合授权在一台计算机上全部激活，能否退回多余的激活和授权？应如何退回？

答：

1）可以通过 FLM 软件申请退回的授权。

2）启动 FLM 软件，选择多余激活的授权，选择退回按键，FLM 软件通过外网与授权服务器申请授权退回操作。退回操作成功后，FLM 软件将提示操作员，授权以退回，可以在其他计算机上按照说明步骤激活授权。

问题情境三：

问：授权有效性应如何查看？

答：

1）在 FLM 软件授权列表最后一列，说明授权的有效期。

2）Permanent 是永久授权，没有时间限制，只要计算机操作系统能正常使用，授权就有效。如果有具体年月日时间，说明是测试演示授权或工程开发授权。应在有效期到期前，向施耐德公司采购软件金牌服务，申请免费授权延期服务。

4. 学习成果评价

序号	评价内容	评价标准	评价结果（是/否）
1	Plant SCADA 授权激活和退后的方法及步骤	1）独立熟练地操作激活授权和退回授权 2）如因 FLM 软件的版本原因导致无法完成授权激活和退回，可以从施耐德官网站下载最新版 FLM 软件并安装授权	
2	Plant SCADA 系统软件的信息核查	1）能够独立地操作启动 FLM 软件 2）充分理解 FLM 软件授权表中各个字段的含义 3）应理解永久授权和临时授权的区别	

五、课后作业

请根据工作领域 1 中设计的 Plant SCADA 系统及系统架构图。在应用服务器或客户端计算机上完成授权的激活，并尝试发现授权激活在应用服务器和客户端的差异，并将差异写在作业表中，与老师和同学讨论分享。

注意：Plant SCADA 系统需求，1 个厂区有两套 PLC 控制系统，与 Plant SCADA 的数据交互变量为 50 000 点，要求 PLC 与 Plant SCADA 通信链路冗余，Plant SCADA 的各种服务器冗余，3 个远程控制客户端、2 个 Web 控制客户端和 2 台打印机。

工作任务 1.3　Plant SCADA 软件基本功能的实现

职业能力 1.3.1　能用不同方法启动 Plant SCADA 软件并熟悉其工程开发界面

一、核心概念

1. Plant SCADA 软件的开发环境

SCADA 系统监控工程师根据用户上位监控系统监控要求，在此软件平台上进行工程组态，监控界面的设计和部署环境的工具。

2. 系统仿真

Plant SCADA 软件集成完善的功能仿真，在没有与下位实物 PLC 进行物理连接的情况下，或者 SCADA 系统仅用系统创建的内部变量进行功能测试时，可以通过计算机运行 Runtime 模式，测试系统设计开发的监控功能，特别是使用 Cicode 脚本时，使用调试工具：断点和观察点、实时监测、核查程序脚本运行结果的正确性。

注意：下位 PLC 控制系统的编程软件，通常都有仿真器软件，Plant SCADA 软件通过配置 I/O 服务器的 IP 地址（127.0.0.1）、计算机本身的网卡建立虚拟网络环境，实现 Plant SCADA 服务器与 PLC 仿真器软件的虚拟连接。在仿真环境下，测试 PLC 应用逻辑的过程中，实现与 Plant SCADA 监控界面的数据交互，从上到下，一次性地将 Plant SCADA 监控界面功能与下位 PLC 控制系统应用逻辑检测完毕。

二、学习目标

1. 正确理解 Plant SCADA 软件工程的开发环境。
2. 能够正确使用 Plant SCADA 软件。
3. 正确使用 SCADA 软件仿真运行测试的功能。
4. 正确使用仿真环境下与 PLC 控制系统仿真器连接方式。
5. 正确理解 SCADA 仿真测试的意义和正确使用仿真测试的方法。

三、基本知识

1. Plant SCADA 软件的启动方法

Plant SCADA 软件的开发环境可以通过计算机桌面上的 Citect Studio 快捷启动或开始菜单的中的 AVEVA 下拉菜单目录里的 Citect Studio 进行启动运行。

- 第一种开发环境的启动方式（见图 1-68）。
- 第二种开发环境的启动方式（见图 1-69）。

通过单击快捷命令，Plant SCADA 工程开发环境自动启动，其运行界面如图 1-70 所示：

图 1-68　第一种开发环境的启动方式

图 1-69　第二种开发环境的启动方式

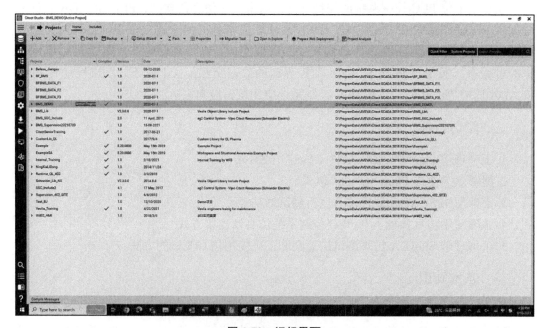
图 1-70　运行界面

2. Plant SCADA 工程开发环境的组成

Plant SCADA/Citect SCADA2018R2 开发环境与之前的 Citect SCADA 版本不同。它主要有两部分组成：

- Citect 工程管理器：集成工程管理、工程编辑、工程数据库编辑组态、Cicode 开发编辑和工程运行管理。
- Citect 图形编辑器：工程监控界面创的建、设计和开发。

老版本 Citect SCADA 开发环境由 4 个独立程序：Citect 工程管理器、Citect 工程编辑器、Citect 图形编辑器和 Cicode 编辑器。新版 Citect SCADA 软件和 Plant SCADA 软件将开发环境进行整合，使工程开发界面接口更加简明，对使用者更加友好，不需要再理解这些编辑环境之间的系统关联关系，开发更加高效。

四、能力训练

1. 操作条件
- 已经在计算机上成功地安装 Plant SCADA 软件。
- 通过 FLM 软件激活 Plant SCADA 软件。如无足够的开发授权，可以暂时不激活授权，但应注意无法长时间以 Runtime 模式运行。

2. 安全及注意事项
- 通信计算机操作系统的用户为管理员权限。
- 当计算机与外网连接时，应确保操作系统和杀毒软件都已成功启动，才能有效地保护计算机系统不受外网黑客或病毒的攻击。

3. 操作过程
操作过程的内容可参见基本知识中关于软件启动的方法、步骤和截图。

问题情境一：
问：在桌面没有找到 Plant SCADA 软件快捷启动命令，应如何启动软件？
答：在系统开始菜单中，选择 AVEVA 文件夹，单击展开，选择 Citect Studio 即可。

问题情境二：
问：Plant SCADA 工程开发环境由什么组成？
答：
1）Citect 工程管理器。
2）Citect 图形编辑器，其中 Cicode 开发界面为隐藏界面，只有在调用 Cicode 开发时才会弹出。

4. 学习成果评价

序号	评价内容	评价标准	评价结果（是/否）
1	Plant SCADA 软件的启动	1）桌面快捷命令的启动 2）开始菜单的 AVEVA 文件夹	
2	Plant SCADA 软件的开发环境组成与旧版本的区别	1）两个部分组成：工程管理器和图形编辑器 2）理解工程管理器的作用 3）理解图形编辑器的作用	
3	Plant SCADA 软件离线仿真的功能	1）正确理解仿真器的意义 2）牢记离线仿真的 IP 地址：127.0.0.1	

五、课后作业

在安装好 Plant SCADA 软件的计算机上启动 Citect Studio，了解和熟悉工程管理界面和图形编辑界面的作用。尝试通过软件自带的 Demo 程序，启动仿真功能，了解 Plant SCADA 软件运行模式下的各项功能。若无法启动，请在作用表中记录异常情况并与老师和同学讨论，在随后在功能章节中找到相应的答案。

职业能力 1.3.2　能使用 Plant SCADA 软件功能菜单理解各种指令的功能及实现简单的操作

一、核心概念

1. Plant SCADA 软件功能菜单

功能菜单是 Plant SCADA 工程管理器中与 SCADA 设计人员进行人机交互的操作按钮列表。此功能菜单为横向和纵向两排工具栏。横向工具栏主要进行工程设计组态所需的命令，横向工具栏主要以某一特定工程，实现主工程与包含工程不同层级的切换。

2. 主工程和包含工程

Includes 是 Plant SCADA 软件平台引入的专有概念。所谓 Includes 工程包含帮助创建工程的预先定义元素，这些元素包括键盘键定义、字体定义、精灵、弹出界面和符号库，即工程开发过程中经常提及的工程模板或工程库的概念。Plant SCADA 软件平台提供现成的监控界面和实例，可直接引用。例如：Tab_Style_Include 工程是一个预配置工程，提供了一组已更新的元素，可以用来创建基于 Windows 分页（Tab）风格的新工程。

另外，在已有的 Plant SCADA 软件平台创建并测试完好的监控工程项目，自研开发的监控模板和库，可以作为 Includes 工程，被新的工程项目直接使用。在创建新的监控工程项目中的 Includes 工程引用，直接定义已有的工程项目名称或模板名称即可。

主工程可以包含其他非主工程的工程，即包含关系是唯一单项，不能相互包含。包含工程中不能有主工程的设计模板。

二、学习目标

1. 掌握功能菜单隶属工程管理器的界面。

2. 掌握功能菜单中各个命令的含义和操作方法。
3. 理解主工程和包含工程的区别，包含工程可以作为主工程的模板调用。
4. 掌握主工程下包含工程的信息。

三、基本知识

启用 Plant SCADA 软件后，在环境运行界面左上角有环境功能菜单选择键，通过移动鼠标到软件功能菜单选项≡，鼠标右键单击，软件会显示功能下拉菜单的功能。

Plant SCADA 工程开发环境启动界面如图 1-71 所示。

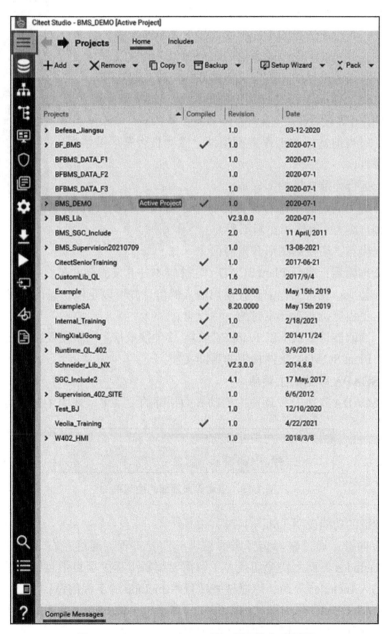

图 1-71　Plant SCADA 工程开发环境启动界面

1. Plant SCADA 软件功能菜单

通过单击功能菜单选项，软件平台会自动地显示下拉菜单，如图 1-72 所示，各个按钮功能说明如下：

- 工程：对工程整体操作，不涉及开发细节，如选择工程备份 / 恢复 / 运行 /Web 发布等；
- 拓扑：对当前选择的工程进行网络设计，包含客户端服务器 C/S 组网和服务器及 PLC 通信；
- 系统模型：对当前选择的工程进行点表组态（包括 IO 点表，报警和趋势点表以及设备模型设置）；
- 可视化：对当前选择的工程画面，显示菜单的配置；
- 安全性：对当前工程设置通信的用户和相应的权限；
- 标准：对当前选择的工程定义字体和标记符（不常用）；
- 设置：对选择的工程进行其他辅助设置，如报警分类 / 事件 / 多语音等设置；
- 编译：对当前选择的工程进行编译，检测是否有严重错误或者警告；
- 运行：运行当前选择的工程；
- 部署：将当前选择的工程推送给各个运行该工程的服务器或者客户端（一般用于更新工程）；
- 图形编辑器：切换到图形开发界面；
- Cicode 编辑器：打开 Plant SCADA 软件脚本并开发界面；
- 查找并替换：在全工程中查找用户输入的信息并可以定位信息的位置；
- 选项：工程运行或者开发时的下一设置；
- 许可：读取该计算机上的 Plant SCADA 软件授权信息（软授权或者硬件加密狗）；
- 帮助：Plant SCADA 软件自带的帮助文档；

图 1-72 Plant SCADA 功能菜单实例

2. Plant SCADA 软件的主菜单

在 Plant SCADA 工程开发环境中启动界面顶部的主菜单，如图 1-73 所示。

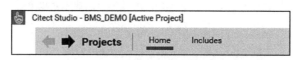

图 1-73 启动界面顶部的主菜单

各功能按键的功能说明（见图 1-74）如下：

- 左右方向键：通过鼠标选择需要编辑的监控工程，通过左右方向键，可以在首页和 Includes 界面之快速切换，了解需要编辑工程的项目信息。通过单击向右箭头，进入 Includes 界面，可以核查项目中 Include 的工程信息；

例如，BMS_DEMO 作为即将编辑开发的工程，可以知道此工程中包含了 4 个已有的工程库。通过单击左方向键，快速地回到项目工程的首页。

工作领域 1　SCADA 系统软件的选型及基本功能的实现

图 1-74　各功能按键的功能说明

- Home 键：首界面也是软件平台默认主界面如图 1-75 所示，在此模式下，可以显示在 Plant SCADA 软件平台下已存在完成编译或正在开发的应用工程信息。

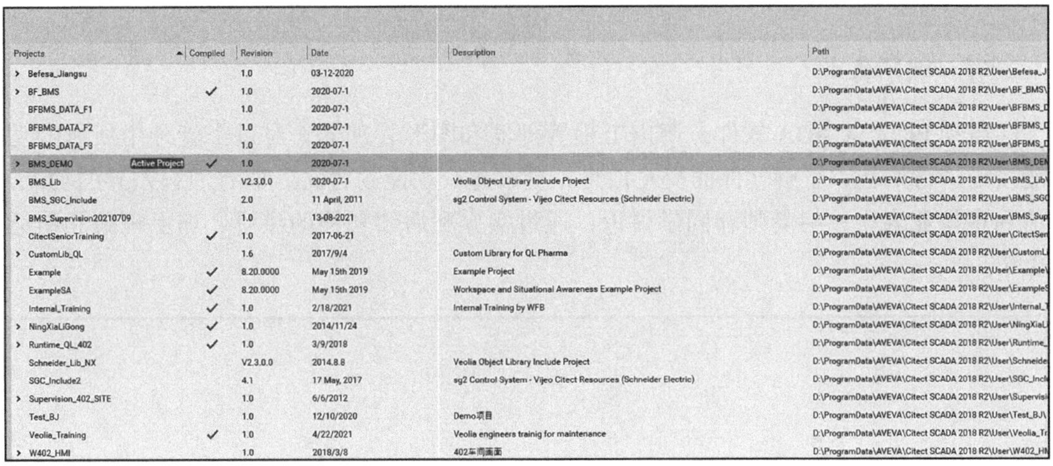

图 1-75　首界面

此界面显示工程项目名称、编译状态、工程开发迭代版本、开发时间、工程描述和储存路径。

- Includes 键：核查编辑工程项目是否包含 Include 的工程，如包含、显示包含的工程信息。

四、能力训练

1. 操作条件
- 已经在计算机上成功的安装 Plant SCADA 软件，并能正常地启动和使用。

2. 安全及注意事项
- 通信计算机操作系统的用户为管理员权限。
- 当计算机与外网连接时，应确保操作系统和杀毒软件都已成功的启动，能够有效地保护计算机系统不受外网黑客或病毒的攻击。

3. 操作过程
各个命令功能键的操作意义及位置内容参见基本知识中相关内容介绍及截图。

问题情境：

问：如果需要快速地了解已有工程的系统架构应如何操作？

答：在 Plant SCADA 软件的工程管理器界面中，选择工程拓扑，以计算机形式或以 Cluster 形式查看。

4. 学习成果评价

序号	评价内容	评价标准	评价结果（是/否）
1	Plant SCADA 工程管理器各个功能键含义	1）熟悉并理解记忆各个功能键的定义 2）能够独立、快速地操作功能键	
2	主工程和包含工程的差异	1）包含工程可以作为主工程的模板调用 2）包含工程但不能含有主工程模板信息 3）主工程是运行工程	

五、课后作业

启动 Plant SCADA 软件，调出工程管理器和图形管理器，对每个管理中所属的功能按键进行操作，了解软件的交互信息，理解每个功能的含义。如有理解差异的功能，请列在作业表中，与老师和同学讨论，通过实操和后续功能的讲解，加上理解和精通操作。

职业能力 1.3.3　能使用 Plant SCADA 软件工程菜单各种指令的功能及实现简单的操作

一、核心概念

1. 工程开发

在 Plant SCADA 软件平台进行全厂生产工艺过程的实时监控，应根据工厂生产工艺部门提供的 P&ID 和生产操作负责人对生产操作的控制要求，利用 Plant SCADA 软件平台提供的工程开发工具进行组态和设计。软件平台提供的工程开发工程菜单，主要用于主工程的操作，提供人机交互的命令涉及工程创建、删除、工程备份和恢复等，具体功能将在基本知识中进行详细的说明。

2. P&ID 图

P&ID（Piping and Instrument Diagram）是工艺管道和仪表流程图的英文简称，根据工艺流程图（PFD：Process Flow Diagram）的要求，详细地表示了该生产工艺流程的全部设备、仪表、管道、阀门和其他有关公用工程系统的图样。P&ID 的表达重点是管道的流程和过程工艺应如何控制，显示管道系统是如何将工业加工设备连接在一起的。P&ID 示意图还能用于监控物料在管道中流动的情况以及仪表和阀门。

3. 设置向导

设置向导是 Plant SCADA 软件平台提供的一个协助 SCADA 组态工程师高效完成配置组态的向导工具。通过软件平台的向导界面指引和选项显示，工程师按照设计需求进行勾选和完成设置，避免了繁重的后台设置工作。组态编译好的 SCADA 工程在本地计算机上运行前，必须进行此设置，才能正常运行。通过此向导设置，可以使 Plant SCADA 软件与本地计算机进行良好的连接，告知计算机如何运行监控工程。

4. 设置编辑器

设置编辑器是隐藏在设置向导下拉菜单下的一个功能指令，其主要作用是对 Plant SCADA 软件平台对本地计算机自动生成的一个 INI 文件，此文件主要定义 Plant SCADA 软件与此计算机的接口。同时，对本地运行的工程模式参数及需要额外加载的自定义参加进行设置，以便 SCADA 工程能够高效地在此计算机上运行。

二、学习目标

1. 理解和掌握工程开发菜单中各操作指令的功能和意义。

2. 能够根据设计组态的需要，快速、熟练地对各个指令进行独立操作，达到设计目标。

三、基本知识

在 Plant SCADA 进行工程开发时，除了理解软件平台的功能菜单外，还需要理解工程开发菜单，这些指令是监控页面开发所需的真正工具。接下来对各个工程菜单进行详细介绍。

图 1-76 是 Plant SCADA 软件平台的工程菜单，主要由添加、删除、复制、备份、设置向导和打包整理等工具组成。

图 1-76 Plant SCADA 软件平台的工程菜单

- 添加：下拉菜单，其工具组成如图 1-77 所示。

1）新建工程：新建一个空白的工程，每个工程都会生成一个单独的文件夹存放工程组态信息；

2）添加工程链接：将一个原有的工程文件夹添加到工程表单信息；

3）链接工程层级结构：将一个工程以及该工程里包含的工程全部添加到表单信息。

- 删除：下拉菜单，其工具组成如图 1-78 所示。

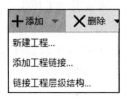

图 1-77　工具组成（1）

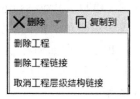

图 1-78　工具组成（2）

1）删除工程：将该工程从表单信息中删除并同时删除该工程文件夹；

2）删除工程链接：仅删除该工程在 Plant SCADA 工程表单信息，保留其工程文件夹（通过添加工程连接恢复）；

3）取消工程层级结构链接：删除该工程和该工程所包含工程的表单信息，保留其工程文件夹。

- 复制到：如图 1-79 所示，将一个工程的文件夹内容复制并覆盖另外一个工程的文件夹内容。
- 备份：下拉菜单，其工具组成如图 1-80 所示。

图 1-79　复制到

图 1-80　备份

1）备份：将一个工程备份并压缩成 .ctz 文件，压缩文件可有 zip/winrar 打开；

2）恢复：将一个 .ctz 文件恢复为 Plant SCADA 可运行的工程项目。

- 设置向导：下拉菜单，其工具组成如图 1-81 所示。

1）设置向导：工程运行前的一些设置（工程第一次运行时必须走该向导）。

2）设置编辑器：工程运行前的一些参数设置（请在专业技术支持指导下设置）。

- 打包整理：下拉菜单，其工具组成如图 1-82 所示。

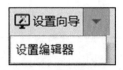

图 1-81　工具组成（3）

图 1-82　工具组成（4）

1）打包整理：通过 Excel 修改 Plant SCADA 软件的 DBF 文件后，应打包整理，即当 I/O 服务器的配置组态信息或外部变量信息发生变化、修改更新时，应执行打包整理。

注意：打包整理后，Plant SCADA 数据库的无用信息将被清理掉，不能再被找回。

所以在工程组态实施过程中，当有组态信息修改时，只要不涉及 I/O 服务器变量的更新，比如监控界面的调整和更新等都可以通过编译方式，让更新后的工程运行。同时在数据库内保留之前更改的信息，以便日后恢复和使用。比如 I/O 服务器新增变量，如果不打包编译，仅编译的话，这些新增变量不会被激活。

2）打包整理所含工程：对工程包含的工程同时进行打包整理。

以上是工程开发时常用的工具，还有一些不常用的工具，在此统一简单介绍，主要开发工具如图 1-83 所示。

图 1-83　主要开发工具

- 属性：可以看到当前选择的工程文件路径以及版本和模板信息；
- 升级工具：将工程从老版本升级到该版本的处理（一般自动升级）；
- 在浏览器中打开：快速打开工程所在文件夹目录；
- Web 配置准备：对该工程进行 Web 发布；
- 工程分析：生成 ProjectSummary.xml，包含工程项目分析报告，如 IO/ 报警 / 趋势点数等。

四、能力训练

1. 操作条件
- 已经在计算机上成功地安装 Plant SCADA 软件，并能正常启动和使用。

2. 安全及注意事项
- 通信计算机操作系统的用户为管理员权限；
- 当计算机与外网连接时，应确保操作系统和杀毒软件都已成功启动，能够有效地保护计算机系统不受外网黑客或病毒的攻击。

3. 操作过程

各个命令功能键的操作意义及位置、内容参见基本知识中相关内容介绍及截图。

问题情境：

问：如果 SCADA 监控系统需要多屏监控应如何设置？

答：

1）在 Plant SCADA 的工程管理器界面中，在设置向导下拉菜单中选择设置编辑器，进入计算机 INI 文件设置交互界面。

2）在交互界面的右侧，选择参数集。在参数集中选择多屏监控参数。在常规参数中选择 [MultiMonitors] Monitors。

3）设计编辑器会自动地在 INI 文件设置交互界面的左下参数加载输入域，自动地将此参数加载到设置区域。

4）根据此参数的说明，Plant SCADA 软件最多支持 8 块监控屏，参数设置范围 1～8。

5）在参数指设置域处输入 SCADA 系统需要此台计算机的若干台显示器用于过程监控的值，例如 2，即 2 块显示屏，单击添加，在工具栏文件下拉菜单中选择保存设置，完成退出。

4. 学习成果评价

序号	评价内容	评价标准	评价结果（是/否）
1	Plant SCADA 工程功能指令	1）熟悉并理解和记住各个功能键的定义 2）能够独立、快速地操作功能键	
2	设置向导	1）能够根据 SCADA 监控的要求，按照设置向导的提示，选择正确的配置 2）牢记工程运行前必须进行的设置向导 3）若工程运行后，没有按照最新的组态设置运行。应知道退出 Runtime 模式，重新进行设置向导，再次运行	
3	设置编辑器	1）掌握设置编辑器的调用方式 2）根据 SCADA 监控需求进行响应参数的设置 3）会利用软件提供的参数集，通过检索和了解各个参数的功能，根据需要进行参数的设置和添加	

五、课后作业

启动 Plant SCADA 软件，在工程管理器，对工程开发功能按钮进行操作，了解软件的交互信息，理解每个功能的含义。如有理解差异的功能，列在作业表中，与老师和同学讨论，并通过实操和后续功能的讲解加以理解和精通操作。

工作领域 2
Plant SCADA 系统工程的创建与通信设置

工作任务 2.1　SCADA 系统工程的创建及组态

职业能力 2.1.1　能遵循八步法则完成 Plant SCADA 软件工程开发的准备工作

一、核心概念

1）工程开发是在 Plant SCADA 软件平台上对需要监控的生产过程进行系统设定、组态、图控绘制、脚本编写和调试，实现全厂实时监控，报警管理，趋势记录和报表等功能的设计工作。

2）系统开发步骤是基于 Plant SCADA 软件平台的软件功能，按照较为高效的顺序进行相关的设计工作。虽然每步的先后顺序没有特别要求，但建议 SCADA 设计人员按照此文定义的先后逻辑顺序进行系统设计组态，以避免逻辑错误，对于出现的问题可以快速定位。

二、学习目标

1. 牢记 Plant SCADA 工程开发高度总结的 8 大步骤。
2. 通过对每个步骤的详细讲解，理解每一步骤的操作方法、实际意义和可实现的功能。

三、基本知识

通过工作领域 1 的讲解，了解了 Plant SCADA 软件功能及架构，本职业能力将讲解如何使用 Plant SCADA 软件平台并进行工程开发。

在开始学习本职业能力前，请按照职业能力 1.2.2 的内容，在实验计算机上正确安装 Plant SCADA 软件平台。此外，请注意进行本职业能力工程开发的学习并不需要 Plant SCADA 软件授权。

Plant SCADA 软件平台为实现现代化全自动智能工厂的实时管理，其业务模块很多，如工作任务 1.3 Plant SCADA 软件基本功能的实现中介绍了软件平台各个业务的功能模块。但是了解了功能业务模块并不意味着可以使用这些模块按照工厂监控的要求进行开发了。掌握一套软件，除了理解其核心概念外，还需要掌握使用此软件开发一项监控工程的具体步骤。为了帮助读者快速入门并使用此软件，根据多年工程开发的经验总结，将基于 Plant SCADA 软件平台工程开发的步骤高度总结为如下 8 步：

1）创建新工程。
2）工程组网（构建客户端服务器 C/S 架构）。
3）通信设置（设置与 PLC 等 IO 设备的通信）。
4）建立点表（变量标签 – 与 IO 设备通信点）。
5）画面制作（动画 / 精灵 / 超级精灵）。
6）趋势曲线（历史数据的存储和曲线查询）。
7）报警设置（报警条件的设置以及报警处理和报警展示）。
8）报表设置（简易报表的制作）。

接下来，按照工程开发的顺序对每一步在软件平台上的操作和实际意义功能进行详细的说明。

四、能力训练

1. 操作条件
- 核查实验室计算机操作系统的环境，准备好安装 Plant SCADA 软件所需的操作环境。
- 在实验计算机上正确安装 Plant SCADA 软件。

2. 安全及注意事项
- 注意 Plant SCADA 软件平台应兼容计算机 Windows 操作系统及版本。
- 如果操作系统没有安装 .NET Framework 3.5，应提前和正确安装，才能顺利地安装 Plant SCADA 软件。

3. 操作过程

问题情境一：

问：若你是一名 SCADA 系统设计工程师，请说明在工程开发过程中的工程组网的作用是什么。

答：按照 SCADA 系统的网络拓扑图，即系统架构，在 Plant SCADA 软件系统进行网络设计和组态，并能通过软件平台的网络拓扑功能核对组态配置与设计的系统架构是否一致。

问题情境二：

问：假如你是一名 SCADA 系统设计工程师，在工程开发过程中的画面制作的前提是什么？

答：

1）系统用户需应提供 Plant SCADA 监控生产过程的 P&ID 图，即工艺仪表流程图。
2）通过 P&ID 图定义需要监控的设备类型，比如仪表（温度计、压力计、流量和液位计等）、阀门、泵和风机等。
3）确认每种设备的类型，需要监控的参数，比如阀门的控制模式（手自动模式、远程和就地模式)、控制开关按钮、故障复位按钮、阀门开关状态的显示和连锁状态等。

4. 学习成果评价

序号	评价内容	评价标准	评价结果（是/否）
	Plant SCADA 工程开发步骤	熟记工程开发 8 步骤	

五、课后作业

熟记 Plant SCADA 工程开发 8 步骤和理解每个步骤的意义和目的。

职业能力 2.1.2　能进行 Plant SCADA 新建工程

一、核心概念

在 Plant SCADA 软件开发环境新建工程中，应先启动软件平台。按照本工作领域的软件开发环境启动方式，通过计算机桌面上的 CitectStudio 快捷启动或开始菜单中的 AVEVA 下拉菜单目录里的 CitectStudio 启动运行。在 Plant SCADA 软件平台新建工程时有两点应特别注意：

1. 界面风格

界面风格应主要体现 SCADA 监控界面在操作运维人员的呈现形式和人机操作接口，应充分考虑人体工程学的原理，体现易学、易用，操作快捷等特点，提升操作人员的直观感受。界面风格主要包括配色、字体、界面布局、界面内容、交互性、用户 Logo 等因素。界面风格一般与工厂整体形象相一致，比如工厂的整体色调、行业性质、企业文化，提供的相关产品或服务应在风格中得到体现。好的 SCADA 监控界面风格不仅能帮助生产操作人员快速理解监控系统的内容，还能帮助工厂或企业树立别具一格的形象。

Plant SCADA 软件平台应预制多种界面监控风格，比如 Windows 界面风格等。当然 Plant SCADA 也支持用户自定义界面风格，可以根据用户企业和工厂的特点设计和组态企业独有的界面风格，并可作为模板在其他工厂直接使用。

2. 分辨率

分辨率又称解析度、解像度，还可以细分为显示分辨率、图像分辨率、打印分辨率和扫描分辨率等。Plant SCADA 软件平台在创建界面时定义的分辨率是指显示分辨率和图像分辨率。Plant SCADA 支持 HD 分辨率，即 1 920×1 080 高分辨率。这样使监控界面里显示的对象更加清晰逼真，操作人员长时间注视界面不易疲劳。

二、学习目标

1. 掌握在 Plant SCADA 软件平台创建新工程的操作方法。

2. 掌握创建新工程时，应关注的几点设计内容，如界面风格、分辨率等。
3. 创建工程名称及特殊符号的限制。

三、基本知识

开发一套完整的工业自动化管控系统，配置的第一步是创建一个新工程，所有工程信息均储存于此。每个工程在 Plant SCADA 安装目录下都有自己的文件夹。默认情况下，创建工程时即创建一个与工程同名的工程文件夹。

注意：Plant SCADA 允许文件夹使用长文件名。工程名称限定为 64 个英文字符，可以包含任何数字和字符，但不允许使用特殊字符。

创建新工程：

1）打开 Plant SCADA 工程管理器，鼠标单击操作添加"+"按钮。具体操作如图 2-1 所示：红色框所示"添加"下拉框→选择"新建工程"。

图 2-1 单击操作添加"+"按钮

2）在弹出的"新建工程"对话框中，进行开发项目信息的输入，如图 2-2 所示。

3）在对话框名称处，输入该监控工程的名称，给该工程命名，例如界面中输入的"CitectTraining"。工程名至多为 64 个字符，最好不要使用任何特殊字符。

① 禁用：•"*I\ [ ]:<> ?/;'。
② 不推荐：•!@ # $ % ^ & ( ) + =}{ ~。
③ 以下划线 _ 或者字母开头，不推荐数字开头。

4）在对话框描述处，输入工程用途信息，即工程备注（可不填写）。

5）在对话框位置处，输入工程文件夹存放路径及工程文件路径（默认即可）。

注意：请勿勾选"基于启动工程创建工程"（红色框标注）。

6）设置监控界面默认设置，即选择界面模板风格和模板分辨率。

图 2-2 新建工程

① 模板风格下拉菜单：定义界面布局，每个新建的界面继承该模板。可以在工程里自定义模板，但必须先选择一个默认模板，通常选择 SxW_Style_1。
② 模板分辨率：定义界面显示的分辨率，应尽量和操作员计算机的分辨率一致。当

分辨率不一致时，Plant SCADA 可以自动满屏，但显示的内容会失真。

③ 根据当前工业监控系统的显示风格和要求，主流为 Windows 风格，分辨率为 HD，即 1 920×1 080。

④ 完成新建工程信息输入，单击"确认"按钮，关闭弹出的窗口。同时，在工程信息列表窗口会自动地显示 CitectTraining 工程项目名称。如果对其进行进一步的组态和编辑，应在 Plant SCADA 软件平台设置为活跃模式，才可以编辑。具体操作为单击"设为活跃"按钮，将其变成绿色，即创建的工程为当前激活的工程，如图 2-3 所示。

图 2-3 创建的工程为当前激活的工程

四、能力训练

1. 操作条件
- 已经在计算机上成功地安装 Plant SCADA 软件，并能正常启动和使用。

2. 安全及注意事项
- 通信计算机操作系统的用户为管理员权限。
- 当计算机与外网连接时，应确保操作系统和杀毒软件都已成功启动，能够有效地保护计算机系统不受外网黑客或病毒的攻击。

3. 操作过程
各个命令功能键的操作含义及位置参见基本知识中相关内容介绍及截图。

问题情境：

问：新建工程时，如果工程名称命名后，无法保存和系统报错是什么原因？

答：Plant SCADA 软件平台创建工程并命名时，名称有字符长度和特殊符号限制的要求。工程名最多为 64 个字符，不能使用任何特殊字符，如 •"*I\ [ ]:<> ?/;'，否则无法保存和系统报错。

4. 学习成果评价

序号	评价内容	评价标准	评价结果（是/否）
1	Plant SCADA 软件平台创建新工程	1）掌握和独立完成新工程的创建 2）工程名称命名无特殊符号 3）需要特殊说明，能够在工程注释中进行加注说明	
2	创建工程需要提前考虑的因素	1）界面风格 2）分辨率，以便推荐 HD，16:9	

五、课后作业

启动 Plant SCADA 软件,创建一个 Plant SCADA 培训工程,选择 SxW_Style_1 风格,选择 Normal 模板。分辨率为 1 920×1 080。

职业能力 2.1.3　能配置 Plant SCADA 工程网络

一、核心概念

基于 Plant SCADA 软件平台构建的工业自动化监控系统,物理设备需要互联互通。上位 SCADA 系统与下位 PLC 自控系统进行数据交互,组建实时数据控制网络。同时,上位 SCADA 系统负责各种业务的物理节点,如 I/O 服务器,报警服务器,趋势服务器和报表服务器等,以及远程控制客户端,监视客户端等需要组建实时监控网络,所以创建新的监控工程后,应根据监控系统网络拓扑图,在 Plant SCADA 软件平台组建工程网络。

1. 集群和服务器

组建集群,可以将互不相干的 Plant SCADA 服务器组件集成到一个工程中,从而能够同时监控多个系统。图 2-4 显示了一个简单集群的必需组件。

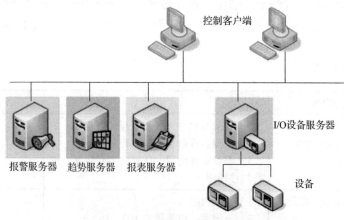

图 2-4　一个简单集群的必需组件

合理地配置方式取决于 SCADA 系统设计解决方案的要求，以及部署的环境。
每个 Plant SCADA/Citect SCADA2018R2 工程均需要下列每一个组件：
- I/O 服务器；
- 报警服务器；
- 趋势服务器；
- 报表服务器；
- 控制客户端（控制和监视远程控制客户端，Web 远程控制客户端）。

这些组件可以部署在多台计算机上，不过最简单的 Plant SCADA 系统可以在一台计算机上安装这 5 个组件。这种系统被称为 Plant SCADA 的单机系统。如图 2-5 所示。

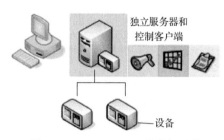

图 2-5　Plant SCADA 的单机系统

2. Plant SCADA 的 CS 架构

按照当前工业自动化的监控系统，为确保系统的高可用性，设置一对冗余的服务器采集 PLC（Plant SCADA 中单机设置步骤跟冗余一样）的实时数据。同时，设计多台远程控制客户端（无论一台还是多台，Plant SCADA 设置步骤一致）。

这样的系统架构就是典型的 Plant SCADA 的 C/S 架构，即 Client/Server 架构，形成了 C/S 架构和模块化任务，如图 2-6 所示。

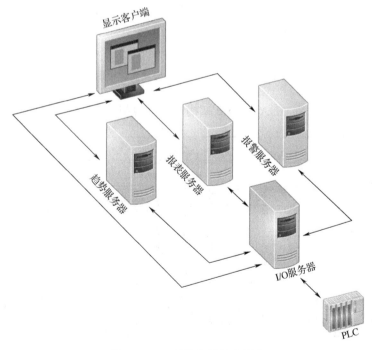

图 2-6　C/S 架构和模块化任务

- 按功能需求将 SCADA 系统模块化，即 I/O 通信模块的 I/O 服务器，报警监控模块的报警服务器，趋势模块的趋势服务器，报表模块的报表服务器，客户端显示模块的远程控制客户端。
- I/O 服务器是唯一与设备通信的途径。
- 报警、趋势和报表服务器仅从 I/O 服务器获取数据，同时为 I/O 服务器分担服务器数据处理负载。
- 客户端仅仅通过服务器获取数据。

这样的架构可以实现 SCADA 监控任务及负载平衡，如图 2-7 所示。

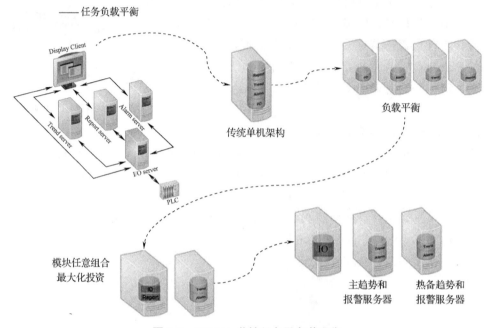

图 2-7　SCADA 监控任务及负载平衡

Plant SCADA/Citect SCADA2018R2 架构中各计算机的角色如图 2-8 所示。

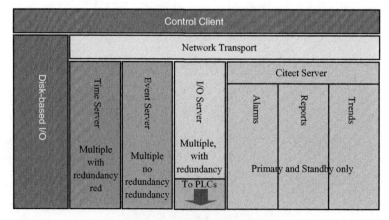

图 2-8　各计算机的角色

从业务层面可以看出，一个标准的 C/S 架构系统含有客户端 +I/O 服务器 + 报警 / 报表 / 趋势服务器 + 时间服务器 + 事件服务器。

二、学习目标

1. 掌握 Plant SCADA 软件平台建立一个 SCADA 集群的方法和步骤。
2. 掌握建立集群的规则。
3. 掌握定义计算机角色的方法和步骤。

三、基本知识

1. 新建集群

以单机系统为例，组建 Plant SCADA 网络，因此在此集群内，需要定义一个集群以及任意一个报表、报警和趋势服务器。I/O 服务器将在通信部分进行定义说明。

在 Plant SCADA 软件平台工程开发主界面，如图 2-9 所示。右边菜单"拓扑"（1）→"编辑"（2），集群（3）(分别 3 个红色框所示)：

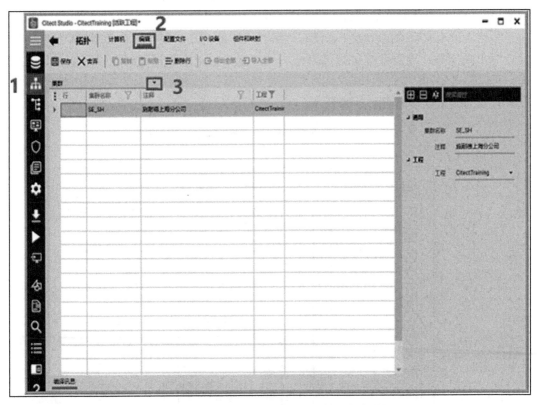

图 2-9 Plant SCADA 软件平台工程开发主界面

集群的意义，它代表一个完整的 SCADA 监控工程，运行时对外统一名称。一个"集群"是报警、趋势和报表服务器以及 I/O 服务器的集成。

一个 SCADA 监控工程可以包含多个集群，如为大型工厂的每个区域配置一个集群，可方便开发和管理，非常适合分集控模式工程。

建立集群的规则如下：
- 每个集群的名称必须唯一；

- 每个服务器组件的名称必须唯一;
- 每个服务器组件必须属于一个集群;
- 每个集群可以包含多个 I/O 服务器,可以设置服务优先级来确认主备关系,在物理上必须分开(网络 IP 地址不同);
- 每个集群只能包含一对冗余报警服务器,在物理上必须分开(网络 IP 地址不同);
- 每个集群只能包含一对冗余的趋势服务器,在物理上必须分开(网络 IP 地址不同);
- 每个集群只能包含一对冗余的报表服务器,在物理上必须分开(网络 IP 地址不同)。

例如,一个工厂有多个工艺厂区,这个工艺厂区的监控工程一致。如果在全厂的中控调度中心需要获取所有工艺厂区的信息和多个工程合并时,必须区分区域,变量不能重名,否则会给设计工作带来巨大的工作量,且容易造成人为的错误,利用集群概念进行架构区分,可以非常有效地解决这一问题。

虽然集群有它特殊的功能,若没有理解其真正的含义,很容易在 SCADA 系统架构设计时出现问题,导致系统运行效率低下,甚至无法正常编译运行。以下两种集群架构,可以参考鉴别。

有效的多集群架构如图 2-10 所示。

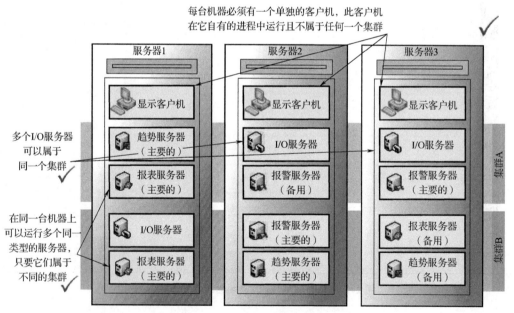

图 2-10 有效的多集群架构图

无效的多集群架构如图 2-11 所示。

2. 定义计算机

集群按照 SCADA 系统架构定义完成后,需要定义计算机角色如图 2-12 所示。右边菜单"拓扑"(1)→"编辑"(2),在集群下拉菜单中选择计算机(3)(分别 3 个红色框所示)。

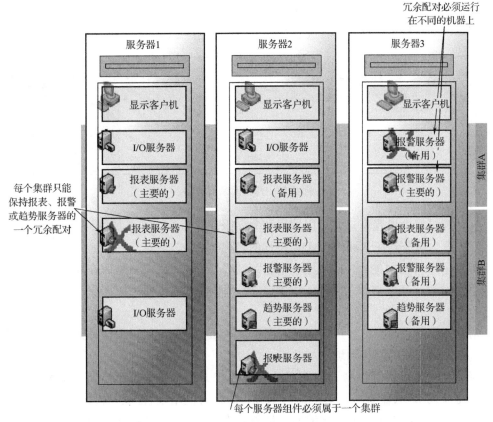

图 2-11 无效的多集群架构图

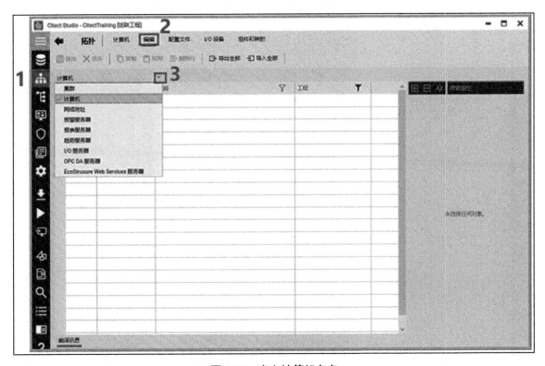

图 2-12 定义计算机角色

分别定义工程中所有物理服务器的名字，如两台冗余的服务器为 SE_SH_Server1/Server2 如图 2-13 所示。

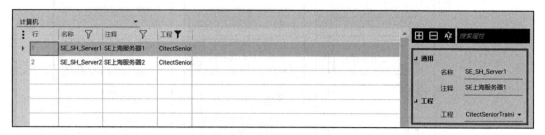

图 2-13　两台冗余服务器

在计算机属性设置窗口，可以编辑和命名服务器名称，并添加注释。工程位置无需设置。注意，服务器在 Plant SCADA 工程的名称（唯一）。

每条记录可以复制上一条记录，然后在新记录行粘贴，粘贴后在属性设置界面进行编辑、设置。离开该设置界面，系统会提示保存或者放弃，按照提示确认相关操作组态。

对于工程中有多少台客户端都无需设置，Plant SCADA 运行工程时会自动地识别。

3. 定义计算机的网络地址

定义计算机名称和注释，需要定义其网络 IP 地址。IP 地址根据 SCADA 系统网络拓扑图定义的 IP 地址填写。IP 地址的划分，通常有网络设计工程师综合考虑。仍在此界面的集群下拉菜单中选择网络地址，对各个计算机进行 IP 地址设置，如图 2-14 所示。

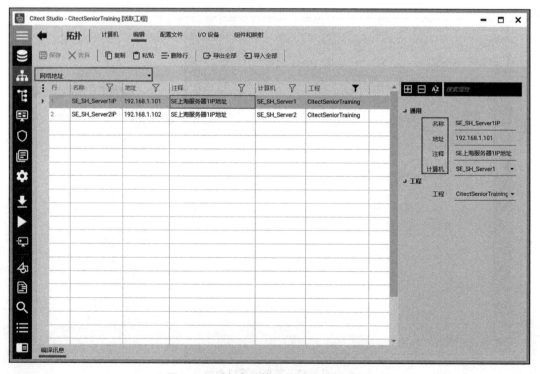

图 2-14　对各个计算机进行 IP 地址设置

若定义的服务器有两个网卡，一个网卡与 SCADA 系统服务器及客户端进行数据交换，另一个网卡与 PLC 控制系统进行数据交互，则需要创建两个网络地址。一个用于 SCADA 系统 C/S 架构提供数据交互，另一个用于与 PLC 通信。如果这个网络地址定义为客户端所在网段的地址，则无法与 PLC 控制系统的网段建立通信。

具体设置如图 2-14 所示，在属性设置窗口，名称为服务器 IP 地址名称。地址是服务器网卡 IP（运行工程前请确保其 IP 能 ping 通，否则无法识别通信，无法建立通信）。注释是网卡备注信息，计算机是此网卡需要绑定的角色计算机。离开该设置界面，系统会提示保存或者放弃，按照提示确认相关操作组态。

当 SCADA 系统在仿真测试与 PLC 的仿真器进行数据交互时，其 I/O 服务器的网络地址需设置为 127.0.0.1，如图 2-15 所示。

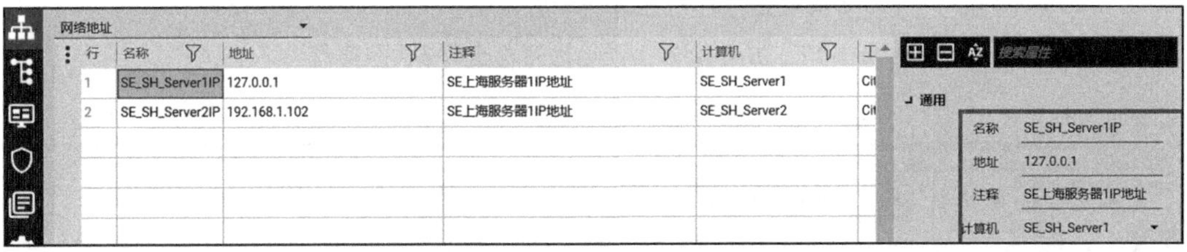

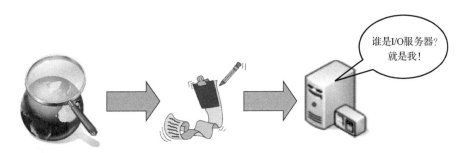

图 2-15　I/O 服务器的网络地址需设置为 **127.0.0.1**

网络服务器地址的意义是 Plant SCADA 服务器运行时，每台计算机都会比较自己的 IP 地址和服务器列表中的 IP 地址，从而确认自己在整个系统中的角色（见图 2-16）。意味着，在对服务器更换时，仅需工程复制和 IP 地址的分配即可。

图 2-16　计算机比较自己和服务器列表中的 IP 地址

当客户端启动时，通过访问 IP 服务器地址列表搜索各类服务器，从而获得所需信息，如图 2-17 所示。

Plant SCADA 工程在某台计算机上运行时，首先将该计算机的 IP 地址与工程里服务器的 IP 地址进行比较，若符合则判断该计算机为服务器角色。若不符合则判断其为客户端，同时会向服务器发起数据请求。

4. 定义报警服务器

定义好网络地址后按照顺序定义报警服务器。仍在同一主界面，在集群下拉菜单中选择报警服务器进行组态编辑，具体设置如图 2-18 所示。

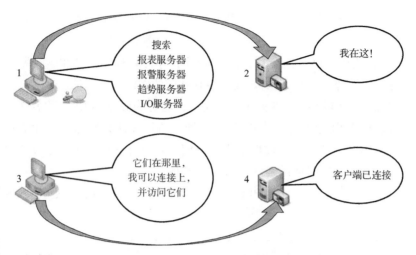

图 2-17 访问 IP 服务器地址列表搜索各类服务器

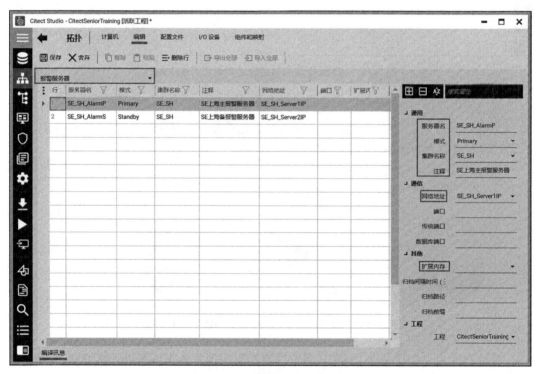

图 2-18 定义报警服务器具体设置

在属性设置界面中,设置组态如下:
- 报警服务名(该工程报警服务名必须唯一);
- 模式(主/从模式,不能将主备模式指派到同一台服务器上,一个集群只允许1主1从);
- 集群名称(从下拉框选择,将报警服务指定集群);

- 网络地址（将工程的报警服务指派到一台服务器上）；
- 扩展模式可选（如果选择 True，则报警服务进程以 64 位模式）；
- 设定完毕，单击"保存"。

5. 定义报表服务器

按照顺序定义报表服务器。仍在同一主界面的集群下拉菜单中，选择报表服务器并进行组态编辑，具体设置如图 2-19 所示。

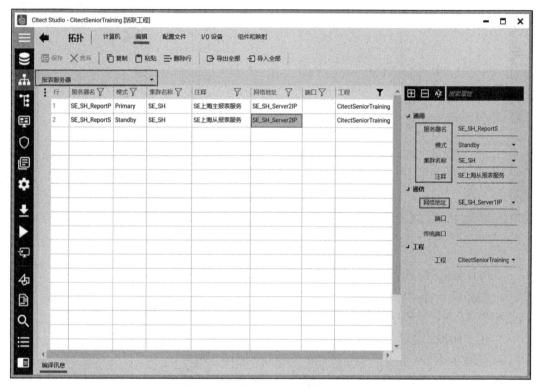

图 2-19　定义报表服务器具体设置

在属性设置界面中，设置组态如下：
- 报表服务名（该工程报表服务名必须唯一）；
- 模式（主/从模式，不能将主/从模式指派到同一台服务器上，一个集群只允许 1 主 1 从模式）；
- 集群名称（从下拉框中选择并将报警服务指定集群）；
- 网络地址（将工程的报警服务指派到一台服务器上）；
- 设定完毕，单击"保存"。

注意：设备与累加器的运行需依赖报表服务。

6. 定义趋势服务器

按照顺序定义趋势服务器。仍在同一主界面的集群下拉菜单中，选择趋势服务器并进行组态编辑。具体设置如图 2-20 所示。

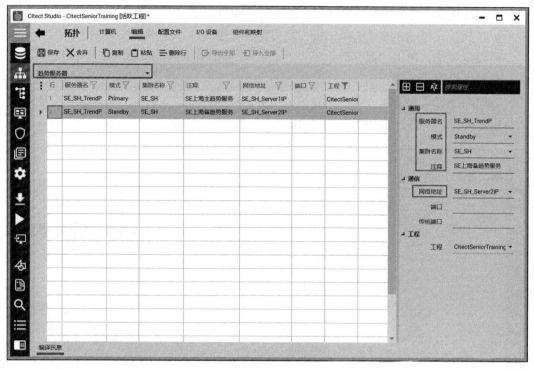

图 2-20 定义趋势服务器具体设置

在属性设置界面中,设置组态如下:
- 趋势服务名(该工程趋势服务名必须唯一);
- 模式(主/从模式,不能将主/从模式指派到同一台服务器上,一个集群只允许1主1从模式);
- 集群名称(从下拉框中选择并将报警服务指定集群);
- 网络地址(将工程的报警服务指派到一台服务器上);
- 设定完毕,单击"保存"。

7. 定义 I/O 服务器

按照顺序定义 I/O 服务器。仍在同一主界面的集群下拉菜单中,选择 I/O 服务器并进行组态编辑。具体设置如图 2-21 所示。

在属性设置界面中,设置组态如下:
- IO 服务名(该工程 IO 服务名必须唯一);
- 模式(无,因为 IO 允许多达 255 个,且可以均衡 IO 通信的负载,其冗余在 IO 设备通信中设置);
- 集群名称(从下拉框中选择并将报警服务指定集群);
- 网络地址(将工程的报警服务指派到一台服务器上);
- 设定完毕,单击"保存"。

8. 定义 OPC 通信服务器

按照顺序定义 OPC 通信服务器。仍在同一主界面的集群下拉菜单中,选择 OPC DA

服务器并进行组态编辑,具体设置如图 2-22 所示。

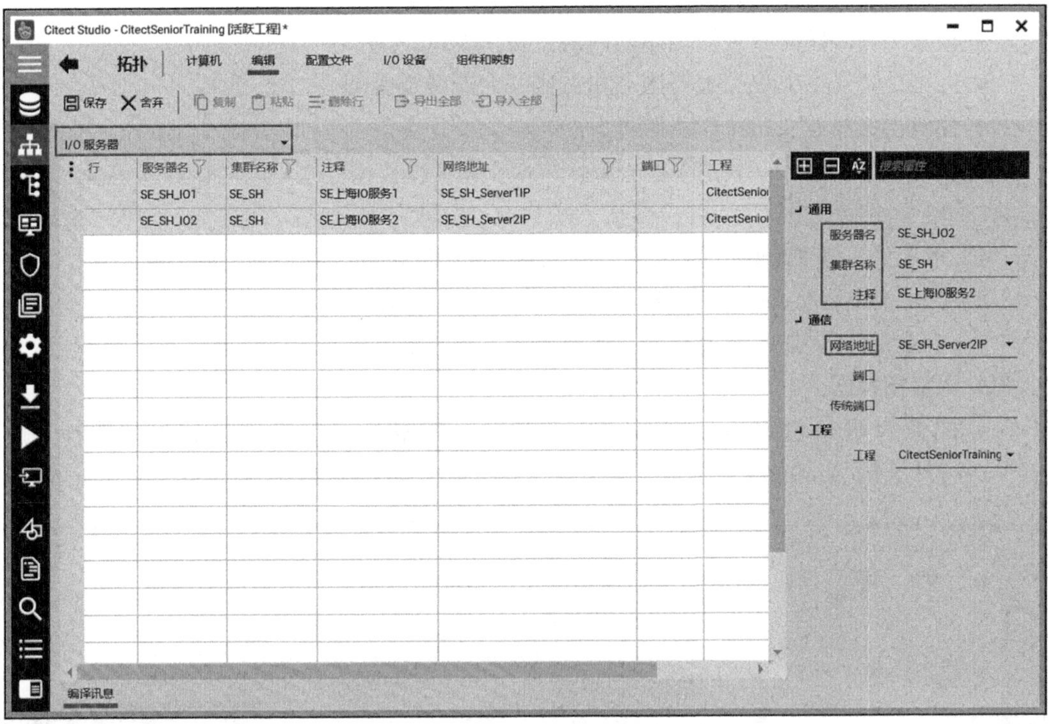

图 2-21 定义 I/O 服务器具体设置

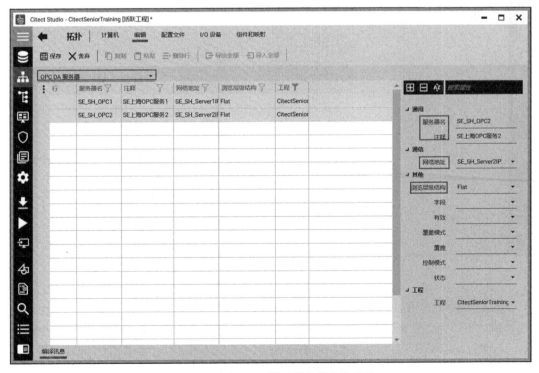

图 2-22 定义 OPC 通信服务器具体设置

在属性设置界面中,设置组态如下。
- 服务名(该工程对外提供的 OPC 服务名必须唯一);
- 模式(无,任何服务器可以同时对外提供 OPC 服务);
- 网络地址(将工程的报警服务指派到一台服务器上);
- 浏览层级结构:Flat 默认即可;
- 设定完毕,单击"保存"。

注意:

1)不定义,则 Plant SCADA 软件无法启动 OPC Server 为外界提供数据。

2)OPC Server 允许多个服务,没有冗余,并行启动。

3)Web Service 服务配置复杂,使用较少,不作介绍。

9. 网络拓扑图

完成计算机角色定义,网络地址定义,各类服务器定义和设置后,选择"拓扑"→"计算机",软件平台根据组网配置,自动地生成网络拓扑图,如图 2-23 所示。

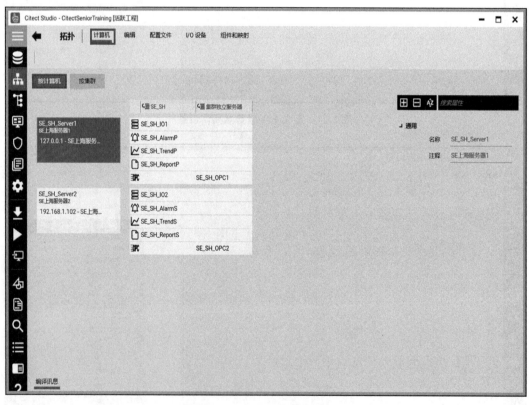

图 2-23 自动地生成网络拓扑图

在此界面下,可以选择按照计算机角色或集群模式进行组网拓扑显示。在计算机角色模式下,可以清晰地看到工程中有多少个物理服务器及每个服务器所担当的角色任务,如图 2-24 所示。

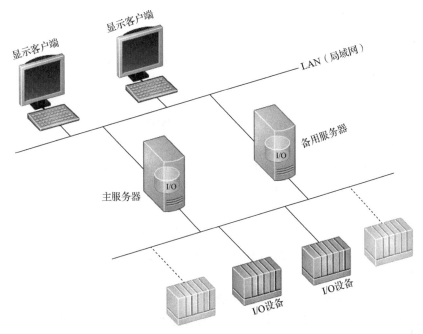

图 2-24 物理服务器及所担当的角色任务

展示高效的通信机制,据数学预测和实际部署测试,针对多节点的大型网络,数据流量降低 30% 以上,如图 2-25 所示。

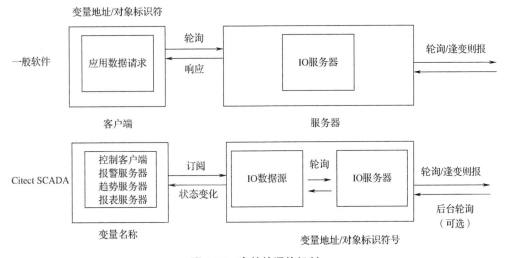

图 2-25 高效的通信机制

四、能力训练

1. 操作条件

- 已经在计算机上成功地安装 Plant SCADA 软件,并能正常启动和使用。

2. 安全及注意事项
- 通信计算机操作系统的用户为管理员权限。
- 当计算机与外网连接时，应确保操作系统和杀毒软件都已成功地启动，能够有效地保护计算机系统不受外网黑客或病毒的攻击。

3. 操作过程

工程网络组件参见基本知识中相关内容介绍及截图。

问题情境一：

问：在 Plant SCADA 软件平台进行 SCADA 系统工程组网，每一个集群的 IO 服务器、报警服务器、趋势服务器和报表服务器最多可以支持几个？

答：

1) 在一个 Plant SCADA 软件的集群下，I/O 服务器的数量可以不受限制，但是 I/O 服务器有优先级之分，分为 1、2、3 和 4 级。为便于系统规划及应用服务器负载的考虑，通常一个集群最多设计 4 台 I/O 服务器。

2) 报警、趋势、报表和 OPC 服务器最多为 2 台及冗余配置。

3) 不论应用服务器的数量有几个，其名称都是唯一的。牢记集群建立原则。

问题情境二：

问：创建好的 SCADA 系统工程网络，若进行离线仿真测试时，需要如何更改设置？

答：

1) 离线仿真时，仅需对 I/O 服务器的 IP 地址进行调整，设置为 127.0.0.1，即本地网络适配器地址，其他应用服务器的 IP 地址无需做相应的调整。

2) 离线仿真，如果 PLC 的编程软件支持仿真功能，启动 Simulator 时，设置其 IP 地址为 127.0.0.1。如不支持，可以使用第三方 MBTCP 仿真软件，设置连接的地址为 127.0.0.1 即可。

问题情境三：

问：Plant SCADA 软件完成冗余配置后，在实际运行中各个应用服务器的冗余切换表现及远程客户端需要配置吗？

答：

1) Plant SCADA 的冗余系统上线运行后，I/O 服务器会按照设置组态的优先级运行。优先级高的永远处于最先运行序列，即优先级为 1 的 I/O 服务器故障离线后，优先级为 2 的 I/O 服务器会自动地接管所有下位机 PLC 控制系统的实时数据交互。按照优先级依次类推。当优先级为 1 的 I/O 服务器恢复上线后，会自动地拿回与下位 PLC 控制系统的实时数据交互的权利，这时会出现 I/O 服务器的通信冗余切换。

2) 其他冗余服务器不会像 I/O 服务器那样，它们在系统中只有主备服务器之分。主服务器失效离线，热备服务器接管。当原主服务器恢复上线后，也不会因其上线而发生主备服务切换。它只会以热备服务器运行。只有当当前运行的主服务器故障离线时，才会切换。

3）远程客户端无需配置，Plant SCADA 软件会根据 IP 地址自动地识别是否为应用服务器。非应用服务器的 IP 地址，统一认为为远程客户端。当远控客户端上线访问应用服务器时，服务器会根据本地激活的客户端浮动授权，动态地分配授权给远程控制客户端。如已无可用浮动授权，正在访问的客户端因无浮动授权可用而停止服务。

4. 学习成果评价

序号	评价内容	评价标准	评价结果（是/否）
1	Plant SCADA 集群的概念及创建原则	1）理解 Plant SCADA 集群的概念 2）牢记集群创建的唯一性原则	
2	离线仿真时，服务器的 IP 地址如何设置	1）I/O 服务器的 IP 地址需要设置 2）IP 地址为 127.0.0.1 3）其他应用服务器的 IP 地址无需更新	
3	冗余服务器的切换机制	1）理解冗余服务器切换机制 2）I/O 服务器无冗余设置，只有优先级设置 3）其他应用服务器有主备设置之分	

五、课后作业

请根据工作领域 1 中设计的 Plant SCADA 系统及系统架构图，结合本职业能力中组建 Plant SCADA 网络的方法和步骤，组建一个 SCADA 工程网络，并通过软件平台的网络拓扑功能，核查网络拓扑结构与设计系统架构图的一致性。将 Plant SCADA 软件平台辨识的 SCADA 工程网络拓扑图粘贴在作业表中。

注意：Plant SCADA 系统需求，一个厂区有两套 PLC 控制系统，与 Plant SCADA 的数据交互变量为 50 000 点，要求 PLC 与 Plant SCADA 通信链路冗余、Plant SCADA 各种服务器冗余、3 个远程控制客户端、2 个 Web 控制客户端、2 台打印机。

职业能力 2.1.4　能理解用户权限定义的原则并配置 Plant SCADA 用户权限

一、核心概念

1. 用户权限

用户权限类似 Windows 操作系统用户权限，对于不同的用户分配不同的访问和操作权限，实现不同用户对系统使用的安全管理。Plant SCADA 系统的用户可以自由定义，通常情况分为管理员、工程师、操作员和浏览角色。设置用户角色后，为每种角色定义 1～8 级的访问和操作权限，这样就为每种角色定义了权限。然后再定义各种用户，为每种用户关联相应的角色，这样每个用户就具备了按照预先定义好角色的访问和操作权限。

2. 权限种类

权限可以分为两大种，一种是访问，另一种是操控。访问权限可以是用户具备浏览监控界面的权利，可以对设计组态的监控界面进行权限设置，用数字代替。例如，界面的访问权限设置为 1，则具备访问权限 1 的用户具备访问此界面的权限；如果用户的权限里没有 1，则此界面无法被此用户访问。操控权限，即对控制对象及工艺参数进行设置和控制的权限。其权限设置与访问权限设置一样，用数字代替。通信系统的用户具备此权限的数字，则可以操作，否则请求会被系统拒绝，并自动提示无权限访问此功能。

3. 权限设置标准

在 Plant SCADA 软件平台，权限用数字来表示，用 1～8 的数字定义。权限的设置可以自由组合定义，但系统也有标准可以参考借鉴。例如，Plant SCADA 软件平台提供的界面模板，已经预先定义了各种访问权限。在 Tab_Style_Include 工程中访问下列元素由全局权限决定。

在系统安全中可以查阅其访问权限的设置。例如：编辑用户权限代码为 8、关闭工程权限代码为 0、报警确认和禁用权限代码为 1。

二、学习目标

1. 了解 Plant SCADA 用户权限的概念及作用。
2. 掌握 Plant SCADA 用户权限定义的规则。

三、基本知识

通过设置用户权限，可以保证用户只能使用特定的命令和控制。区域和权限的更多信息在涉及安全部分展开，这里提前引入是因为在 Plant SCADA 创建新工程时，需要预先定义引用模板。如果选择软件平台预定义好的模板，比如 Tab_Style_Include 模板时，控制和访问基于 Tab_Style_Include 工程的默认元素需要一个临时用户，在工程运行时，才能正常激活模板自带的监控功能。实际上，如果没有在工程中定义用户，工程将不允许被编译。这是 Plant SCADA 软件平台的一个新要求。

1. Tab_Style_Include 默认权限

Tab_Style_Include 工程的一些内容需要用户通信才能使用。如果没有进行有效的通信，工程中的某些功能将被禁用。例如，如果操作人员以受限用户身份通信，工具界面大多处于未激活状态。默认情况下，在 Tab_Style_Include 工程中访问下列元素由全局权限决定。

元素	全局权限
编辑用户	8
工程关闭	0
确认报警	1
禁用报警	1

配置 Tab_Style_Include 工程时，每一个用户都应该拥有合适的权限以使访问的功能有效。特别是在特殊条件下用户需要能够确认报警。

2. 角色

在 Plant SCADA 软件平台中，用户权限被组织到角色中。角色是权限组的特有容器。从理论上而言，不同角色也可以共享同一个权限组，但是由于操作问题，为不同的角色定义不同的权限显然更有意义。因此，一个命名为管理员的角色可能和另一个命名为监管员的角色拥有同样的权限。一旦完成定义后，就可以给单个用户分配一个或多个角色。

角色定义及配置，在工程开发第 4 步建立点表（变量标签 – 与 IO 设备通信点）中具体描述。

四、能力训练

1. 操作条件
- 已经在计算机上成功地安装 Plant SCADA 软件，并能正常启动并使用。
- 创建新工程和引用 Plant SCADA 系统提供的界面模板（Tab_Style_Include）创建新界面。

2. 安全及注意事项
- 通信计算机操作系统的用户为管理员权限。
- 当计算机与外网连接时，应确保操作系统和杀毒软件都已成功启动，能够有效地保护计算机系统不受外网黑客或病毒的攻击。

3. 操作过程

问题情境一：

问：在 Plant SCADA 软件平台进行用户权限定义时，角色和用户的关系，权限代码分几级？

答：

1）在用户权限定义设置时，应先创建系统角色，在角色定义中存在权限设置的要求。用户是具体访问 SCADA 系统的人，如张三、李四，定义用户具体名字，然后引用角色。张三、李四就拥有了不同角色的权限。

2）权限代码分为 8 级，用数字 1～8 区分。各个数字没有优先级和高低之分，但为了权限分配合理化，采用数字大小来定义权限的高低，数字越大，权限级别越高。

问题情境二：

问：在 Plant SCADA 软件平台进行用户权限管理能否使用操作系统的用户管理机制和密码管理机制？

答：

1）可以，应在 Plant SCADA 系统中定义一台域控服务器，在 DC 中设置角色和具体通信 Windows 和 Plant SCADA 的用户。

2）在 Plant SCADA 软件平台中只需要定义角色和访问权限，用户不在定义，使用域控服务器中创建的 Windows 通信用户即可。同时，注意 Plant SCADA 软件平台使用域控管理角色时，应遵循角色定义的语法规则，即在角色定义前加"\"。另外，角色的名称与域控服务器中的角色名称一致。

3）用户密码复杂度及更新时间，Plant SCADA 软件会自动地启用域控服务器中对用户密码复杂度和更新时间的安全设置策略，到期提醒用户更新密码。

4. 学习成果评价

序号	评价内容	评价标准	评价结果（是/否）
1	Plant SCADA 用户权限设置意义	系统安全防护和不同操作的区别对待	
2	Plant SCADA 用户权限设置规则	1）理解 Plant SCADA 角色和用户的区别 2）创建用户权限的逻辑关系 3）权限代码分 8 级，以数字代表	

五、课后作业

在创建的 Citect Training 工程中，在系统安全性里创建角色和用户。理解 Plant SCADA 自带的 Tab_Style_Include 模板中角色和用户，分别以管理员和操作员的角色创建张三和李四的用户。

将系统模板中的角色和用户配置信息截图在作业表中，与老师和同学一起讨论角色和用户的区别及权限的差异。

职业能力 2.1.5　能进行 Plant SCADA 计算机向导操作和应注意的事项

一、核心概念

1. 计算机设置

在安装 Plant SCADA 软件的计算机上运行组态编译好的新工程后，并不能在本地计算机上进行 Runtime 运行。需要在 Plant SCADA 软件平台上进行计算机设置。通过计算机设置可以使 SCADA 新工程与需要运行此工程的计算机进行关联，告知计算机以服务器还是客户端运行，哪些 SCADA 服务器需要运行，以哪个开机界面运行。

2. 服务器和客户端密码

在执行计算机设置向导时，应设置服务器和客户端密码。此密码不是用户通信密码，而是客户端访问服务器获取实时数据时的授信认证密码。此密码必须设置，因为 Plant SCADA 系统架构是 CS 架构，即使是本地服务器＋控制客户端的单机服务器形式，其架构依然不变。在 CS 架构中，应建立服务器和客户端的信任机制，需要密码授信才能建立相互连接，实现数据的交互。所以，此密码一定要集中，在不同的计算机上都用相同的授信密码配置走计算机向导，否则服务器与客户端的授信密码不一致时，客户端在访问服务器时，会因验证无法通过被决绝访问。

二、学习目标

1. 了解 Plant SCADA 计算机设置向导的作用和意义。
2. 掌握 Plant SCADA 计算机设置向导的步骤。

三、基本知识

计算机设置向导用于快速设置和定制 Plant SCADA 软件平台中实时运行的特性。在软件工程管理器中运行新工程之前至少应使用一次计算机设置向导。

1. 计算机设置向导

在 Plant SCADA 软件平台的工程菜单中（见图 2-26）。有一个"设置向导"下拉菜单，在下拉菜单中选择计算机"设置向导"即可激活此功能。

图 2-26 Plant SCADA 软件平台的工程菜单

进行设置的计算机可以是运行整个 Plant SCADA 软件平台工程的计算机，也可以是网络工作组中独立运行的一部分。

角色	说明
单机	计算机执行一个独立的服务器和控制客户端功能
网络	计算机的功能是一台： ● 服务器和控制客户端 ● 控制客户端 ● 只读客户端

2. 执行计算机设置向导

通信测试需要编译正确的工程并能够正常运行。在工程运行前，必须对工程进行计算机设置向导操作。计算机设置向导步骤如下：

第一步：选择"自定义"：单击设置向导后，软件平台会自动地弹出设置向导界面，选择"自定义安装（C）"，单击"下一步"按钮，如图 2-27 所示。

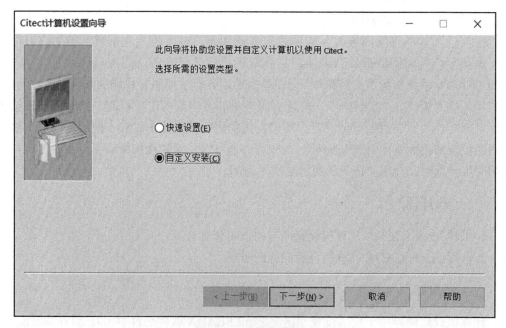

图 2-27 设置向导界面

第二步：在工程设置界面选择"本地管理器"，单击"下一步"按钮，如图 2-28 所示。

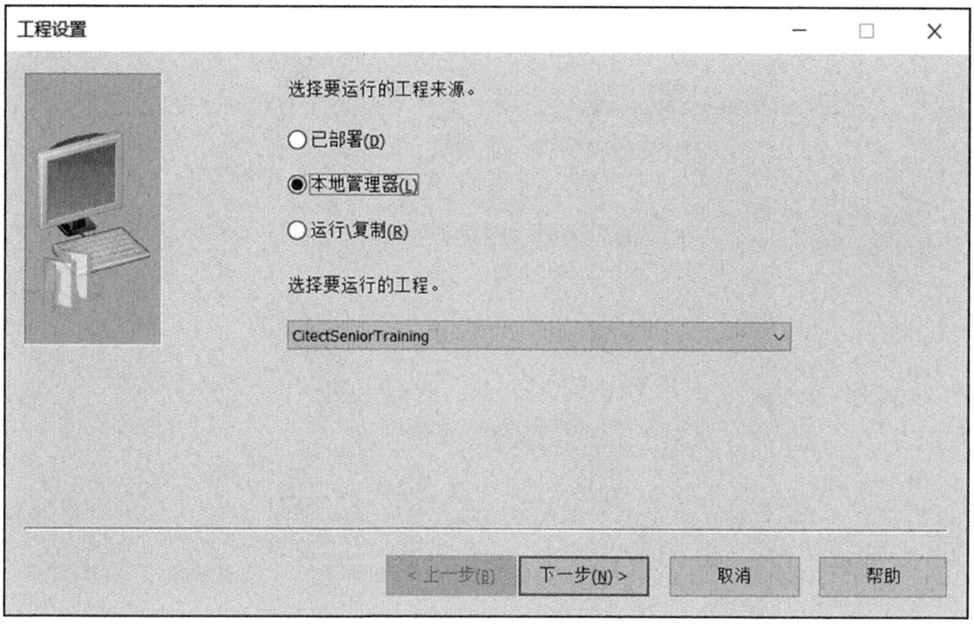

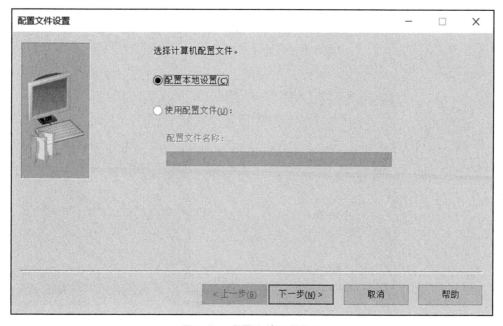

图 2-28　工程设置界面

第三步：在配置文件设置界面，选择"配置本地设置（C）"，单击"下一步"按钮，如图 2-29 所示。

图 2-29　配置文件设置界面

第四步：通过 IP 自动识别该计算机角色（无法更改，除非修改计算机 IP 地址），单击"下一步"按钮,如图 2-30 所示。

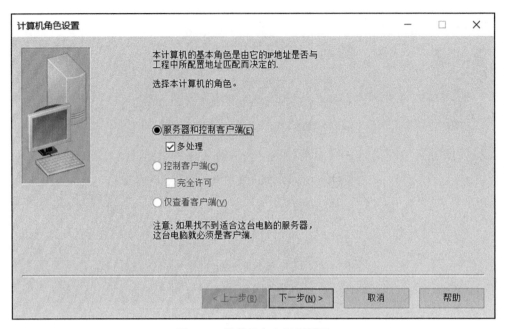

图 2-30　计算机角色设置界面

第五步:默认选择独立机无授权可以运行 10 min,单击"下一步"按钮,如图 2-31 所示。

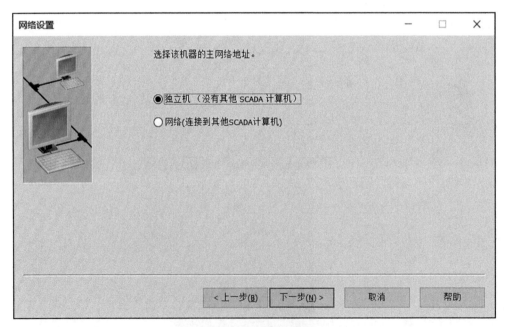

图 2-31　网络设置界面

注意:C/S 架构必须选择网络,但需要授权才能运行。

第六步:报表服务器属性设置默认(为报警服务才有该选项),单击"下一步"按钮,如图2-32所示。

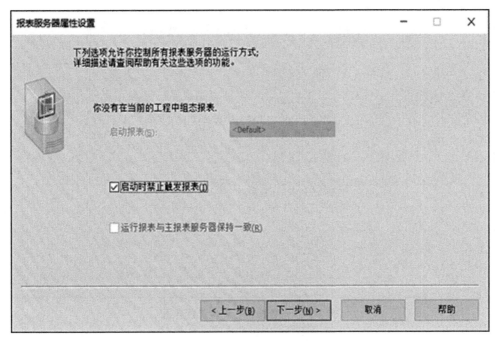

图2-32 报表服务器属性设置界面

第七步:趋势服务器属性设置默认(为趋势服务才有该选型),单击"下一步"按钮,如图2-33所示。

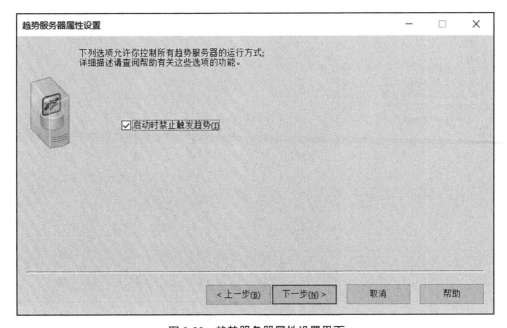

图2-33 趋势服务器属性设置界面

第八步：报警服务器属性设置默认，单击"下一步"按钮，如图 2-34 所示。

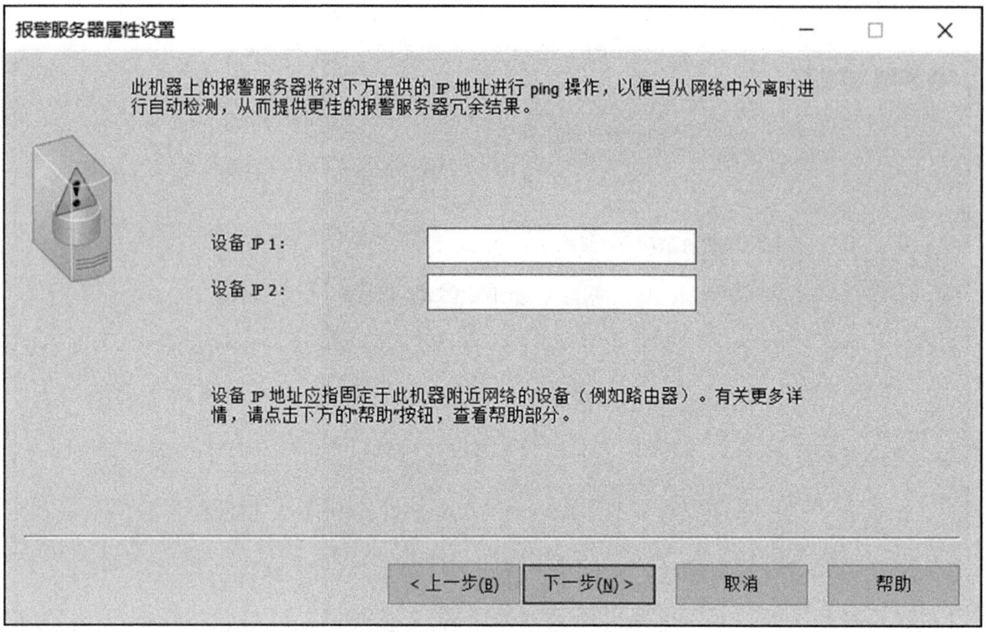

图 2-34　报警服务器属性设置界面

第九步：CPU 设置（可以将工程服务分配到不同 CPU 提示性能），单击"下一步"按钮，如图 2-35 所示。

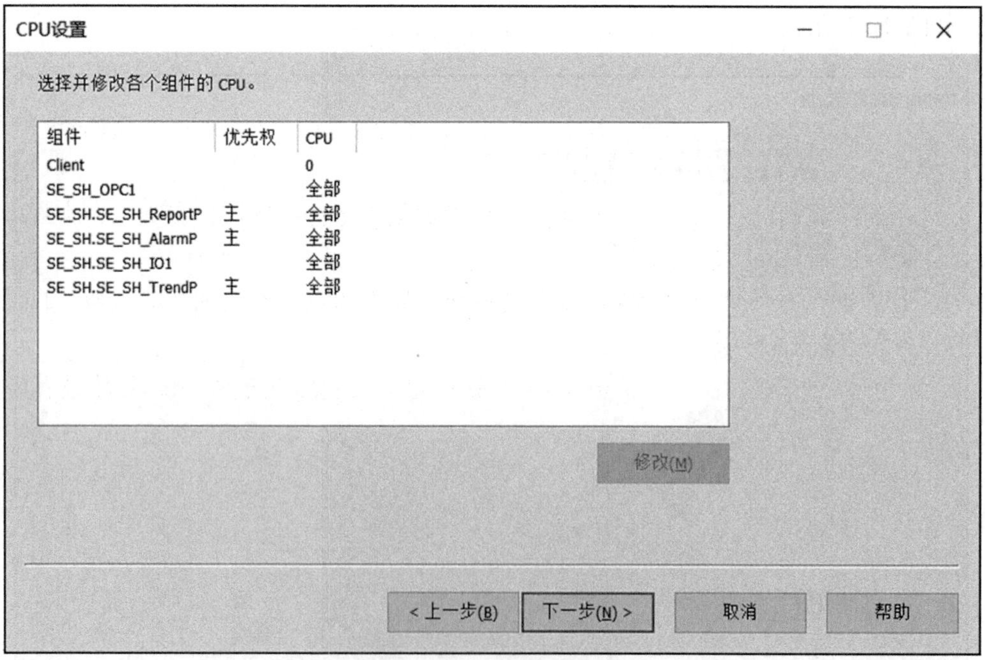

图 2-35　CPU 设置界面

第十步:激活事件(建议所有事件在 Client 进程,其他不设置),单击"下一步"按钮,如图 2-36 所示。

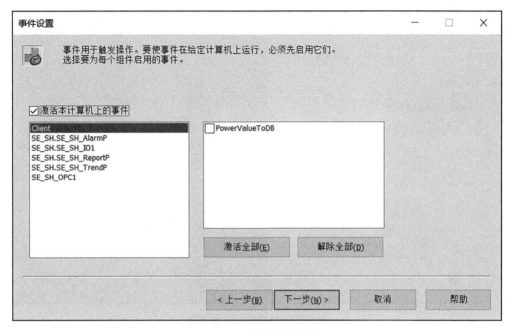

图 2-36 事件设置界面

第十一步:启动子程序,选择默认,单击"下一步"按钮,如图 2-37 所示。

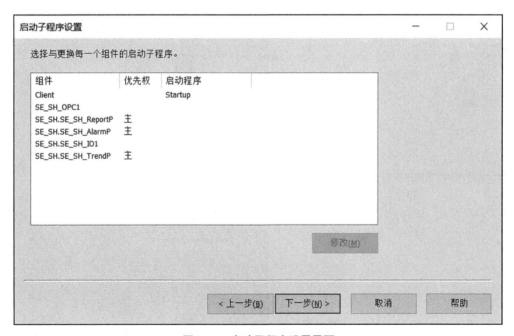

图 2-37 启动子程序设置界面

第十二步:集群连接设置(Client 连接所有集群,其他服务无需设置),单击"下一步"按钮,如图 2-38 所示。

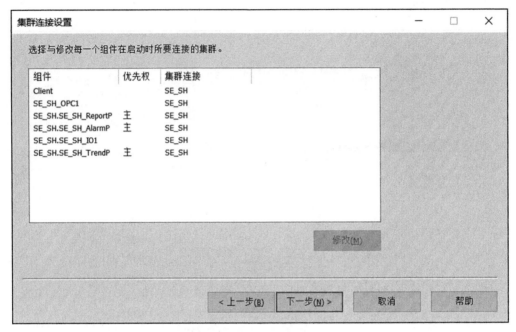

图 2-38　集群连接设置界面

第十三步:密码设置(服务器和客户端密码此处必须一致),单击"下一步"按钮,如图 2-39 所示。

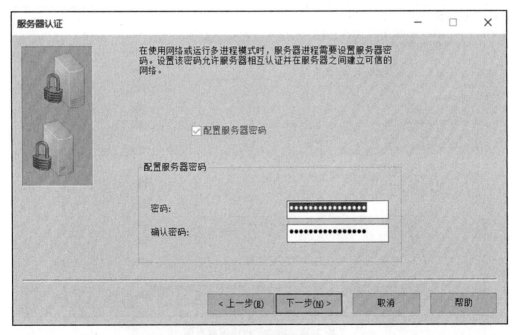

图 2-39　密码设置界面

第十四步：选择"默认的服务器用户（全面的界面与权限）"设置，单击"下一步"按钮，如图 2-40 所示。

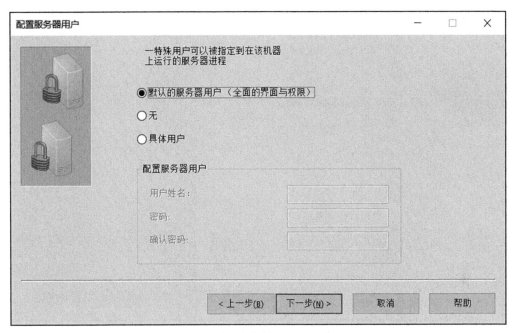

图 2-40　配置服务器用户界面

第十五步：控制菜单（建议在菜单上显示内核），单击"下一步"按钮，如图 2-41 所示。

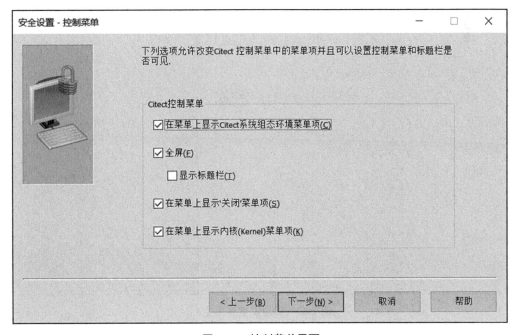

图 2-41　控制菜单界面

第十六步：安全设置，键盘选择默认设置，可以激活系统快捷键（不建议），单击"下一步"按钮，如图 2-42 所示。

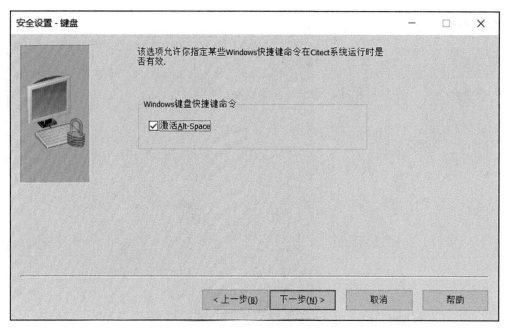

图 2-42　安全设置界面（1）

第十七步：安全设置，杂项选择默认设置，单击"下一步"按钮，如图 2-43 所示。

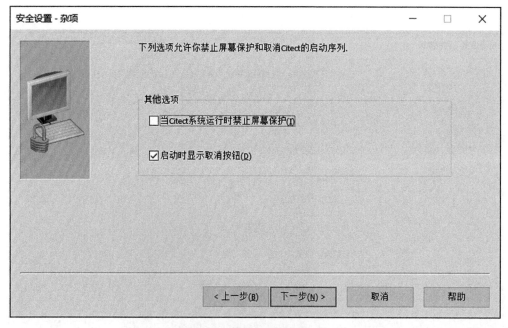

图 2-43　安全设置界面（2）

第十八步：常规（设置启动界面，建议扫描时间 1 000 ms），设置 Runtime 模式下首页，单击"下一步"按钮，如图 2-44 所示。

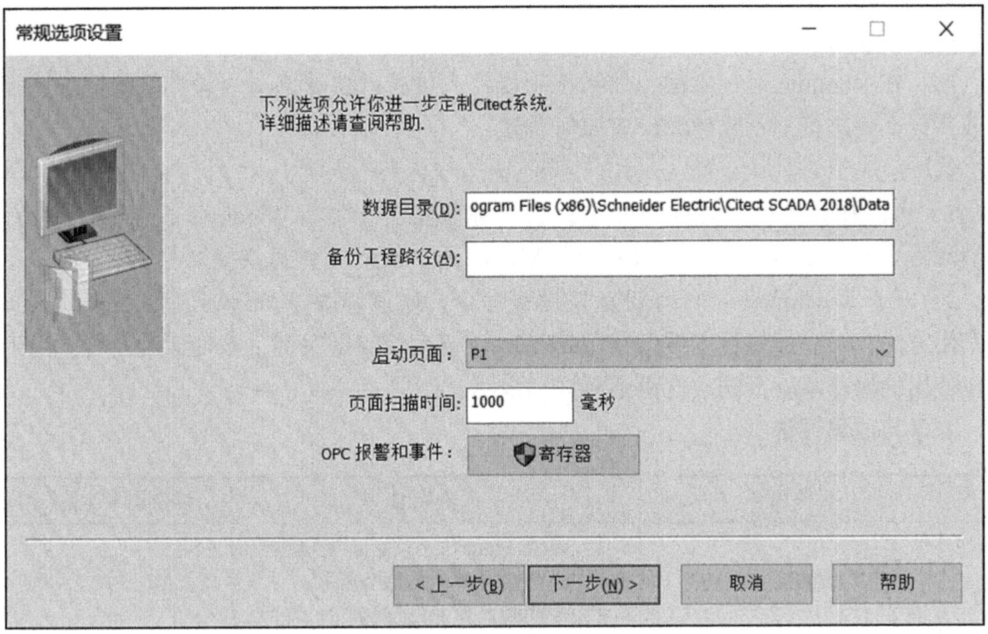

图 2-44 常规选项设置界面

第十九步：完成 Plant SCADA 软件平台组态工程运行前的准备和计算机设置向导设置。

四、能力训练

1. 操作条件
- 新工程已经创建。
- 网络拓扑配置已完成。
- 新开机界面已设计完成。

2. 安全及注意事项
- 通信计算机操作系统的用户为管理员权限。
- 当计算机与外网连接时，应确保操作系统和杀毒软件都已成功启动，能够有效地保护计算机系统不受外网黑客或病毒的攻击。
- 注意新工程应确保 Pack 和编译准确、无误。如有错误，应根据系统提示逐一地解决，直到编译完成。

3. 操作过程
计算机设置向导的具体操作步骤参见基本知识中的说明及截图。

问题情境一：

问：在 Plant SCADA 软件平台进行计算机设置向导时，如果本地计算机是应用服务器，但在向导业务，无法选择本地服务器和控制客户端是什么原因？

答：Plant SCADA 软件平台检查计算机角色的依据是 IP 地址，如果上述情况，请检查本地计算机的 IP 地址是否与网络拓扑里配置的 I/O 服务器的 IP 地址相同，如果不同，请按照网络拓扑里定义的 IP 地址设置。重新执行计算机设置向导就可以成功选择。

问题情境二：

问：在 Runtime 运行界面，如果不想操作人员通过快捷键进入操作系统，对工程文件或其他文件进行复制或破坏，应如何设置？

答：

1）可以在计算机设置向导安全设置 – 键盘界面，取消 Windows 键盘快捷键命令，取消激活 Alt-Space。注意：此设置仅能禁用部分 Windows 键盘快捷命令。

2）对于 Windows+ 字母等键盘快捷键命令，通过修改 Windows 注册表来禁用。具体禁用方法，可以通过百度搜索禁用 Windows 键盘快捷键关键字来搜索和设置。由于计算机使用的操作系统不同，这里不再详细说明。

4. 学习成果评价

序号	评价内容	评价标准	评价结果（是/否）
1	计算机设置向导的作用和意义	1）建立 Plant SCADA 与本地运行 SCADA 工程计算机的服务连接 2）首次执行 Runtime 运行工程时，必须执行	
2	计算机设置向导的步骤	1）理解计算机设置向导每个界面，系统提示选项的意义，合理选择 2）熟悉计算机设置向导的步骤和设置参数	

五、课后作业

在创建的 Citect Training 工程中，完成网络拓扑和监控界面设计后，可以尝试按照说明执行计算机设置向导。看看会出现什么问题，同时将它记录在作用表中。与老师和同学一起讨论遇到的问题，通过本文找到解决问题的答案。

职业能力 2.1.6 能理解各个备份参数的含义并进行 Plant SCADA 工程文件备份、恢复和删除

一、核心概念

1. 工程文件备份

文件备份是及时保护工程文件不受系统、硬件和软件故障导致的工程文件受损，无法恢复最新版本的工程文件将给工程的开发和应用带来无法挽回的损失。Plant SCADA 软件平台有其特有的工程文件备份方法和备份前的参数设置，了解每个参数的意义，避免文件过渡备份和备份文件占用过多内存。

对于工程文件的备份，建议考虑以下几点：

1）定期保存：在编辑过程中，应定期保存工程文件，以防软件崩溃或其他意外情况导致数据丢失。

2）定期备份：除了定期保存工程文件外，还应定期备份工程，以防计算机硬件故障、病毒攻击和误操作等原因导致的数据丢失。

3）命名规范：在使用任何文件管理器（如文件浏览器）时，应使用清晰、有意义的文件名，包括项目名称、版本号、日期等信息，以便快速地识别文件内容。

4）备份存储介质：不要和工程软件存放在同一个目录下。建议存储在本地计算机的其他有防护的磁盘或目录。最好，将最新版本的备份文件存放在移动存储设备中，如 USB 或移动硬盘，并受专人管理，确保设备环境不受外界黑客或病毒的攻击。

2. 工程恢复

工程备份文件的还原过程，即工程恢复。可以将因系统、硬件或软件等因素导致当前使用的工程文件无法使用，可以通过恢复最新版本的工程文件，将应用工程文件快速恢复到系统故障前的版本。Plant SCADA 的工程恢复，有其自身特点。在工程恢复操作时，应做好各个参数的设定，以免发生不可挽回的损失。

3. 工程删除

将 Plant SCADA 软件平台工程管理器中的主工程从工程目录中删除，同时将工程相关的用户数据从用户目录中全部删除。工程删除的目标主要是考虑本地计算机，特别是工程师站的硬盘存储空间。对于长期不用的工程可以在完成工程备份后，做工程删除，这样可以大大地优化本地计算机的硬盘存储空间。

二、学习目标

1. 理解工程备份和恢复的重要意义。
2. 掌握工程备份和恢复的方法和步骤。
3. 掌握工程备份和恢复的参数的作用及意义。

三、基本知识

Plant SCADA 软件平台提供工程维护，即工程可以备份为压缩文件，占用的空间远

远低于原来的工程文件夹中的内容。开发一个工程时，应定期备份，以防万一文件被意外删除或受到损坏。备份可以保存到外部驱动器、本地驱动器或者某个共享网络。强烈建议保留备份文件，这样就有可能将工程恢复到以前的版本，尤其是更改工作系统时更应如此。

1. 工程备份

在 Plant SCADA 软件平台的工程菜单中，有一个"备份"下拉菜单，在下拉菜单中选择"备份"即可激活此功能，如图 2-45 所示。

图 2-45 工程菜单

选择需要备份的工程名称，例如选择 Citect Training，勾选包含工程。软件平台备份 Citect Training 工程的同时，把内部包含工程也一同进行备份。如果未来恢复备份工程的计算机的 Plant SCADA 软件平台含有相同的包含工程，可以不勾选包含工程选项，这样可以缩小备份文件的大小。SCADA 工程备份界面如图 2-46 所示。

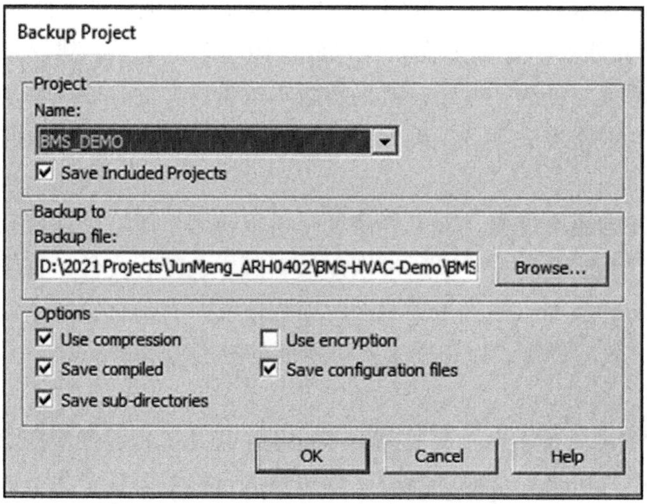

图 2-46 SCADA 工程备份界面

选择备份工程文件目录，可以按照软件平台默认路径备份，也可以按照自己定义的工程文件夹目录进行备份，这样更容易找到工程备份文件。

关于备份选项，可以按照软件平台默认设置进行备份，也可以按照工程设计需要进行备份。备份选项如下：

1) 使用压缩备份模式，备份文件会进行压缩。
2) 备份编译后的工程，即当工程编译后才会备份，且恢复工程无需再编译。
3) 备份子目录，默认选项。
4) 备份加密，即备件文件只能在软件平台上恢复，其他软件无法打开。

5）备份配置文件，备份工程配置文件，默认选项。

2. 工程恢复

在 Plant SCADA 软件平台的工程菜单，在备份下拉菜单中选择恢复工程，即可激活此功能（见图 2-47）。

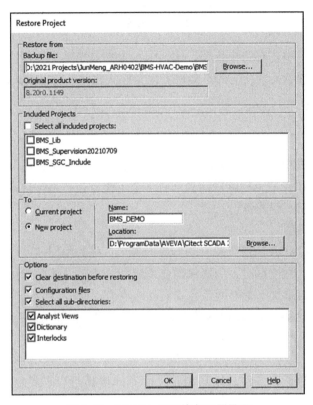

图 2-47　SCADA 工程恢复配置界面

选择需要恢复的工程名称，例如选择刚刚备份好的 Citect Training，选择备份文件存放路径。软件平台会根据备份文件的备份信息，自动带出恢复工程界面需要显示的信息，如软件平台版本，包含工程名称列表等。

恢复工程时，根据恢复工程所在计算机上 Plant SCADA 软件平台是否含有恢复工程的包含工程确认是否需要恢复。考虑到包含工程的版本和内容不一定与恢复工程的包含工程的版本完全一致，建议按照包含工程恢复模式进行。

选择创建新工程，定义工程名字，工程文件路径按软件平台默认路径即可。如选择当前工程，恢复工程将覆盖 Plant SCADA 软件平台工程列表中处于激活模式的工程，所以强烈建议以新工程恢复，并定义一个带日期的工程名。恢复选项，按照软件平台默认方式即可，无需自定义。

3. 删除工程

在 Plant SCADA 软件平台工程管理器中删除一个工程时，相关的文件和工程文件夹都将被永久删除，无法恢复，因此做此操作时，一定要谨慎。

在软件平台的工程菜单,如图 2-48 所示。有一个"删除"下拉菜单,在下拉菜单中选择删除即可激活此功能。

图 2-48 工程菜单

在删除下拉菜单中还有两个指令,这两个指令都是删除工程在软件平台被引用,或工程与工程之间的继承关系,但都不会将工程文件从软件平台上永久删除。

四、能力训练

1. 操作条件
- 在计算机上成功地安装 Plant SCADA 软件,并能够正常使用。
- 在 Plant SCADA 的工程管理器界面有多个工程,包括系统自带的演示工程。
- 做好自动演示工程的备份。

2. 安全及注意事项
- 做好 Plant SCADA 软件工程管理器界面各个工程的备份。
- 当计算机与外网连接时,应确保操作系统和杀毒软件都已成功地启动,能够有效地保护计算机系统不受外网黑客或病毒的攻击。

注意:新工程应确保 Pack 和编译准确、无误。如有错误应根据系统提示逐一地解决,直到编译完成。

3. 操作过程

Plant SCADA 的工程备件,恢复和删除的具体操作可以参见基本知识中的说明及截图。

问题情境一:

问:在执行工程备份时,是否需要备份包含工程,应如何考虑?

答:

1)通常情况下,在本地计算机或工程师站的存储硬盘空间足够大时,可以考虑备份包含工程。

2)同时,考虑到包含工程如果没有更新的情况,可以将包含工程作为一个独立工程单独备份。同时,备份主工程时,可以不考虑包含工程的备份。这样主工程的备件文件会大大减小。

3)若准备恢复备份工程的计算机已含有与备份工程相同版本的包含工程,可以不选择包含工程的备份。

问题情境二:

问:工程恢复时,选择当前工程会产生什么结果?合理的工程恢复应如何考虑?

答:

1)工程恢复时,应选择当前工程进行工程恢复,恢复的备份工程会将当前工程的所有文件进行覆盖，将无法找回恢复前工程的文件。

2）通常情况下，工程恢复选择新工程，并为恢复工程命名新的名字，最好带有时间后缀。如果本机计算机上的包含工程是最新包含工程，在工程恢复时，可以不选择包含工程的恢复。若包含工程不是最新版本，可以选择备份工程和包含工程同步恢复。

4. 学习成果评价

序号	评价内容	评价标准	评价结果（是/否）
1	Plant SCADA 工程备份	1）牢记工程备份的必要性 2）工程备份的操作方法和备份参数的选择及意义	
2	Plant SCADA 工程恢复	1）工程恢复的操作方法 2）工程恢复的选择	
3	Plant SCADA 工程删除	1）删除工程的意义 2）删除工程的操作方法	

五、课后作业

对 Plant SCADA 的演示工程和新建工程进行 D:\Backup 文件夹下的备份。备份完成后删除新建工程，通过备份文件进行恢复。记录工程备份、恢复和删除在不同参数选择下的差异在作用表中。与老师和同学一起讨论遇到加深备份、恢复和删除工程的意义。

职业能力 2.1.7 能理解 Plant SCADA 包含工程及自定义工程的意义并进行引用

一、核心概念

1. 包含工程

在 Plant SCADA 软件平台设计包含工程的概念，其作用类似其他软件的引用功能。任何 SCADA 的工程开发，特别是监控模板、图库及二次开发的脚本实现一些特定功能,都不会是高楼大厦平地起,总是会引用其他已经开发的项目,并测试确认功能完善的模板和脚本,适用于本监控工程的使用。

另外,一项监控工程的开发,特别是大型监控 SCADA 工程,需要多位工程同步进行设计。通过分工协作,各自负责一部分 SCADA 监控界面,然后通过包含工程方式的工程合并,可以高效地将各位工程师设计的开发组态的测试功能和正常的监控工程统一到一个主工程中,于是可以将开发的负荷和开发时可能出现的软件异常的风险分摊到各个小工程中,使主工程能够更快、更稳地运行。即便哪部分出现问题,只需对出问题的工程单独进行 Debug 处理,测试完成后,通过工程备份和恢复的方式可以覆盖主工程中的包含文件即可解决问题,同时不影响主工程其他监控部分的正常使用。

2. 自定义工程

Plant SCADA 软件平台提供了客户根据自己企业和工厂监控风格进行自定义开发的接口,包括界面模板,控制精灵和控制超级精灵开发的接口,特别是支持 Cicode 和 VBA 二次开发脚本实现特殊监控及报表统计功能。由于界面模板的开发需要精通 Plant SCADA 软件平台的 Cicode 二次开发语法及相关的应用函数,具备一定的高级语言开发能力的工程师才能设计,这里不做详细说明,可以通过学习软件平台集成的包含工程中自带的模板进行研究学习,掌握其开发方法,自行实践。精灵和超级精灵的开发是各个 SCADA 工程经常需要设计的内容,在后续将详细地展开介绍。

二、学习目标

1. 理解 Plant SCADA 软件平台包含工程的概念和意义。

2. 掌握在 Plant SCADA 软件平台新创建 SCADA 主工程如何引用包含工程的方法和步骤。

三、基本知识

在创建大型系统时,使用一组较小的工程而不是单个大型工程可以使系统应用的开发更为方便。例如,用户可以为工厂中的每个部分或者主要生产过程开发一个独立的工程。这样一来,将它们包含到主工程之前时,可以开发一组较小规模的工程进行测试。

Plant SCADA 软件平台工程不会自动地合并到任何其他工程中去,除非是在软件平台工程编辑器中进行了专门的指定。每个软件平台系统提供了 3 个包含工程,这些工程都包含预定义的数据库记录。Include 工程作为系统工程会自动地包含在每个工程中。另外,Tab_Style_Include 工程将被自动地包含在所有使用 Windows 分页式菜单的外观工程。CSV_Include 提供了对软件平台以前版本的工程支持。

软件平台的工程菜单如图 2-49 所示。有一个"包含"选项,单击"包含"即可激活此功能。

图 2-49 软件平台的工程菜单

在包含弹出窗口中，可以定义新建工程需要包含和引用的工程。在其包含工程列的下拉菜单中，选择软件平台可以被包含的工程。包含工程的数量没有限制。图 2-50 中的表格清晰地展示了当前工程下已经组态配置的可包含工程，如果需要继续增加其他可包含工程，在表格定义最后一个包含工程下面追加即可。同时，注意包含工程中不能再包含已包含工程，否则软件平台编译时会报错，这是软件平台的一个特殊要求。

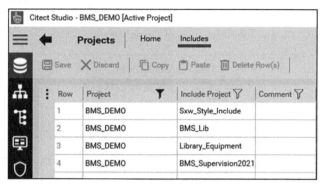

图 2-50　组态配置的可包含工程

四、能力训练

1. 操作条件

- 在计算机上成功地安装 Plant SCADA 软件，并能正常使用。
- 在 Plant SCADA 的工程管理器界面有多个工程，包括系统自带的演示工程。
- 在 Plant SCADA 的工程管理器界面创建一个新工程，并完成网络拓扑的组态。

2. 安全及注意事项

- 当计算机与外网连接时，应确保操作系统和杀毒软件都已成功地启动，能够有效地保护计算机系统不受外网黑客或病毒的攻击。

注意：新工程应确保 Pack 和编译准确、无误。如有错误，应根据系统提示逐一地解决，直到编译完成。

3. 操作过程

在 Plant SCADA 软件平台，新建主工程引用包含工程的方法及步骤如下：

序号	步骤	操作方法及说明	质量标准
1	启动 Plant SCADA 软件平台	双击桌面 Citect Studio 快捷命令，启动 Plant SCADA 软件	Plant SCADA 的工程管理器和图形编辑器已经启动，工程管理器窗口显示在屏幕上
2	在工程管理器界面核查 Plant SCADA 软件平台加载的 SCADA 工程	选择工程管理器界面，选择工程目录，在工程目录下至少有以下 3 个工程： 1）Example 2）ExampleSA 3）练习创建的新工程，如 Citect Training	在工程管理器窗口有 3 个项目： 1）Example 2）ExampleSA 3）练习创建的新工程

（续）

序号	步骤	操作方法及说明	质量标准
3	选择创建新工程并处于激活状态	选择创建的新工程，在 Plant SCADA 工程管理器工程目录中显示准备激活 双击此工程，准备激活变为激活状态	选择的新建工程处于激活状态，Plant SCADA 在此工程名后面显示 ActiveProject
4	选择包含工程	鼠标单击工程管理器左上中部的包含指令	Plant SCADA 显示包含工程定义界面
5	引用包含工程	在包含工程定义界面的包含工程下拉菜单中，选择可以包含的工程，如 CSV_Include 和 Sxw_Style_Include，选择 CSV_Include，软件平台会自动地在包含工程列表中自动将主工程名和包含工程关联在一起，完成包含工程的引用。如果需要给包含工程进行加注，可以在 Comments 列追加注释	在包含工程列表中会自动地显示一行，工程名为当前激活的工程，包含工程为 CSV_Include 工程
6	保存	单击包含工程列表左上角的保存，可以将此包含工程组态保存下来并关闭退出。如果忘记保存，在关闭时，系统也会自动地提醒是否保存，选择保存即可	保存关闭此界面，重新进入包含工程界面，查看包含工程的设置是否存在。如果存在表明操作正确
7	放弃	单击包含工程列表左上角的放弃，软件平台将不会保存此包含工程的组态操作	选择放弃后，系统会自动地删除此行工程包含组态
8	删除	选择已经存在与包含工程列表中的包含定义，单击"删除"。软件平台将不会自动地在此行的包含定义上增加删除线，单击"保存"确认删除，单击"放弃"取消删除	如确认删除，其包含工程定义在包含列表中消失

问题情境：

问：在主工程中进行包含其他工程，出现包含关系错误报警，应如何解决？

答：

1）通常情况下，主工程需要包含工程的数量是无限制的，可以任意包含。

2）同时，在出现包含关系错误时，比如编译报错，应核查包含的各个工程中有无相互包含的关系存在。核查办法是查看主工程包含的工程名，回到工程管理器激活各个包含的工程，然后进入包含列表核查，找到重复包含的关系，回到主工程将重复包含的工程删除即可。

3）注意包含工程一定不能出现"你中有我"，"我中有你"的情况。特别是主工程的包含工程中含有主工程的包含关系。

4. 学习成果评价

序号	评价内容	评价标准	评价结果（是/否）
1	Plant SCADA 包含工程的概念	1）牢记包含工程的意义	
2	Plant SCADA 包含工程的引用	1）熟练包含工程的引用方法和步骤 2）注意包含工程的禁忌	

五、课后作业

练习在新建工程中包含 Plant SCADA 自带的 CSV_Include 和 Sxw_Style_Include 工程。学习保存、删除和放弃的操作意义。针对每种操作，记录软件平台在包含工程列表中的细节变化，截图在作用表中，与老师和同学分享讨论。

工作任务 2.2　SCADA 系统工程的通信设置

职业能力 2.2.1　能通过 Plant SCADA 快速向导进行通信设置并做局部调整

一、核心概念

1. I/O 服务器

物理上是一台计算机，最好是服务器级的配置。用于接收来自 I/O 设备的实时数据。在软件平台中非常容易进行配置，仅需要给定一个名称和 IP 地址即可。I/O 服务器是 Plant SCADA 其他业务服务器，如报警服务器、趋势服务器和报表服务器的数据来源,同时也为远程控制客户端提供实时监控数据,把控制客户端的控制指令通过与下位PLC控制系统的通信协议,实时发给控制系统,由其进行逻辑解算,完成控制输出给到现场的控制对象,使其执行相应的动作,如阀门的开关、调节阀的开度、风机和泵的启停及转速等。

2. 通信板卡

在I/O服务器内部有一种按照某种通信协议处理通信数据的板卡。它可以是一个网卡、一个标准的通信卡或调制解调器,即I/O服务器通过这种板卡支持的通信协议与外部设备通信。这些通信板卡可以是多端口卡,用于连接多个I/O设备。这个板卡被软件平台定义为I/O服务器通信Board板卡。

3. 端口

在Board板卡上总有地方用于连接通信电缆,这个连接通信电缆的口被称为端口。电缆的另一端连接到I/O设备。

4. I/O设备

通常是一个PLC或其他设备如RTU。称重机、条形码阅读器和回路控制器等也可以作为I/O设备。他们与I/O服务器进行数据交互,提供实时数据,接收来自I/O服务器下发的控制指令。

二、学习目标

1. 理解通信连接四组件的概念。
2. 掌握快速通信设置向导的方法和步骤。
3. 掌握通信参数局部调整的方法。
4. 掌握通信仿真器的设置和使用方法。
5. 牢记仿真模式,I/O服务器的通信地址更新本地网络适配器地址。

三、基本知识

通过Plant SCADA软件平台组建的SCADA系统如图2-51所示。与下位PLC控制系统建立通信连接,需要对下面4个组建进行配置,用于与I/O设备对话。

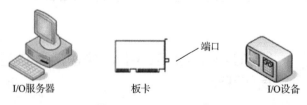

图2-51 SCADA系统

组建通信设置前,应明确以上名词的概念,这样无论系统如何设计和通信如何复杂都能应对自如。在软件平台创建的工程中,这4个组件以独立的形式进行配置且操作繁琐。通过使用软件平台提供的快速通信向导可以轻松地完成配置组态的工作。

1. 快速通信向导

使用软件平台快速通信向导进行 I/O 服务器与下位 PLC 或第三方具备通信能力的智能设备或系统进行通信设置前,首先要有 SCADA 系统的架构图,在架构图上明确 SCADA 系统的组成、配置以及与下位控制系统的连接网络和通信协议等。

通常情况下,主备服务器可以平均分担采集负荷,各自采集一半设备的上下位交互数据。当主服务的某个设备通信故障时,备服务器接管该设备的通信而不是所有设备的通信。当其中一台服务器故障,另外一台服务器自动地全部接管,这样的 SCADA 系统架构设计较为合理。

2. 快速通信向导设置的操作方法及步骤

以图 2-52 系统架构为例进行通信向导配置介绍。

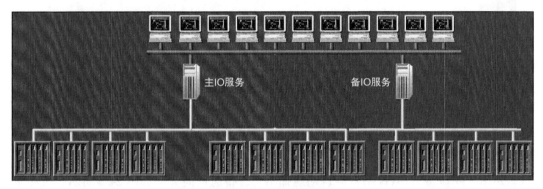

图 2-52 系统架构

SCADA 系统架构,下位 PLC 控制器为一套施耐德 PLC 自控系统,两台 Plant SCADA 冗余 I/O 服务器,其通信原理和设置如图 2-53 所示。

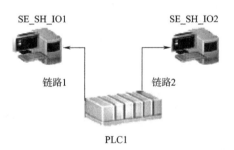

图 2-53 SCADA 系统通信原理和设置

启用软件平台快速通信向导,按照下列 9 步骤即可完成 I/O 服务器与下位 PLC 控制系统的通信设置。

第一步:创建新 I/O 设备。

在 Plant SCADA 软件平台项目管理界面,选择拓扑配置界面和 I/O 设备,单击新设备,启动快速通信向导,如图 2-54 所示的 1-2-3 步。

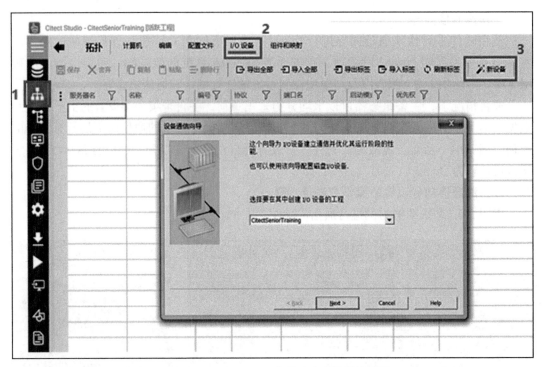

图 2-54 Plant SCADA 软件平台项目管理界面

单击"新设备",软件平台会自动地弹出"设备通信向导"如图 2-55 所示。按照系统自动地识别 I/O 设备工程并进行设置,单击"下一步"。

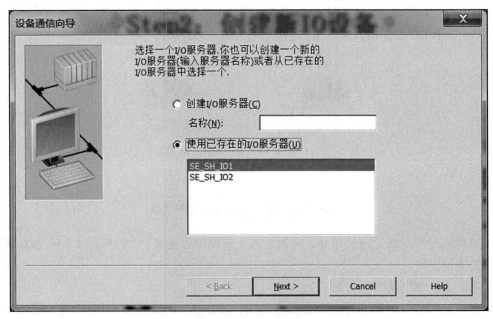

图 2-55 设备通信向导

注意:每一次通信向导只能创建一个链路,在一套 PLC 自控系统和两台冗余服务器情况下，则需要分别进行两次通信设置向导。

第二步：选择 IOserver。

如果没有创建工程时，创建和配置 I/O 服务器，则选择第一个创建 I/O 服务器，并定义 I/O 服务器名称。我们在创建工程第一步，按照示例创建和配置了两个 I/O 服务器，即 SE_SH_IO1 和 SE_SH_IO2。系统会自动地识别设备。首先选择 SE_SH_IO1 进行配置，配置完成后，按照相同的方法再配置 SE_SH_IO2。选择好后，单击"下一步"，即按照图 2-56"设置通信链路 1"。

图 2-56　设置通信链路 1 示意图

第三步：定义 IO 设备名称。

在"新建 I/O 设备（C）"，定义 I/O 服务器需要进行数据交互的第一个设备，例如"PLC1"，如图 2-57 所示。

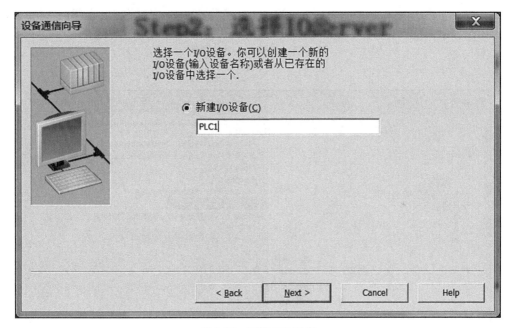

图 2-57　新建 I/O 设备

第四步：选择 I/O 设备类型（见图 2-58）。

选择外部 I/O 设备即可。不论是 PLC 控制系统还是第三方具备通信功能的智能设备，均选择"外部 I/O 设备"。单击"下一步"按钮。

第五步：选择设备厂家，如图 2-59"制造厂商"。

选择 PLC 控制系统与 SCADA 平台进行数据交换所用的通信协议。这里以施耐德 Quantum 系列 PLC 为例，因为施耐德 Quantum PLC 支持 MBTCP 通信协议，所以在通信协议列表中选择 Quantum PLC 下的 Modbus/TCP 即可，单击"下一步"按钮。

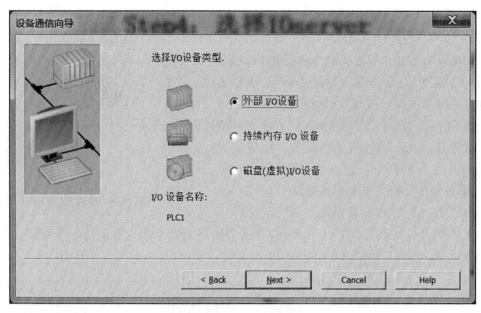

图 2-58　选择 I/O 设备类型

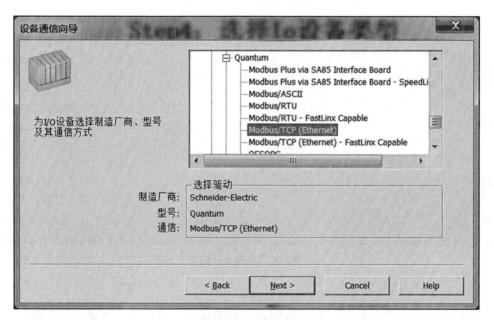

图 2-59　制造厂商

注意：PLC 自控系统支持多种通信协议，在通信协议列表中选择 SCADA 系统定义的通信协议即可。如果没有，需要联系施耐德热线，从公司官网下载相关品牌 PLC 自控系统的通信协议包，并进行安装即可在通信协议列表中找到对应的通信协议。

Plant SCADA 软件平台随机集成市面上 80% 的通信协议包，可以免费使用，但有些小众或不开放协议，需要付费采购通信协议包并安装使用。

第六步：定义设备 IP 地址如图 2-60 所示。

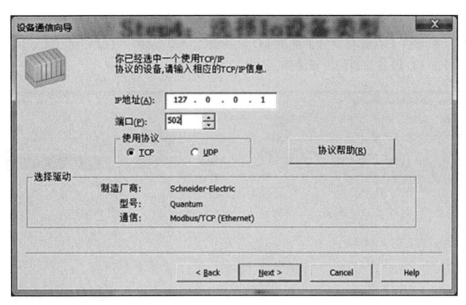

图 2-60　定义设备 IP 地址

根据 SCADA 系统架构图定义各个服务器的 IP 地址并进行填写组态。在 IP 地址列，输入 IP 地址。端口：502。注意，施耐德电气 Modbus/TCP 的通信端口仅为 502，其他端口号都无法通信，必须牢记。使用协议，选择 TCP 即可，单击"下一步"按钮。

第七步：软件平台通信向导自动完成设置，如图 2-61 所示。

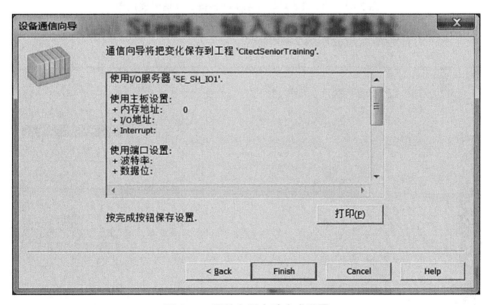

图 2-61　通信向导自动完成设置

按照以上步骤完成通信参数的设置后，软件平台快速通信向导根据交互配置参数，按照 4 个组建进行自动配置，直到完成。单击"完成"按钮，结束通信设置。

第八步：第二台 I/O 服务器与同一外部 I/O 设备的通信设置

重复第一步至第七步，完成第二个 I/O 服务器与 PLC1 的快速通信设置。完成通信设置后，在软件平台拓扑设置界面的 I/O 设备设置清单界面，可以看到已完成的 I/O 服务器与外部 I/O 设备的通信设置清单，如图 2-62 所示。

图 2-62　I/O 服务器与外部 I/O 设备的通信设置清单

第九步：设置链路优先级如图 2-63 所示。

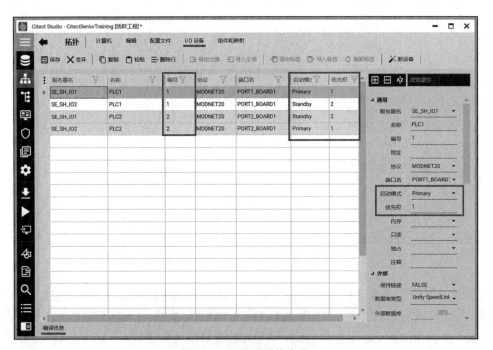

图 2-63　设置链路优先级

通过对 I/O 服务器通信优先级的设置，可以实现当高优先级的 I/O 服务器与外围设备通信故障时，实现次优先级的 I/O 服务器与外围设备及时通信，实现 I/O 服务器自动切换。具体设置如下：

1）在拓扑设置界面的外部 I/O 设备清单界面选择要设置的服务器。

2）启动服务器的模式为 Primary，优先权必须为 1。

3）如果 PLC 设备很多，建议将一半的 PLC 主链路设置在服务器 1 上，另外一半的主链路设置在服务器 2 上，实现 IO 采集的负载均衡。

4）第二台 I/O 服务器的优先级设置为 2，以此类推，最多为 4 级。

注意：可以定义每一个 I/O 设备在不同服务器上通信链路的优先级。

这样的设置，可以使 SCADA 系统与外围设备之间的通信负载得到平衡和提升效率，具体原理如图 2-64 所示。

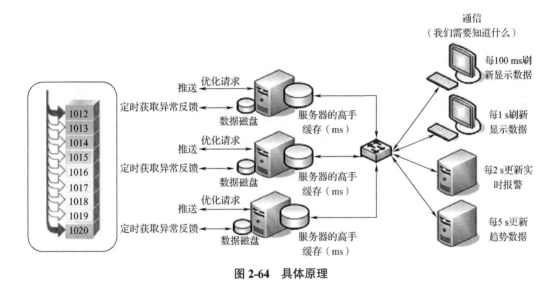

图 2-64　具体原理

这样的配置可以根据请求从 I/O 设备读取数据，系统将根据同类数据请求进行合并处理，实施采用整块读取优化通信次数。当通信配置完成后，如果想对通信参数做局部调整时，不需要重新进行快速通信设置向导，可以根据向导创建的组件参数进行调整。

在进行通信 4 组件通信参数调整前，必须明确组件之间的关系，才能清楚地根据实际情况逐一地修改。图 2-65 是 Plant SCADA 的 SCADA 系统与外围设备通信的原理图。从这张图可以清楚地理解本职业能力开头定义说明组件的含义和其架构的位置。

在软件平台菜单"拓扑"设置界面，单击"I/O 设备"，如图 2-66 所示。找到想要修改的 I/O 设备，可以获取其端口名称。

然后在菜单"拓扑"选择"组件和映射"，如图 2-67 所示。在组件和映射界面的端口下拉菜单中（红色框所示）找到对应设备的端口名称，然后在"特殊"选项里修改 I/O 设备的名称等参数。

如果要删除设备，则需要在 I/O 设备里删除该 I/O 设备以及组件和映射里的端口记录。

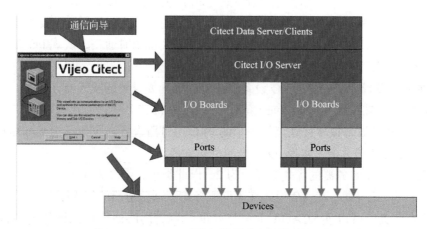

图 2-65 SCADA 系统与外围设备通信的原理图

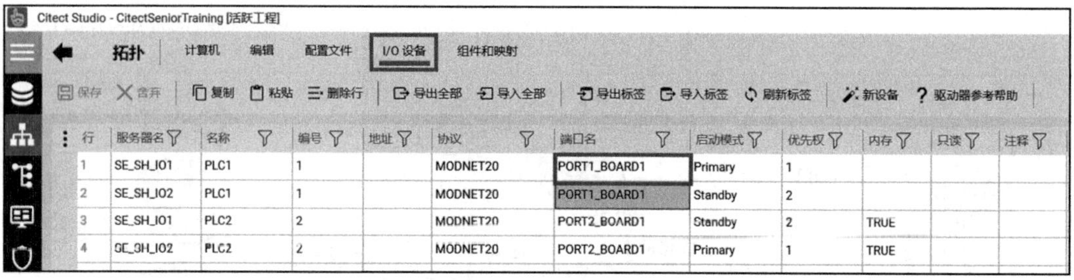

图 2-66 单击"I/O"设备

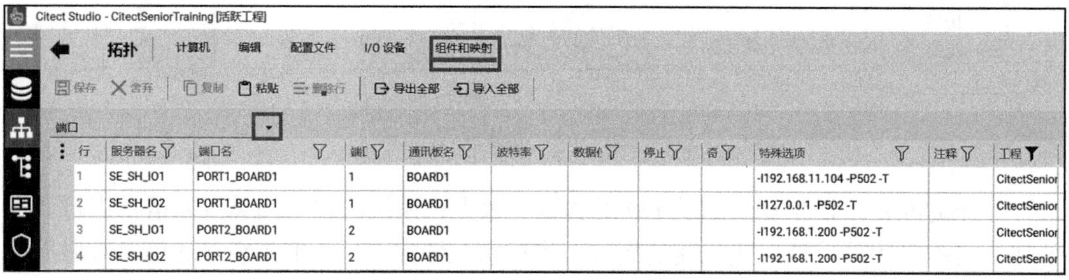

图 2-67 选择"组件和映射"

3. Modbus 仿真器

为确保 I/O 通信设备及组件和映射端口能与 Plant SCADA 软件平台组态的 I/O 服务器正常通信,软件平台提供了 MBTCP 通信仿真工具。通过下列步骤可以快速地验证 I/O 通信设备组态的正确性。

第一步,通过 Internet 搜索引擎搜索和下载,或通过本文提供的随书附件 Modbus 仿真器测试工具,获取最新版本的 Modbus 通信仿真测试工具。

第二步,运行 Modbus 通信仿真测试工具的 ModSim32.exe,如图 2-68 所示的软件运行界面。

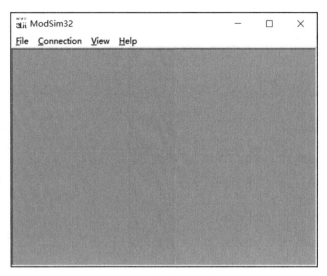

图 2-68 软件运行界面

第三步：鼠标单击菜单 file → New，新建不同的数据类型仿真（单击两次，生成两个数据窗口），如图 2-69 所示。

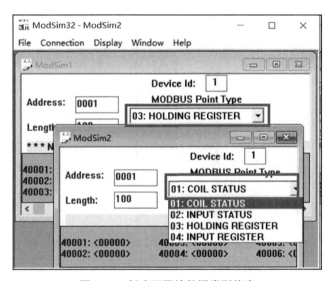

图 2-69 新建不同的数据类型仿真

第四步：默认窗口红色框的数据类型为"03：Holding Register（模拟量点）"，将其中一个窗口下拉框选择 01（开关点），如图 2-69 所示。

第五步：选择 Connect 菜单→"connect"→"Modubs/TCP SVR"，如图 2-70 所示。

第六步：设置 Modbus TCP 通信端口，默认端口为 502，单击"OK"，即可启动模拟仿真通信程序。如图 2-71 所示。

第七步：双击某个寄存器，如 4001，可以手动设置该寄存器的数据，或者单击"Auto Simulation"，自动仿真数据，如图 2-72 所示。

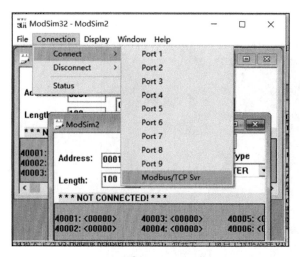

图 2-70 选择 Connect 菜单

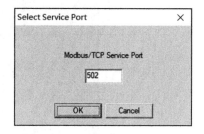

图 2-71 启动模拟仿真通信程序

第八步：勾选"Enable"，选择仿真类型，设定数据变化时间的间隔，以及改变大小，并设定数据上、下限值，如图 2-73 所示。

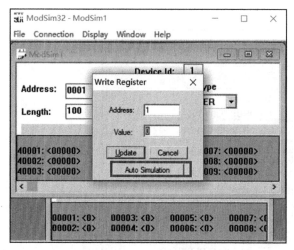

图 2-72 自动仿真数据

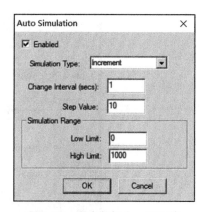

图 2-73 设定数据上、下限值

四、能力训练

1. 操作条件

- 在计算机上成功地安装 Plant SCADA 软件，并能正常使用。
- 在 Plant SCADA 的工程管理器界面创建一个新工程，并完成网络拓扑的组态。
- I/O 服务器按照说明配置完成。
- 准备好 Modbus 仿真器，可以从随机附带的软件中找到，确保 Modbus 仿真器可以在本地计算机上正常运行。

2. 安全及注意事项

- 当计算机与外网连接时，应确保操作系统和杀毒软件都已成功地启动，能够有效地保护计算机系统不受外网黑客或病毒的攻击。

注意：新工程应确保 Pack 和编译准确、无误。如有错误，应根据系统提示逐一地解决，直到编译完成。

3. 操作过程

快速通信向导的设置步骤和局部参数的调整参见基本知识相关内容说明和截图。同时，Modbus 仿真器设置说明和步骤参见基本知识的相关内容，这里不再累述。

问题情境一：

问：在完成快速通信向导配置后，修改通信板卡和通信端口里的参数前，需要重新走通信向导吗？如何操作完成部分参数的更新？设备端口是否唯一？

答：

1）完成通信快速向导配置后，无需重新走通信向导，可以在拓扑菜单中，选择 I/O 设备或组件映射命令，对通信协议、通信板卡和通信端口进行优化调整。调整完毕后保存，否则通信参数调整无效。

2）通信板卡可以重复地使用，因为它表示 I/O 服务器与下位控制系统之间建立通信的协议，但通信端口需要唯一，不能重复使用。

问题情境二：

问：选择 MBTCP 通信协议，建立 I/O 服务器与下位控制系统之间的通信，施耐德 MBTCP 通信服务端口 ID 是多少？

答：1.502。

问题情境三：

问：通过 MB 通信仿真器与 I/O 服务器进行通信仿真测试时，I/O 服务器的 IP 地址是实际工程 IP 地址还是通信网卡本地地址？

答：

1）进行本地通信仿真测试时，I/O 服务器的 IP 地址需要更新为本地网卡的 IP 地址，即 127.0.0.1。

2）如果进行仿真数据动态模拟时，需要对 MB 通信仿真器进行自动仿真设置并启用。

3）仿真器仿真的寄存器地址：

- 开关量输入：1 开头 4 位数字的寄存器地址；
- 开关量输出：0 开头 4 位数字的寄存器地址；
- 模拟量输入：3 开头 4 位数字的寄存器地址；
- 模拟量输出：4 开头 4 位数字的寄存器地址。

4. 学习成果评价

序号	评价内容	评价标准	评价结果（是/否）
1	Plant SCADA 通信机制中各个组件的含义	1）牢记 I/O 服务器的作用 2）理解通信板卡意义 3）理解通信端口意义 4）I/O 设备的作用	

（续）

序号	评价内容	评价标准	评价结果（是/否）
2	快速通信向导	1) 能独立完成快速通信向导的操作 2) 能独立对通信参数进行局部调整	
3	MB 通信仿真器	1) 掌握通信仿真器的服务设置和启动 2) 通信仿真时，I/O 服务器的 IP 地址应更新为本地通信卡地址，并 Pack 和编译工程	

五、课后作业

请根据工作领域 1 中设计的 Plant SCADA 系统和系统架构图及网络拓扑的设置，完成快速通信向导设置，修改 I/O 服务器的 IP 地址，使其具备与 MB 通信仿真器进行数据交互的条件。

注意：Plant SCADA 系统需求，一个厂区有两套 PLC 控制系统，与 Plant SCADA 的数据交互变量 50 000 点，要求 PLC 与 Plant SCADA 通信链路冗余，Plant SCADA 各种服务器冗余，3 个远程控制客户端，2 个 Web 控制客户端，2 台打印机。

职业能力 2.2.2　能理解 Plant SCADA 变量标签的意义并创建变量标签及结构化标签

一、核心概念

1. 变量标签

变量标签用于定义 I/O 设备与 I/O 服务器之间传输的数据。每个变量标签均使用唯一名称、数据类型、地址，并与关联 I/O 设备加以定义。变量标签将复杂的 I/O 设备寄存器转换为更易于理解的工程位号名称。

变量标签分内外部变量，I/O 服务器与第三方控制系统之间进行实时数据交互的变量标签为外部变量，I/O 服务器或其他 Plant SCADA 应用服务器内部使用的标签为内部标签变量。此外，外部变量标签分为实时数据变量，报警标签和趋势标签。其中报警和趋势标签源于实时数据变量。

2. 数据类型

数据类型是定义内外部变量标签的类型，主要分为 BOOL、EBOOL、INT、DINT、REAL 和 Word 字符串。不同类型的变量标签，承载的数据不同。BOOL、EBOOL、INT、DINT、REAL 承载的数据只是数据大小和精度的不同，BOOL 和 EBOOL 只承载 0 和 1 的数字，称为开关量数据类型。INT 和 DINT 承载的整形数只是数据的精度不同，INT 是 16 位，DINT 是 32 位，REAL 承载实型数，精度为 32 位。Word 承载字符，长度取决于承载的字符串长度。

3. 结构化标签名称

标签变量的命名因人而异，但为了增加变量标签的可读性和易用性，通常会按照特定的标准和规则命名。一个标签有一定的结构，比如有前缀、工位号和后缀等信息，这样的变量标签的命名模式为结构化变量标签。建议将标签命名约定分为 4 个基本段（并给特大型组织指定一个"厂站"名称）：标签的结构化原则为厂站_区域_类型_事件_属性。

二、学习目标

1. 了解变量标签的含义和类型。
2. 掌握结构化标签变量定义的原则。
3. 掌握内外部变量创建的方法和步骤。

三、基本知识

从现场设备传入的数据存储在 I/O 设备的寄存器中。如图 2-74 所示，这种工作方式类似于将书存放在书架上。

但是，I/O 设备寄存器类似图书馆使用的 Dewey 十进制系统，它们的使用非常不便于理解"地址"。

图 2-74 数据存储在 I/O 设备的寄存器中

地址	数据
F1：1	25.4
F5：856	705.6
B17：89/3	0
B24：14/6	1

在图书馆中，用这种方式容易很多，因为图书有更容易为人所理解和记忆的书名。Plant SCADA 软件平台能够采用这种地址并赋予它们很容易理解的名称。它的工作方式

与 203.19.132.2 这样的 Internet 地址相同。Internet 地址虽然难记，但它可以转换为 www.plantscada.com 这样的域名。

标签名称	地址	数据
Water_Temp	F1：1	25.4
Water_Level	F5：856	705.6
Water_Valve	B17：89/3	0
Water_Pump	B24：14/6	1

1. 创建变量标签

在软件平台主界面选择"系统模型"，单击"变量"，进入变量标签创建的界面，如图 2-75 所示。

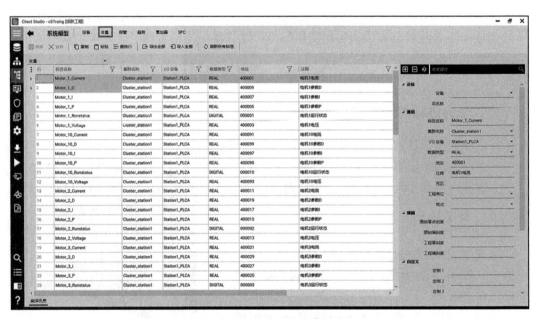

图 2-75　变量标签创建的界面

在变量标签创建的界面中，每行对应一个新变量标签，按照系统提示创建即可。同时，应注意标签四要素：

1）变量标签名称，即变量名称；

2）关联 I/O 设备，即此变量是来自哪个外部 I/O 设备；

3）对应设备数据地址，即外部 I/O 设备按照通信协议定义的数据交互地址表；

4）数据类型，即变量数据类型。

2. 结构化标签名称

Plant SCADA 软件平台对变量标签名称的限制很少（除了字母、数字、下划线和反斜线的特定字符选择之外），但使用标签命名约定也有一些益处。通过使用标签命名的约定、工程的设计，配置和调试将变得更加简单和快速，而且将来维护所需的时间也会更少。

建议对 Plant SCADA 软件平台使用以下命令的约定，以便在使用诸如"精灵"和"弹出"界面等功能时获得所需的结果。

每个标签名称最多可以包含 79 个英文字符。应建立约定，将标签名称中的字符划分为几个段，用于描述标签的特性。例如，标签所在的地点和区域，变量的类型和任何特定属性。有关标签命名约定的参考材料可能来源于 ISA-95 标准，也可能来源于 KKS 电厂分类系统。两者都可通过 Web 搜索可轻松获得。

（1）区域

"区域"段标识工厂区域、编号或名称。如果前缀用来标签特定区域内的标签，复制该区域内的 Plant SCADA 软件平台的功能就非常容易。例如，如果有 3 个巴氏灭菌器，而且对每个灭菌器的控制均类似，则可以首先配置第 1 个巴氏灭菌器的标签。然后复制这些标签，以用于第 2 个和第 3 个巴氏灭菌器标签模板。之后只需要将标签名称中的区域段更改为第 2 个和第 3 个巴氏灭菌器的区域即可，标签的其余段保持不变，例如：

部分	标签名称
巴氏灭菌器 1	P1_TIC_101_PV
巴氏灭菌器 2	P2_TIC_101_PV
巴氏灭菌器 3	P3_TIC_101_PV

如果不需要此机制，则可以省略标签名称的区域段，以减少标签名称中的字符数。

（2）类型

"类型"段标识参数的类型、加工设备或控制硬件。建议使用 ISA 标准命名系统。

变量标签	含义
P1_TIC_101_PV	温度指示控制器
P1_FIC_101_PV	流量指示控制器
P1_PUMP_101_PV	泵
P1_VALVE_101_PV	阀

（3）事件

"事件"段标识设备号。

变量标签	含义
P1_TIC_101_PV	温度指示控制器 101
P1_TIC_102_PV	温度指示控制器 102
P1_PUMP_101_PV	泵 101
P1_PUMP_102_PV	泵 102

（4）属性

"属性"段标识与设备关联的属性或特定参数。

变量标签	含义
P1_TIC_101_PV	过程变量
P1_TIC_101_SP	设置点
P1_TIC_101_OP	输出
P1_TIC_101_P	增益或比例带
P1_TIC_101_I	积分
P1_TIC_101_CMD	启动泵的命令信号
P1_TIC_101_M	自动/手动模式
P1_TIC_101_V	值（运行/停止）

四、能力训练

1. 操作条件
- 在计算机上成功地安装 Plant SCADA 软件并能正常使用。
- 在 Plant SCADA 工程管理器界面创建一个新工程，并完成网络拓扑和通信向导的设置。
- 准备好 Modbus 仿真器，确保 Modbus 仿真器可以在本地计算机上正常运行。

2. 安全及注意事项
- 当计算机与外网连接时，应确保操作系统和杀毒软件都已成功地启动，能够有效地保护计算机系统不受外网黑客或病毒的攻击。

注意：新工程应确保 Pack 和编译准确、无误。如有错误，应根据系统提示逐一地解决，直到编译完成。

3. 操作过程
变量创建参见基本知识相关内容说明和截图。

问题情境一：

问：在新版本 Plant SCADA 软件中导入版本变量，编译会报错，应如何处理？

答：最新版本 Plant SCADA 软件在变量创建结构上增加了设备字段。老版本没有此字段。在把变量导入到变量表中后，在设备列增加设备名称即可。

问题情境二：

问：I/O 服务器与第三方系统通过 OPC 协议进行通信时，应选择哪种通信协议，变量创建时地址列应如何定义？

答：

1）在快速通信设置向导通信协议选择表中，选择 OPC 通信协议，不能选择 OFSOPC，因为 OFSOPC 是施耐德自用的一种 OPC 通信协议，需要 OFS 软件实现 MBTCP 与 OPC 通信协议转化。

2）OPC 通信与 MBTCP 通信的不同之处，在于以标签变量名检索，所以在创建外部变量时，地址列应为空。

4. 学习成果评价

序号	评价内容	评价标准	评价结果（是/否）
1	变量标签的意义	1）理解内外部变量标签 2）理解变量标签的类型 3）掌握结构化变量标签命名的原则	
2	在 Plant SCADA 软件平台创建内外部变量	1）掌握变量标签创建的方法和步骤 2）掌握变量和本地变量的选择是创建外部变量和内部变量的前提	

五、课后作业

根据基本知识中关于结构化变量标签创建的原则，在 Plant SCADA 软件平台的系统模型菜单的变量创建界面，创建本职业能力的结构化变量标签属性中定义的 8 个变量标签。尝试找到创建内外部变量创建的设置。

注意：变量标签的属性和注释，定义完整和清楚。

职业能力 2.2.3　能提前配置 Excel 工具并使用 Excel 工具对 SCADA 变量进行批量创建

一、核心概念

1. 批量创建变量

按照 Plant SCADA 创建变量标签的方法和步骤只能是在应对变量标签数量不多，且工期要求不紧张的情况，比如设计一套演示工程或者教学工程，变量标签在 50 个左右。但在实际工程中，往往因工期紧，集成到 SCADA 系统的标签数量很多，可以达到成千上万数量级。这时候按照常规的方法和步骤去创建变量标签时，效率会很低，且容易出错，还容易造成设计人员疲劳。为此，Plant SCADA 软件平台提供利用 Office 数据处理软件 Excel。在软件平台外，通过 Excel 工具，以填表格的形式，将需要创建的成千上万的变量进行创建。同时，可以利用复制粘贴等指令，实现变量标签高效创建，然后一次性地导入 Plant SCADA 平台。最后，变量标签在批量导入过程中，软件平台可校核变量创建的正确性，提醒设计人员错误所在的位置，方便设计人员快速地定位并处理。

2. DBF

DBF（Digital Beam Forming，数字波速形成）。".dbf"文件扩展名代表数据库处理系统所产生的数据库文件，起初意为保存数据的文件是一个简单的表，可以使用 ASCII 字符集添加、修改、删除或打印数据，随着应用越来越流行，底层文件类型 .dbf 得到扩展，并添加了其他文件以增强数据库系统的功能。所以 DBF 是一个非常小型的数据库文件。

3. AddIn

AddIn 对象为一个外接程序，对其他外接程序提供信息接口。DBF AddIn 是 Plant SCADA 的数据库对象为其他应用程序，例如 Excel 程序提供信息接口，实现不同软件之间的互联互通。

二、学习目标

1. 了解 Plant SCADA 软件在变量批量创建的工具兼容性。
2. 掌握使用 Excel 工具进行变量标签创建的方法和步骤。
3. 掌握 DBF AddIn 的安装和在 Excel 软件平台中调用的方法。

三、基本知识

在大型复杂环境中，添加变量标签会很麻烦，当添加的标签成千上万而且名称类似时尤其如此。由于 Plant SCADA 软件平台的标签变量存储文件对话框基于 DBF 文件，因此可以使用 Microsoft Excel® 这样的软件直接编辑 DBF 文件中的变量标签。

不过，尽管可以使用文件→打开命令，打开并编辑 .dbf 文件，但 Microsoft Office Excel 2010 不允许以 .dbf 格式保存文件。为了克服这一限制，软件平台提供了一个针对 Microsoft Excel 的插件，其名称为 Project DBF AddIn，在软件安装时可以选择默认安装。在 Excel 中加载了此插件后，就可以使用正确的格式浏览、打开、编辑和保存 Plant SCADA 软件平台的 .dbf 文件。

在软件安装过程中，如果安装了 Project DBF AddIn 插件，打开 Microsoft Excel 软件后，在"加载项"工具栏中会自动地出现编辑 .dbf 文件的操作命令，如图 2-76 所示。

图 2-76　编辑 .dbf 文件的操作命令

选择工程所在目录 Variable.dbf（工程属性可以看到工程目录），通过单击打开 DBF 文件、Excel 就可以加载 Variable.dbf 文件，并可以开始编辑工程标签变量，如图 2-77 所示。

NAME	TYPE	UNIT	ADDR	RAW ZERO	RAW FULL	ENG ZERO	ENG FULL	ENG UNITS	FORMAT	COMMENT
SE_SH_Room1_Motor1_RunStatus	DIGITAL	PLC1	000001							SE_SH_Room1_Motor1启停状态
SE_SH_Room1_Motor2_RunStatus	DIGITAL	PLC1	000002							SE_SH_Room1_Motor2启停状态
SE_SH_Room1_Motor3_RunStatus	DIGITAL	PLC1	000003							SE_SH_Room1_Motor3启停状态
SE_SH_Room1_Motor4_RunStatus	DIGITAL	PLC1	000004							SE_SH_Room1_Motor4启停状态
SE_SH_Room1_Motor5_RunStatus	DIGITAL	PLC1	000005							SE_SH_Room1_Motor5启停状态
SE_SH_Room1_Motor1_Current	REAL	PLC1	400001	0	1000	0	1000			SE_SH_Room1_Motor1电流
SE_SH_Room1_Motor2_Current	REAL	PLC1	400003	0	1000	0	1000			SE_SH_Room1_Motor2电流
SE_SH_Room1_Motor3_Current	REAL	PLC1	400005	0	1000	0	1000			SE_SH_Room1_Motor3电流
SE_SH_Room1_Motor4_Current	REAL	PLC1	400007	0	1000	0	1000			SE_SH_Room1_Motor4电流
SE_SH_Room1_Motor5_Current	REAL	PLC1	400009	0	1000	0	1000			SE_SH_Room1_Motor5电流
SE_SH_Room1_Motor1_Voltage	REAL	PLC1	400011	0	1000	0	1000			SE_SH_Room1_Motor1电压
SE_SH_Room1_Motor2_Voltage	REAL	PLC1	400013	0	1000	0	1000			SE_SH_Room1_Motor2电压
SE_SH_Room1_Motor3_Voltage	REAL	PLC1	400015	0	1000	0	1000			SE_SH_Room1_Motor3电压
SE_SH_Room1_Motor4_Voltage	REAL	PLC1	400017	0	1000	0	1000			SE_SH_Room1_Motor4电压

图 2-77 编辑工程标签变量

建议使用 Microsoft Excel 添加变量标签的方法时，先在软件平台创建各类标签变量，然后按照系统存储的数据参数进行一次批量填写即可。修改完毕 .dbf 文件后，选择加载项"保存 .dbf"（Plant SCADA 变量无需导入、导出修改）。

注意：

1）不能用 Excel 自带保存打开命令。

2）如果没有加载项，则安装 Plant SCADA 的安装文件目录 Citect\ProjectDBFAddIn\setup.exe，即可补充安装，无需卸载软件平台，重新安装 Plant SCADA 软件。

3）建议安装 32 位 Office，否则可能无法安装加载项。

四、能力训练

1. 操作条件

- 在计算机上成功地安装 Plant SCADA 软件，并能正常使用。
- 在 Plant SCADA 的工程管理器界面创建一个新工程。
- Project DBF AddIn 控件及 Excel 安装在本地计算机上，打开 Excel 软件平台，工具栏中有加载项命令界面。

2. 安全及注意事项

- 当如果计算机与外网连接时，应确保操作系统和杀毒软件都已成功地启动，能够有效地保护计算机系统不受外网黑客或病毒的攻击。
- 注意新工程应确保 Pack 和编译准确、无误。如有错误，应根据系统提示逐一地解决，直到编译完成。
- 32 位的 Excel 软件平台与 Project DBF AddIn 兼容。

3. 操作过程

使用 Excel 批量创建变量标签参见基本知识相关内容说明和截图。

问题情境一：

问：如果在安装 Plant SCADA 软件中，没有按照 Project DBF AddIn 控件，应如何处理？

答：

1）在安装 Plant SCADA 软件平台的本地计算机上安装 32 位 Excel 软件。

2）通过虚拟光驱加载 Plant SCADA 软件安装镜像文件或者有 DVD 安装盘，通过 DVD 光驱加载安装软件。在软件加载成功后，通过双击此目录下的安装执行文件安装，即 Citect\ProjectDBFAddIn\setup.exe。

3）当安装完成后，打开 Excel 软件，在工具栏找到加载项，对 Plant SCADA 的变量 DBF 文件进行打开、编辑和保存操作。

问题情境二：

问：如果确认安装好 Project DBF AddIn 控件，在 Excel 软件工具栏中没有找到加载项命令界面时，应如何处理？

答：

1）在安装好控件后，在 Excel 中还是看不到，有可能是被软屏蔽，需要手动添加加载项。

2）打开 Excel 左上角的 Microsoft Office Button → Excel options → Add-Ins →在 Add-Ins 的最下面有一个 Manager →选择 COM Add-Ins → Go → Vijeo Citect Project DBF AddIn 前面打勾，然后单击"OK"。

问题情境三：

问：在 Excel 软件工具栏中，选择加载项命令界面，但无法打开 Plant SCADA 的 DBF 文件？

答：

1）可能在 Excel 软件平台的 DBF AddIn 命令界面没有设置参数。

2）通常情况是 Master.DBF 位置不正确所致，应重新定义 Plant SCADA 的 Master.DBF 文件位置。Master.DBF 文件的位置在 Citect/User 文件夹中。选择 SCADA 项目名称和 SCADA 列表中的 Variable.dbf 文件，单击打开"DFB"就可以打开变量标签创建文件数据库，进行变量的创建、更新和删除。最后通过加载项中的保存 DBF 保存更新后的文件。

4. 学习成果评价

序号	评价内容	评价标准	评价结果（是/否）
1	Excel 批量创建变量标签的意义	理解批量创建变量标签的目的	
2	Excel 批量创建变量标签	1）掌握变量标签批量创建的方法和步骤 2）掌握如何安装 Project DBF AddIn 控件和在 Excel 中加载	

五、课后作业

根据已经创建的变量标签，通过 Excel 的加载项打开变量标签的 DBF 文件，按照系统创建标签各个字段的含义，创建 5 种类型的变量标签。

注意：变量标签数据库各个字段的含义，与老师和同学讨论各个字段的意义和作用，并将结论记录在作业表中。

职业能力 2.2.4　能使用 Plant SCADA 通信测试软件验证标签和参数的有效性

一、核心概念

1. 图形编辑器

图形编辑器是 Plant SCADA 软件平台的第二个重要编辑器，用于设计 SCADA 的监控界面。通过此编辑器可以创建新界面，在新界面中通过图形编辑工具，根据 P&ID 图进行生产流程的监控界面绘制，并组态动态功能。

2. 系统安全

Plant SCADA 软件平台组态的监控工程，最终会由人进行监视和操作。为防止未授权和未认证的人员对监控系统进行恶意操作，给企业和工厂带来不必要的损失。通常都会要求组态访问系统的权限设置，即职业能力 2.1.4 中介绍的用户权限，确保 SCADA 系统的访问和操作处于安全受控状态。

二、学习目标

掌握新建工程的变量标签和网络拓扑组态正确性的仿真测试方法。

三、基本知识

标签变量创建完成后，应保证标签变量参数设定正确性，最好进行通信仿真测试。在进行测试之前，应确保 Modbus 通信仿真器能正常工作。然后进行如下操作，确认标签变量能够正常被软件平台组态的 I/O 器获取和操作。其简便方法是在软件平台主界面的主菜单下，选择图形编辑器。打开图形编辑器，新建一个界面，放置一个变量，检查能否正确地显示数据值。

第一步：单击"主菜单"，选择图形编辑器，如图 2-78 中 1、2 红框所示。

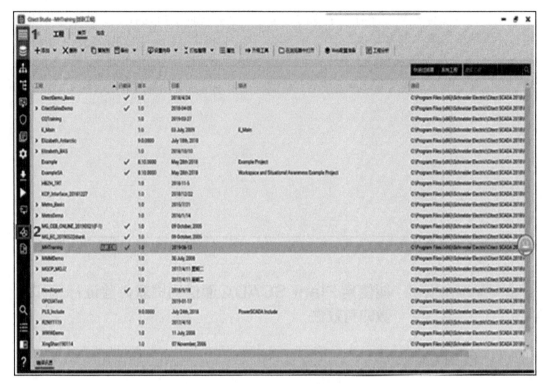

图 2-78 选择图形编辑器

第二步：在图形编辑器窗口，选择文件→新建，如图 2-79 所示。

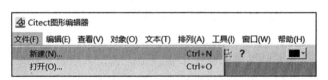

图 2-79 选择文件→新建

第三步：新建界面，选择"Normal"并确认，如图 2-80 所示。

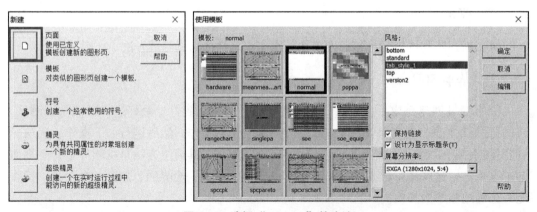

图 2-80 选择"Normal"并确认

第四步：从图形工具箱中选择"##"数字显示，如图 2-81 中红色框。

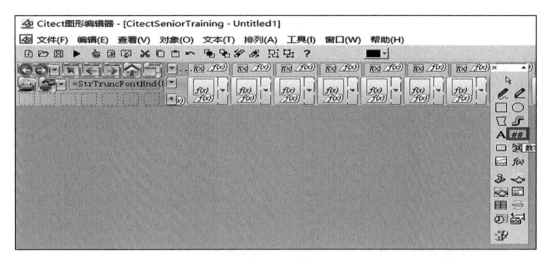

图 2-81　红色框

第五步：在弹出的对话框中，选择红色框"▼"（见图 2-82），插入标签，选择一个变量，然后保存界面（菜单 – 文件 – 保存界面）。

图 2-82　选择红色框"▼"

第六步：编译此工程。

图形编辑器→文件→编译（或者 Citect Studio，右边■按钮），这时软件平台会报编译错误，如图 2-83 所示。

图 2-83　软件平台会报编译错误

根据编译错误报文分析，即没有用户被定义。如果出现其他错误，请双击该错误，则可以直接定位错误之处（参考红色框错误详细信息，判断错误原因）。

第七步：用户定义。

如果创建系统时，没有及时定义用户，也可以在此时进行用户定义，以便工程编译无误，以便系统能运行。创建用户如图 2-84 所示。

在软件平台主菜单，选择 ⬛（安全性），定义工程的角色，如图 2-84 所示。

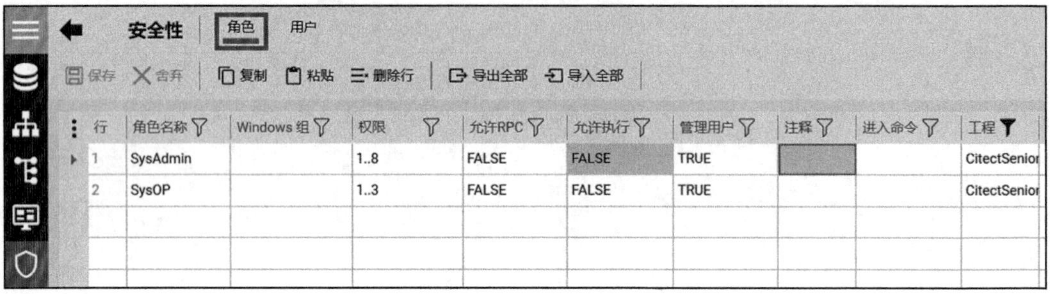

图 2-84　创建用户（1）

用户角色编辑视窗界面，各个功能参数及含义如下：
- 角色名称：即用户组名，如系统管理员/操作员。权限软件系统分为 1～8 且各个权限为平级。如果用户有连续 8 级权限，则可定义 1..8。
- Windows 组：输入 Windows 组名，则可以兼容 Windows 的用户通信。
- 允许 RPC：该组用户可以调用一些特定的函数，如 RPCCall()。
- 允许执行：该组用户可以调用 Exec() 函数，打开其他应用程序。
- 管理用户：该组用户可以调用 UserEditer() 等函数在线添加/删除/修改操作。
- 进入命令：该组用通信时，可以执行指定的 Cicode。

角色可以按照图示，创建 SysAdmin 和 SysOP，分配不同访问权限。

角色定义完成，才可以定义具体用户，因为用户要引用角色。创建用户如图 2-85 所示。

图 2-85　创建用户（2）

用户编辑视窗界面，各个功能参数及含义如下：
- 用户名：通信的用户账号。
- 密码：单击更改，则可以在弹出的对话框中设置该用户密码。
- 角色：在下拉框里选择该用户属于哪个用户组。
- 再次编译工程，当提示无编译错误后，则可以运行该工程。

用户可以按照图 2-85 所示，创建 U1 和 U2，引用不同的角色和定义不同的通信访问密码。

注意：牢记各个用户的密码，否则无法使用此用户正常使用通信系统 Runtime 界面。如果忘记，需要回到此界面，重置密码并保存，编译工程。

第八步：计算机设置向导

通信测试需要编译正确的工程才能够正常的运行。工程运行前，必须对工程进行计算机设置向导操作。计算机设置向导的操作参见职业能力 2.2.1 中的介绍，这里不再累述。

第九步：按照职业能力 2.2.1 中的基本知识 MB 通信仿真器的操作和设置启动仿真器，并对 Plant SCADA 新建工程的变量启动自动仿真功能。

第十步：启动工程，单击 ▶ 图标，测试通信的正确与否。可以在界面上看到各个组态好的变量的动态仿真效果。

注意：各个 PLC 的驱动帮助，请参考 Plant SCADA 安装目录下的 .chm 文档。

四、能力训练

1. 操作条件

- 在计算机上成功地安装 Plant SCADA 软件，并能正常的使用。
- 新工程已完成创建、网络拓扑、通信设置向导。
- 已经创建 5 种类型的变量标签。
- 在本计算机上可以正常地使用 MB 通信仿真器。

2. 安全及注意事项

- 当计算机与外网连接时，应确保操作系统和杀毒软件都已成功地启动，能够有效地保护计算机系统不受外网黑客或病毒的攻击。

注意：新工程应确保 Pack 和编译准确、无误。如有错误，应根据系统提示逐一地解决，直到编译完成。

- 在仿真模式下，I/O 服务器的 IP 地址为本地网络适配地址，127.0.0.1。

3. 操作过程

验证新建工程网络拓扑，服务器配置及变量标签创建正确性的仿真测试参见基本知识相关内容说明、步骤和截图。

问题情境：

问：在 Runtime 模式下，通信 SCADA 监控系统，不知道用户和密码，应如何处理？

答：

1）通过 Plant SCADA 软件平台打开此主工程，在系统安全菜单下选择用户，核查主工程定义的用户。

2）可以使用主工程定义的用户，但密码需要重新定义并保存，为了避免影响此用户的日常正常通信，可以创建新用户和通信密码。保存用户组态设置。

3）Pack 主工程并编译。

4）运行主工程，以新用户或更新密码的原用户通信即可。

4. 学习成果评价

序号	评价内容	评价标准	评价结果（是/否）
1	离线仿真验证配置正确性的意义	1）避免系统设计错误的蔓延 2）确保网络拓扑和变量创建的正确性	
2	离线仿真验证的方法和步骤	1）掌握快速验证新工程配置的正确方法和步骤 2）掌握 MB 通信仿真测试软件的使用方法 3）用户权限的定义	

五、课后作业

验证新建工程网络拓扑，创建变量标签的正确性。

注意：在作业表中记录验证过程中的问题和解决问题的方法，与老师和同学分享系统验证的经验。

工作领域 3
Plant SCADA 系统监控界面、精灵与弹出界面的设计

工作任务 3.1　SCADA 系统工程监控界面的设计

职业能力 3.1.1　能通过工具栏进行自定义模板的创建

一、核心概念

1. 工程外观

图形界面是 Plant SCADA 软件平台组建 SCADA 系统的主要组成要素之一，是工厂操作人员的接口，可设计用于显示数据和接受操作人员输入。图形界面包括界面模板、绘制在界面上的对象以及界面特定的属性。

2. 标准模板

对于开发时间进度要求短的工程或刚学习实践 Plant SCADA 软件平台的人员来说，有许多预定义的模板可用于快速创建界面，这些模板适用于多种应用场合。软件平台包含工程中的模板可为用户自定义工程提供所需的最基本功能。

3. 分页风格模板

Tab_Style_Include 工程是一个预配置工程，随 Plant SCADA 软件平台一起安装。它包含一系列 Windows 环境风格的模板和界面，旨在缩短配置新工程所需的时间。

二、学习目标

1. 理解界面模板的概念。
2. 了解空白模板，分页风格模板及自定义模板的差异。
3. 了解分页模板中工具栏的功能，建立工具栏关键功能的概念。

三、基本知识

1. Normal 空白模板

在 Plant SCADA 软件平台创建新工程后，可以按照所要求的外观设计创建新界面。最简单的界面基于空白模板，它是一个空白窗口。开发人员可以向窗口中添加对象和功能，并为工程界面开发新模板。

基于 Include 工程中 Normal 模板的空白界面如图 3-1 所示。

图 3-1　Normal 模板的空白界面

2. 分页风格模板

Tab_Style_Include 工程是一个预配置工程，随 Plant SCADA 软件平台一起安装。它包含一系列 Windows 环境风格的模板和界面，旨在缩短配置新工程所需的时间。

使用分页风格创建新的 Plant SCADA 的 SCADA 工程时，Tab_Style_Include 工程会作为一个包含工程自动纳入进来。这意味着，在软件平台图形编辑器中创建新的图形界面时，所有相关工程模板及关联内容均可被引用。使用这些模板创建的工程将具有 Windows 分页设计风格。图 3-2 是 Tab_Style_Include 中的 Normal 界面。

3. 界面模板通用工具栏

Tab_Style_Include 工程中的界面包含通用工具栏，它们为导航和对关键功能的访问提供了方便，并且具有一致的外观风格。运行期间，屏幕上将会一直显示这三个工具栏，分别位于屏幕左上角的"导航"区和右上角的菜单分页以及位于屏幕下方的"报警"工具栏。

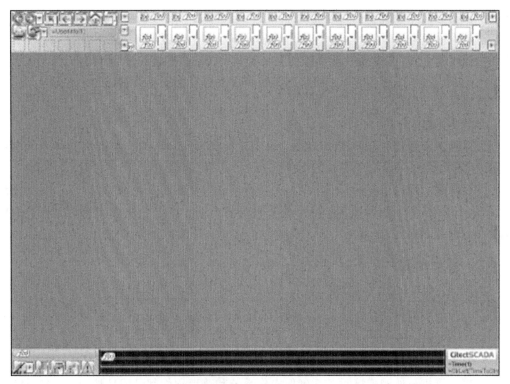

图 3-2 Normal 界面

图 3-3 界面模板通用工具栏

模板的分页菜单提供可以导航到特定界面或调用 Cicode 函数的多个分页。分页的内容通过工程编辑器中的"菜单配置"选项生成。菜单配置具体组态和配置将在工作领域 5 中详细地介绍。模板提供导航按钮和对关键界面的直接访问，例如通信工具和前进/后退按钮以及主页按钮。模板的报警工具栏提供对各个报警界面的访问，并显示最近三个激活的报警。

4. 自定义模板

大多数工程都需要根据专业应用设计特定的模板，但开发自定义模板耗费较多的时间，建议在软件平台提供的模板上进行修改，以便快速地达到特定的需求。同时，通过研究系统模板设计和引用，理解模板开发所需的素材和后台代码的调用，以便高效地开发适合具体工程所需的特有模板。为方便解释说明，本书中的实例界面均基于 Tab_Style_Include 工程。

四、能力训练

1. 操作条件

- 在计算机上成功地安装 Plant SCADA 软件，并能正常使用。
- 已完成创建新工程。

2. 安全及注意事项

- 当计算机与外网连接时，应确保操作系统和杀毒软件都已成功地启动，能够有效地保护计算机系统不受外网黑客或病毒的攻击。

注意：新工程应确保 Pack 和编译准确、无误。如有错误，应根据系统提示逐一地解决，直到编译完成。

3. 操作过程

问题情境：

问：在新工程中，创建报警和趋势界面的方法是什么？

答：

1）Plant SCADA 软件平台在分页风格模板中，可以直接引用实时报警、历史报警和趋势报警界面模板，并为每一种界面命名保存。这样报警和趋势作为单独的监控界面存在和显示，无法在一个屏幕上同时显示报警和趋势界面。

2）如果需要在特定界面同时显示实时报警和趋势信息，可以应用同风格的 Normal 界面模板，在空白处通过图形设计工具，调用实时报警和过程分析器控件，并根据界面大小合理地拖拽控件，布置在界面上并保存。

4. 学习成果评价

序号	评价内容	评价标准	评价结果（是/否）
	界面模板定义及区别	1）界面模板的概念 2）界面模板有三种类型，空白模板、系统自带模板如分页格式模板，自定义模板 3）理解各类模板的差异	

五、课后作业

在新工程中引用各类模板创建新界面。

职业能力 3.1.2　能进行 Plant SCADA 监控界面的创建

一、核心概念

Plant SCADA 软件平台自带许多风格的模板,直接引用系统自带模板可以大大地提供 SCADA 界面开发组态过程。常用模板如下,其他模板可以在了解新界面创建和引用模板的步骤后,自行创建学习使用。

1. Normal 模板

通常在 SCADA 的监控界面创建时,会选用 Normal 模板。这种模板集成风格特色,如工具栏,导航和实施报警的布局外,其余界面预留空间,留给 SCADA 设计人员根据监控要求,基于 P&ID 图进行静态图形绘制并加载动态监控,实现基本的监控画面设计。

2. PopUp 模板

PopUp 是弹窗,即在主监控界面上,单击某个控制对象,在当前监控界面的上面,弹窗一个比当前监控界面小的监控功能界面,例如控制阀门的操控界面,此界面涉及手自动控制模式切换,手动模式下的开关阀门操作按钮,阀门故障复位按钮,阀门状态等信息。PID 控制器的参数设定弹窗,用于 PID 控制器各种控制模式勿扰切换设置,P、I、D、PID 控制方向等参数的设置等。

3. SOE 模板

SOE 是审计追踪,用于记录和显示 SCADA 系统操作的记录及系统主备切换记录等。在制药和食品饮料加工行业中经常使用,用于追溯每一批次的产品不良品发生期间,系统的操作和变化记录,快速锁定问题发生的原因。

二、学习目标

1. 掌握新界面创建的方法和步骤。
2. 掌握新界面创建的前提条件,界面风格和分辨率。
3. 了解新界面创建系统弹窗中各种界面创建按钮的含义。

三、基本知识

在软件平台菜单界面选择图形编辑器,选择新建界面创建新界面。具体操作如下:

第一步:单击图 3-4 中红框标注的图形编辑器快捷命令按钮,调用图形编辑器。

第二步:在系统弹出的图形编辑器界面,文件下拉菜单中选择新建界面如图 3-5 所示。

第三步:选择已定义模块创建的新界面,如图 3-6 中红框所示的新界面的创建按钮。

图 3-4 红框标注的图形编辑器快捷命令按钮

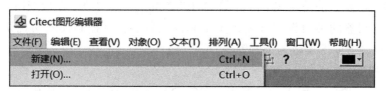

图 3-5 选择新建界面

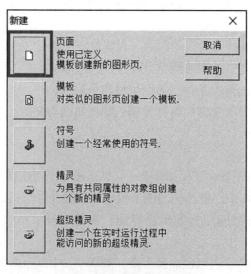

图 3-6 新界面的创建按钮

第四步：选择界面风格和分辨率，模板选择 Normal 模板，单击"确定"完成新界面的创建，如图 3-7 所示。

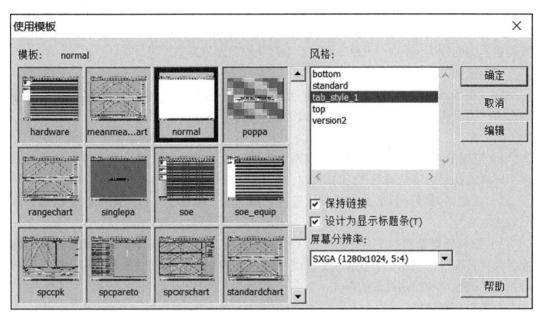

图 3-7　完成新界面的创建

其中，保持链接是选择模板后，集成模板自带的属性链接。此选项需要选择，除非只使用模板各个元素的布局风格，元素功能通过后期使用需要二次开发。

设计为现实标题条选项是界面是否显示标题条，通常保留激活此功能。如果在 Runtime 运行模式不希望显示标题条，可以在计算机设置向导中取消显示标题条的功能。

四、能力训练

1. 操作条件

- 在计算机上成功地安装 Plant SCADA 软件，并能正常使用。
- 已完成创建新工程。

2. 安全及注意事项

- 当计算机与外网连接时，应确保操作系统和杀毒软件都已成功地启动，能够有效地保护计算机系统不受外网黑客或病毒的攻击。

注意：新工程应确保 Pack 和编译准确、无误。如有错误，应根据系统提示逐一地解决，直到编译完成。

3. 操作过程

新界面创建方法和步骤参见基本知识中相关内容及截图。

问题情境一：

问：在新工程中创建新界面时，需确认哪几个条件？

答：

1）界面显示风格。通常选择 Plant SCADA 软件平台自带的 Tab_Style_1 风格。此风格基于 Windows 操作显示风格而设计开发的。

2）界面分辨率。通常界面分辨率需要根据 SCADA 系统客户端的显示器硬件的参数确定。当前较为流行的 1 920×1 080，16∶9 的界面分辨率。

问题情境二：

问：现场客户端的显示器为老款显示器，应如何选择合适的分辨率？若分辨率选择不合适，原工程监控界面的图形将会如何显示？

答：

1）通过客户端操作系统的分辨率查询功能，确认老款显示器的最大可支持的分辨率，同时确认显示屏是否是 5∶4 长宽比。

2）在创建新界面的组态窗口时，通过分辨率的下拉菜单选择适配此款显示器分辨率的选项。

3）如果分辨率选择不合适，主工程在 Runtime 运行模式下，投影到显示器上的监控界面将按照硬件显示的分辨率显示，界面上的图形将会以失真的尺寸显示，但不影响监控数据的显示和控制对象的操作。

4. 学习成果评价

序号	评价内容	评价标准	评价结果（是/否）
	新界面的创建和保存	1）掌握当前主工程中新界面创建的方法和步骤 2）在确定显示风格和分辨率的条件下，选择 Normal 模板 3）如果其他特殊显示功能，可以通过选择其他系统自动模板，例如报警和趋势模板进行特殊功能界面模板的创建	

五、课后作业

根据本地计算机显示器的分辨率和长宽比，在新工程中创建新界面。引用不同类型的模板，进行创建并定义对应的界面名称。在 Runtime 模式下，对比各种模板的差异和特殊功能，并记录在作用表中，与老师和同学进行讨论并分享经验。

职业能力 3.1.3 能使用系统自带的功能库进行 Plant SCADA 基本监控对象的绘制

一、核心概念

1. 对象工具框

对象工具框是监控界面图形设计的工具栏,通过工具框集成的各种指令,可以完成静态图形的设计绘制和控件的调用等。

2. 对象属性

在创建新界面上绘制的每个对象均具有决定其外观和行为的一系列属性。这些对象属性包括对象在软件平台图形编辑器中的静态外观的属性,同时也包括实时运行属性,例如对象的移动和伸缩方式或它响应鼠标单击的方式等。对象属性对话框分为水平属性栏和垂直子属性栏。

3. Plant SCADA 集成的图形库

Plant SCADA 软件平台自带许多监控图符,按照不同的类型,例如阀门、泵、风机、静态设备等形式存储在软件中。SCADA 设计人员可以根据 P&ID 图中所示的设备,在图形设计时,无需原创绘制这些符号,可以在软件平台自带的图形库里找到并直接引用,大大提升了监控界面的设计效率。

二、学习目标

1. 掌握对象工具栏各个指令的功能和使用方法。
2. 掌握调用软件平台自带的标准库的方法。
3. 能够根据 P&ID 图绘制图样展示的生产流程静态界面。

三、基本知识

Plant SCADA 软件平台的图形编辑器在创建新界面后,在新界面编辑窗口提供绘制基本对象工具框,以便快速、高效地编辑和组态监控符号。

1. 对象工具框

在对象工具框中,选择对象或者从对象菜单中选择对象,可以在界面上绘制图形对象。绘制每个对象的步骤略有差异。在软件平台帮助索引中的绘制类型中搜索有关如何定义每个对象的特定信息。可以使用编辑、查看、文本和排列菜单中的选项来操作这些对象。与其他绘图软件一样,用户可以对绘制对象进行旋转、放大、分组和对齐等。对象工具框如图 3-8 所示。

2. 对象工具框的长方形、正方形、椭圆和圆工具

(1) 长方形工具

长方形工具用来绘制长方形和正方形。可以对这些对象进行移

图 3-8 对象工具框

动，调整大小，改变形状，置于最上层等操作，还可以像其他类型的对象一样编辑其属性。

单击长方形■工具。将光标移到将开始绘制长方形的位置，然后单击并按住鼠标键。将光标拖到长方形的对角，然后放开鼠标键。如果开始绘制长方形前按住 Shift 键，则可以从中心向外绘制长方形。绘制长方形如图 3-9 所示。

按照以上相同的操作，同时按住 Ctrl 键。将光标移到开始绘制正方形的位置，然后单击并按住鼠标键。将光标拖到正方形的对角，然后放开鼠标键。如果开始绘制正方形前按住 Shift 键和 Ctrl 键，则会从中心向外绘制正方形，如图 3-10 所示。

图 3-9　绘制长方形　　　　　　　　　　图 3-10　绘制正方形

（2）椭圆工具

椭圆工具用来绘制椭圆、圆、弧线和扇形。与"长方形"工具一样，"椭圆"工具可以移动，调整大小，改变形状，置于最上层等，还可以像其他类型的对象一样编辑其属性。

单击椭圆○工具，将光标移到边界长方形（人方框）的一角，然后单击（并按住）鼠标键。将光标拖到边界长方形的对角，然后放开鼠标键。开始绘制椭圆前按住 Shift 键，则会从中心向外绘制椭圆，如图 3-11 所示。

按照以上相同的操作，同时按住 Ctrl 键。将光标移到边界长方形（大方框）的一角，然后单击（并按住）鼠标键。将光标拖到边界长方形的对角，然后放开鼠标键。如果开始绘制圆之前按住 Shift 键和 Ctrl 键，则会从中心向外绘制圆，如图 3-12 所示。

图 3-11　绘制椭圆　　　　　　　　　　图 3-12　绘制圆

3. 对象工具栏的管道、直线和连线工具

图形编辑器可以对管道、连线、多边形对象进行编辑，以改变其形状。这些对象中的每个对象都由被称为节点的结构支撑点连续绘制线条组成。选中对象后，节点可见。每个节点显示为位于对象的特定支撑点的小正方形。在一个连线或管道的起始和结尾处有一个节点，在对象形状的每个改变方向的地方也有节点，选定节点如图 3-13 所示。

管道、连线、多边形对象的形状能够以许多方式改变。节点可以被单个或按组选取并平移到不同位置，从而改变对象的形状，将节点抢到新位置如图 3-14 所示。

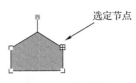
图 3-13　选定节点

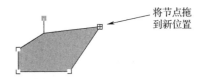
图 3-14　将节点拖到新位置

管道、连线、多边形对象也支持节点的添加和删除，如图 3-15 所示。

图 3-15　节点的添加和删除

4. 对象属性

在新界面上通过选择对象工具框中的椭圆工具，可以使用鼠标在新界面所需要的位置通过鼠标左键来绘画。左键双击椭圆图形，会自动地弹出图形对象属性对话框，如图 3-16 所示的椭圆属性对话框，包含该对象的所有属性。具体属性可以参考软件平台在线帮助手册逐一了解，这里不再赘述。

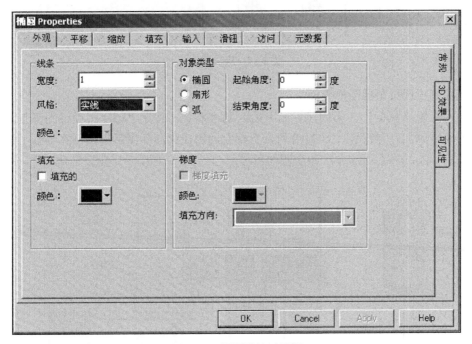
图 3-16　椭圆属性对话框

对象属性对话框分为水平属性栏和垂直子属性栏。水平属性栏是对象属性的主要部分。每个水平属性在垂直属性栏中均有不同的子部分。在属性栏中插入信息后，该属性栏上会出现勾选号√。根据上面截图展示的信息，在软件平台对象属性对话中检查是否正确选中水平和垂直属性栏。

5. 标准库

每个 Plant SCADA 软件平台创建的工程可能均包含一个或多个库文件，每个库文件均可包含许多库对象，例如界面模板、符号和精灵。

Include 工程和 Tab_Style_Include 工程都包含若干个库，它们拥有预绘制的符号和预制作的精灵以及标准模板。创建新符号时，也可以创建新库，将其作为工程的一部分存储在工程文件夹中。库对话框如图 3-17 所示。

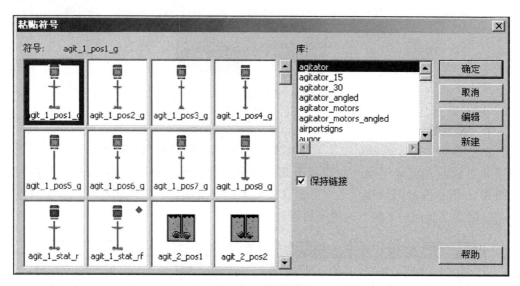

图 3-17 库对话框

6. 绘制巴氏灭菌器图形界面

利用对象工具框，在新创建界面上绘制基本对象。按照 P&ID 图提供的工艺流程图在新界面中添加静态符号。图 3-18 所示为绘制的巴氏灭菌器图形界面及在界面上的大概位置，具体绘制静态图的方法和步骤如下：

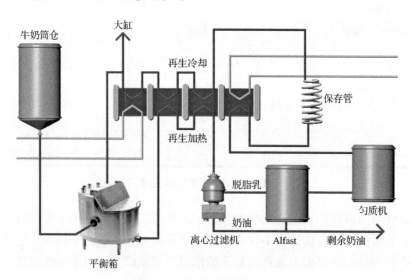

图 3-18 巴氏灭菌器图形界面

第一步：在新界面中添加静态符号。使用粘贴符号 🔧 工具，将 Milk Silo 符号粘贴到界面上，如图 3-19 所示。

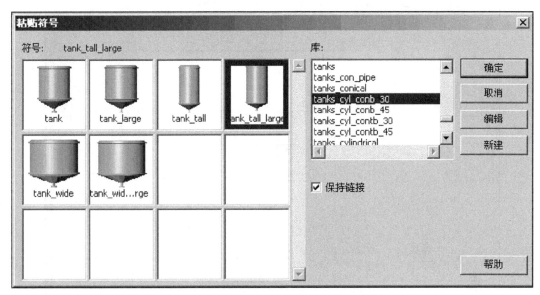

图 3-19 将 Milk Silo 符号粘贴到界面上

第二步：将下列符号，按照上面的操作方式粘贴到界面上，让所有符号与库保持链接。

对象	库	符号
平衡箱	Training_config	Balance_tank
保存管	Training_config	Coil
离心过滤机	Centrifuge	Centrifuge_large
Alfast	Tanks_Cylindrical	Tank_large
Homogeniser	Tanks_Cylindrical	Tank_large

注意：
- 定时保存界面，不要等到完成整个界面时才保存。
- 如果需要撤销操作，可从菜单中选择编辑→撤销。
- 要显示网格，请从菜单中选择查看→网格设置…，并勾选显示网格复选框。

第三步：在新界面中添加符号集。

使用符号集 🔧 工具（而非粘贴符号 🔧 工具）将 Milk Silo Agitator 和 Alfast Agitator 粘贴到界面上。在外观（常规）属性中，选择开启/关闭。通过清除键，删除 ON 时符号，并通过图片集设置 OFF 时符号：

对象	库	符号
Milk Silo	Agitator Agitator_30	Tall_grey
Alfast	Agitator Agitator_15	Agitator grey

例如，Milk Silo Agitator 符号属性对话框显示的操作，如图 3-20 所示。

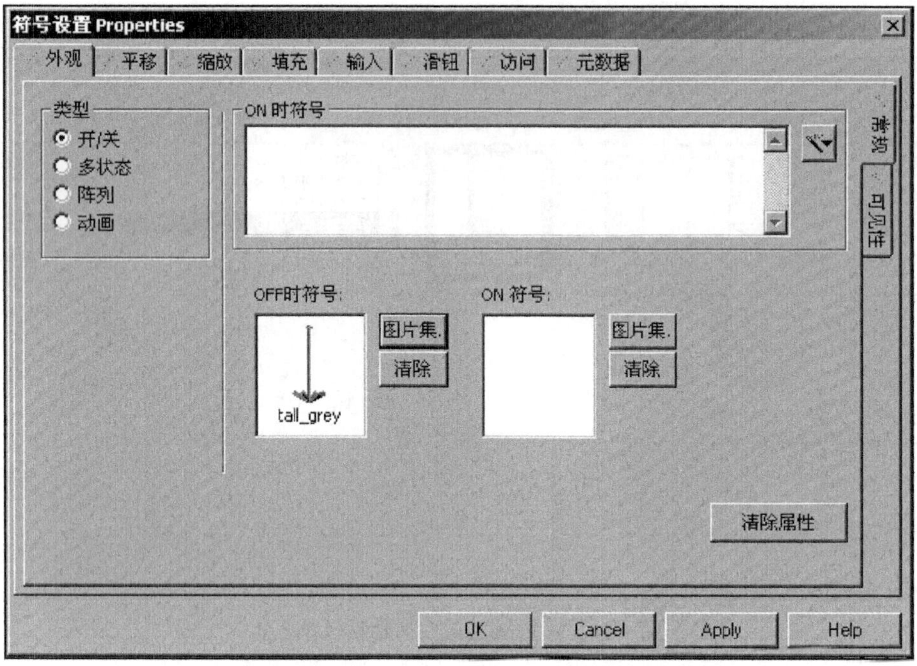

图 3-20　Milk Silo Agitator 符号属性对话框

第四步：创建巴氏灭菌器对象。

了解绘制工具的使用技巧，可以尝试绘制巴氏灭菌器对象。在界面中添加长方形。使用长方形▢工具绘制巴氏灭菌器，此对象也就相当于 4 个长方形，如图 3-21 所示。

图 3-21　4 个长方形

通过对象属性对话框，设置 3D 效果并添加更多长方形以创建 4 个独立容器的外观，如图 3-22 所示。

图 3-22　创建 4 个独立容器的外观

在属性对话框中,更改长方形的圆角半径属性以添加圆角,如图 3-23 所示。

图 3-23 添加圆角

保存界面。

注意:保存界面时,请给此界面定义一个名字,例如 Pasteuriser(巴氏灭菌器)名字,指定特定目录,以便方便查找和重复地调用。

第五步:绘制巴氏灭菌器、管道和箭头。

使用对象工具栏中的管道和箭头指令按照 P&ID 图绘制。绘制时开启对齐网格,此功能可以帮助保持直线不弯曲。

了解管道、直线和连线的绘制技巧,根据上面巴氏灭菌器图形界面绘制的管线、直线和连接,在界面中尝试添加它们。

- 使用管道 🗲 工具绘制管道,双击可结束绘制。
- 使用直线 🖉 工具或管道 🗲 工具绘制箭头。
- 用文本 A 工具插入 11 个文本对象。
- 保存界面。

四、能力训练

1. 操作条件
- 在计算机上成功地安装 Plant SCADA 软件,并能正常使用。
- 已完成创建新工程。

2. 安全及注意事项
- 当计算机与外网连接时,应确保操作系统和杀毒软件都已成功地启动,能够有效地保护计算机系统不受外网黑客或病毒的攻击。

注意:新工程应确保 Pack 和编译准确、无误。如有错误,应根据系统提示逐一地解决,直到编译完成。

3. 操作过程

新界面设计绘制静态图符的方法和步骤参见基本知识相关的内容及截图。

问题情境:

问:在创建新界面,绘制 3D 图形或引用图片时应如何处理?

答:

1)3D 图形的绘制,可以利用图形工具绘制基本线段,通过修改线段的颜色,呈现 3D 效果。

2）如果需要引用静态 3D 效果图片，可以直接通过复制粘贴的方式将 3D 图片复制到新界面上，需要注意此图片以非矢量图的形式存在，对图形进行拖拽放大、缩小时，应注意图形比例，避免失真。

4. 学习成果评价

序号	评价内容	评价标准	评价结果（是/否）
	新界面绘制监控流程图	1）掌握对象工具栏各个指令的功能和使用方法 2）掌握新界面绘制监控界面图符的方法和步骤	

五、课后作业

在新建的 Normal 模板界面上绘制巴氏灭菌工艺流程静态图形。熟悉对象工具栏各个工具的功能和操作，并将绘制静态和所使用的对象工具操作心得记录在作用表中，与老师和同学进行讨论并分享经验。

职业能力 3.1.4　能在静态界面基础上，通过配置和组态图形属性实现动态显示、运行状态、柱状填充等功能

一、核心概念

1. 动态图形的属性

图形界面对象具有颜色、大小和位置等动态属性，它们可以在运行时改变，以反映条件的变化。例如，用颜色表示巴氏灭菌器的温度就是一种理想的方式。

2. 动态属性的类别

动态属性分为动态颜色变化，填充，移动，放大缩小和显示隐藏等。这些动态属性与变量标签的数字相对应。例如设备启停状态的灰绿颜色变化随着设备运行状态变量（BOOL）的数字对应，零是灰色，绿是运行。设备故障状态的红色与设备故障状态变量

（BOOL）的数字对应显示隐藏，设备报警显示红色，报警消失隐藏红色。管体液位填充与液位计检测的液位过程值（REAL）对应，设置好填充的量程与液位计量程对应，就可以随液位值的变化，填充动态跟着随动。

二、学习目标

1. 了解对象动态属性的特征和功能。
2. 掌握图形对象动态属性的组态方法和步骤。
3. 通过组态巴氏灭菌工艺流程图中图形对象动态属性，熟练实操过程。

三、基本知识

将对象放置在Pasteuriser（巴氏灭菌器）界面时，其实已经完成了界面上的绘制。如果这些对象只是工厂的静态图像，这样设置就完全可以了。但是，如果在实时运行时需要图形接受操作员的动态输入或者随动态信息发生变化时，可以通过设置对象的属性并通过添加一些附加对象来实现。

图3-24显示了绘制Pasteuriser（巴氏灭菌器）界面下一阶段要完成的任务。

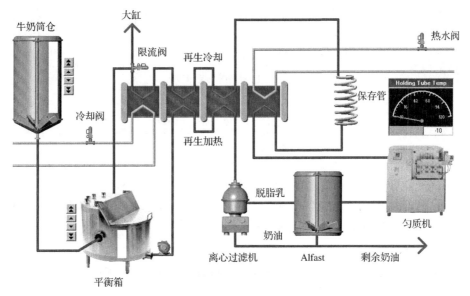

图3-24　绘制Pasteuriser（巴氏灭菌器）界面

1. 动态着色

改变巴氏灭菌器容器的实时运行属性以显示其温度。可以向巴氏灭菌器对象的实时运行属性中添加数组表达式实现，具体方法步骤如下：

1）双击第一个长方形以打开属性对话框。
2）在外观（常规）属性上，确保已填充框处于勾选状态。
3）打开填充（颜色）分页，选择类型：数组，然后单击"帮助"按钮，阅读标题[类型]数组、数组表达式和数组颜色下的信息。

4）在数组表达式字段中，键入：TIC_P1_PV/25。

5）通过单击色卡为值 0、1、2、3、4 和 5 选择数组颜色。

6）单击"确定"。

7）对其他三个巴氏灭菌器重复上述步骤。

8）保存界面。

如图 3-25 属性对话框所示，进行设置。

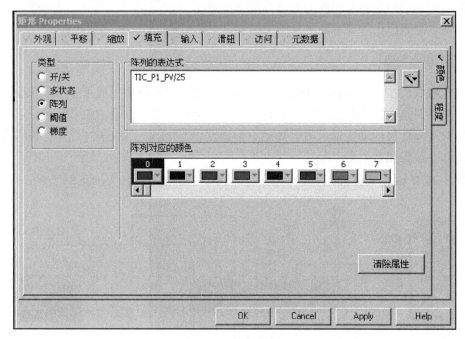

图 3-25　属性对话框

使用快速向导 添加标签名称或函数名称。这样可以避免输入错误。

注意：巴氏灭菌器标签 TIC_P1_PV 至 TIC_P4_PV 的工程设计范围为从 −10 ～ 120 ℃，因此 TIC_P1_PV/25 求整就将赋予从 0 ～ 5 的值。

2. 动态填充

填充动态是动态属性之一。如果在长方形对象中使用填充，则可以构造棒图来显示一个不断变化的值。例如，可以绘制棒图并使用填充（高度）属性来表示牛奶筒仓的高度。

添加棒图以显示牛奶筒仓高度，具体方法步骤如下：

1）选择长方形工具并在牛奶筒仓上绘制一个长方形，在外观（常规）属性中勾选已填充和边框。选择适当的"填充"色，如图 3-26 所示。

2）打开长方形的填充（高度）属性并将标签"LIC_Silo_PV"插入方向表达式。然后单击"确定"，如图 3-27 所示。

图 3-26　绘制长方形并选择合适的"填充"色

图 3-27 将标签"LIC_Silo_PV"插入

3)粘贴预先配置的精灵以更改牛奶筒仓的高度,具体组态如下:
- 要更改牛奶筒仓的高度值,请单击粘贴精灵工具。
- 从控件库中选择 Ramp_UpDown_btn2 精灵。
- 在对话框中,选择"LIC_Silo_PV"变量标签,如图 3-28 所示。

图 3-28 选择"LIC_Silo_PV"变量标签

- 将精灵放置在棒图旁边,如图 3-29 所示。

4)对平衡箱重复相同的操作。
- 将棒图添加到平衡箱以显示标签 LIC_Balance_PV 的值。
- 将另一个精灵放置在平衡箱旁边,选择标签 LIC_Balance_PV。

5)保存界面。
6)关闭工程。

3. 动态数字的显示

任何标签或表达式的值均可在运行时显示为数字。当标签或表达式的值变化时,图形界面上的数字会自动地更新。使用"数

图 3-29 将精灵放置在棒图边

字"工具可向界面中添加对象。这些对象将表示标签的数字值。添加动态数字显示牛奶筒仓液位的高度值,具体方法步骤如下:

1) 选择液位数字显示的合适位置,如靠近牛奶筒仓显示 LIC_Silo_PV 标签的值。

2) 在软件平台图形编辑器中,单击数字##工具。将鼠标指针移到界面上要显示数字的位置并单击鼠标左键。将标签 LIC_Silo_PV 插入数字表达式框,如图 3-30 所示。

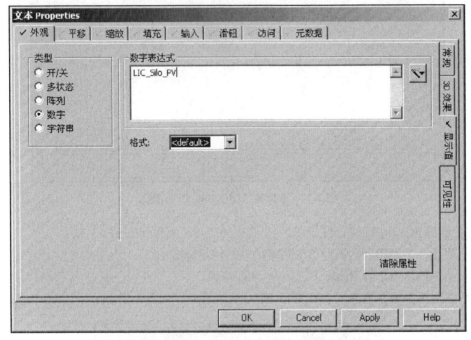

图 3-30 将标签 LIC_Silo_PV 插入数字表达式框

3) 打开外观(常规)属性并设置所需的显示字体、颜色、对齐和效果,单击"确定"。

4) 检查数据质量信息:编译并运行工程,打开 Pasteuriser(巴氏灭菌器)界面。使用最近添加的 Ramp_UpDown_btn2 精灵,将 LIC_Silo_PV 标签的值调整为任何选择的值。将鼠标悬停在数字对象上(见图 3-31)并观察黄色的提示(Tooltip)。

显示的信息表明,与数据源的连接有效(图像上方显示"良好"),而且时间戳也显示了信息最后更新的时间。

4. 动态文本的显示

图形界面可以显示反映数字量标签或条件状态的不同文本信息。例如,"正在运行"一词就有可能显示在正在运行的电机旁,而当电机关闭时相同位置有可能显示"已停止"一词。靠近 Alfast 箱显示标签 Agitator_Silo_V 的状态。

在 Pasteuriser(巴氏灭菌器)界面中添加文本对象并组态动态文本显示如图 3-32 所示,具体方法步骤如下:

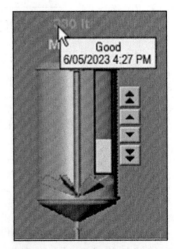

图 3-31 鼠标悬停在数字对象上

1)在软件平台的图形编辑器中,单击文本 A 工具。
2)键入如下词语:Alfast 搅拌机关闭。
3)将鼠标指针移到将显示该文本的位置并单击鼠标左键放置文本。
4)打开外观(常规)属性并设置所需的显示字体、颜色、对齐和效果。
5)打开外观(显示数值)属性并选择类型:开启/关闭。
6)在打开文本显示时间字段中输入变量标签:Agitator_Alfast_V。
7)将打开文本设置为:Alfast 搅拌机开启。

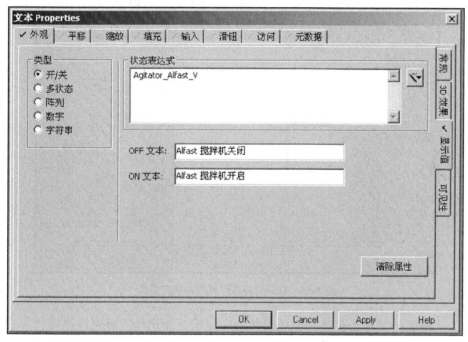

图 3-32 添加文本对象并组态动态文本显示

8)单击"确定"。
9)对下列条件和文本重复上述操作,将文本放置在界面上相关对象的旁边:

标签		文本
Agitator_Silo_V	OFF	筒仓搅拌机关闭
	ON	筒仓搅拌机开启
Centrifuge_Clar_V	OFF	离心过滤机关闭
	ON	离心过滤机开启

10)保存界面。

5. 动态运动的动画

模拟运动是通过符号集在界面上根据不同的变量标签值和表达式显示不同的符号,而且可用来模拟动画。

符号集⊠工具已经将筒仓搅拌机和Alfast搅拌机粘贴到界面上。返回到这些对象并添加在开启标签时产生旋转效果的属性。修改筒仓搅拌机以便它在运行时以动画显示,具体方法步骤如下:

1)双击搅拌机符号以显示属性对话框。

2)打开"外观"(常规)属性并选择类型(见图3-33):"动画",将标签:Agitator_Silo_V插入动画条件框。

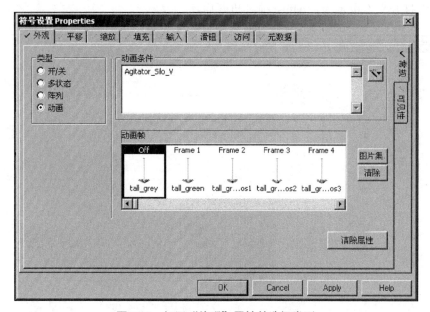

图3-33 打开"外观"属性并选择类型

3)以前选择的符号在第一个动画帧框中显示为关闭帧。可通过选择帧并单击设置...按钮,用不同符号填充第1帧到第4帧。这些帧将在动画条件字段中的表达式为真时,按顺序循环显示选择的符号,于是将产生图像活动的效果。

4)单击"确定"。

另外,可以使用表达式向导⊠,将标签名称插入动画条件表达式,Agitator_30库包含按从左到右顺序显示的4个tall_green符号,每个符号分别显示不同的旋转角度,修改Alfast Agitator以使它在标签Agitator_Alfast_V为真时动画显示。

6. 符号集对象的动态着色

引用符号集的对象可以进行动态属性的设置,例如将阀门添加到管道上,具体方法步骤如下:

1)使用符号集⊠工具添加下面三个阀门。按照下列选择外观(常规)的开启/关闭类型。

对象	ON时符号		符号
冷却液阀	Valve_Cool_CMD	OFF	valve_solonoid.up_small_red
		ON	valve_solonoid.up_small_green

（续）

对象	ON 时符号		符号
热水阀	Valve_HW_CMD	OFF	valve_solonoid.up_small_red
		ON	valve_solonoid.up_small_green
限流转换阀	Valve_Flow_CMD OFF	OFF	valve_solonoid.right_small_red
		ON	valve_solonoid.right_small_green

2）在对象属性对话框中按照图 3-34 所示组态，将泵添加到平衡箱与巴氏灭菌器之间的管道上。

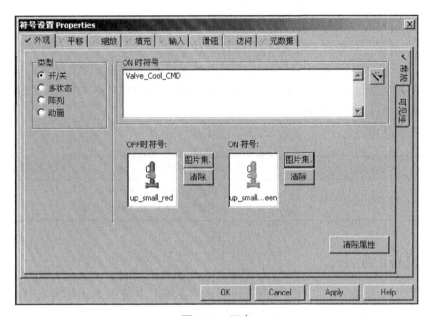

图 3-34　组态

使用符号集 ⊠ 工具粘贴泵。按照下列选择外观（常规）属性的开启/关闭类型。

对象	ON 时符号		符号
Feed_Pump	Pump_Feed_CMD	OFF	pumps_base_small.left_red
		ON	pumps_base_small.left_green

3）保存界面。
4）关闭工程。

四、能力训练

1. 操作条件

- 在计算机上成功地安装 Plant SCADA 软件，并能正常地使用。
- 新工程已完成创建。

- 巴氏灭菌工艺流程图静态界面按照流程图绘制完成。

2. 安全及注意事项

- 当计算机与外网连接时，应确保操作系统和杀毒软件都已成功地启动，能够有效地保护计算机系统不受外网黑客或病毒的攻击。

注意：新工程应确保 Pack 和编译准确、无误。如有错误，应根据系统提示逐一地解决，直到编译完成。

3. 操作过程

在新界面进行各类动态属性设置组态的方法和步骤参见基本知识相关内容及截图。

问题情境：

问：在监控界面组态对象可见性的方法有哪些？

答：

1）动态显示，可以在 OFF 状态下保留符号为空。

2）在动态属性对话框的竖型属性中选择可见性，在可见性的变量对话框中引用变量。如果希望变量为 0 并为隐藏，需要在变量前添加 "NOT"；如果 1 为隐藏，则不需要。变量对应的反向值就是显示。

4. 学习成果评价

序号	评价内容	评价标准	评价结果（是/否）
	图形对象动态属性设置	1）理解对象动态属性设置的目的 2）掌握对象动态属性设置的方法和步骤	

五、课后作业

在新建的已绘制完成的巴氏灭菌工艺流程静态图形上按照本职业能力中组态动态属性的方法和步骤进行设计。熟悉对象动态属性的功能和操作，并运行主工程，核查以上动态设置的效果。如果没有连接第三方控制系统，可以通过 MB 通信仿真器自动仿真功能，制造变量标签的随机变化动态值，查看动态效果，并记录在作用表中，与老师和同学进行讨论和经验分享。

职业能力 3.1.5　能理解自定义符号的意义并利用第三方的图片创建组态

一、核心概念

1. 自定义库

自定义库是常用对象或对象组（包括位图对象）以外的，针对某些特定应用场合设计的对象，以符号形式存储在库中。这些自定义符号可以粘贴到界面上。与任何其他类型的对象一样，将符号从库中粘贴到图形界面后，可以移动、调整大小、改变形状、置于顶层并编辑其属性。

2. 基点

自定义符号时，在图形符号创建的界面系统会标识一个基点，此基点的作用是在引用此自定义符号导入界面时的相对坐标原点。系统会自动地按照基点插入符号，所以设计自定义符号时，图形符号推荐布置在靠近基点的右上角位置。

二、学习目标

1. 理解自定义库的作用和意义。
2. 掌握自定义库的设计和组态的方法及步骤。
3. 实操设计一个灭菌柜作为自定义库的流程。

三、基本知识

自定义库里的对象可以对符号集里的对象进行更新，作为一个新的自定义符号存储在库中。可以将符号库中的对象粘贴到自定义符号界面上进行更改和属性的更新。同时，系统会提供两种选项：

1）作为一个断开链接的符号：此时粘贴的符号当原库中相关符号更改时不会作相应的更新。在此种情况下，将从库中抓取符号的"快照"放置在图形界面上。

2）作为一个保持链接的符号：将符号以保持链接的形式粘贴到界面上时，只要编译界面就会访问对象的原模板。这意味着，只要打开或编译图形界面，对符号的任何修改都将出现在图形界面上。与库的关联可以使用编辑→删除关联命令断开。

软件平台的图形编辑器有几种文件格式过滤器，允许从其他应用程序导入图形，如画图程序、图解程序、演示软件包和扫描器等。导入图形后，可以使用软件平台图形编辑器来编辑图形。

图形文件可以从第三方应用程序（如 Windows 资源管理器）拖动，然后放到软件平台图形编辑器中的界面上。例如，导入图像以创建一个新的 Homogeniser 符号。具体操作步骤如下：

1）单击新建，然后选择符号按钮。
2）从菜单中选择文件→导入…
3）选择从符号网站或百度符号中下载并另存为 **Homogeniser.bmp** 文件，单击"打开"。

4）放置该符号使其位于"基点"的右上方，如图 3-35 所示。

5）从菜单中选择工具→交换颜色（见图 3-36）…并按照所示填充对话框—起始色卡为白色，截止色卡为透明：

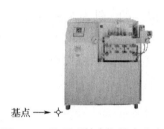

图 3-35　位于"基点"的右上方

图 3-36　交换颜色

6）创建新库并保存符号，单击"保存"，以打开另存为对话框。单击"新建"以创建用于保存符号的新库。键入 Training 作为新库的名称，然后单击"确定"。键入 Homogeniser 作为符号的名称并单击"确定"。将 Pasteuriser（巴氏灭菌器）界面上的均质箱替换为 Homogeniser 符号，保存界面。如无其他组态和修改，关闭工程。

四、能力训练

1. 操作条件

- 在计算机上成功地安装 Plant SCADA 软件，并能正常使用。
- 新工程已完成创建。
- 巴氏灭菌工艺流程图静态界面按照流程图绘制完成，同时完成部分对象动态属性的设置。

2. 安全及注意事项

- 当计算机与外网连接时，应确保操作系统和杀毒软件都已成功地启动，能够有效地保护计算机系统不受外网黑客或病毒的攻击。

注意：新工程应确保 Pack 和编译准确、无误。如有错误，应根据系统提示逐一地解决，直到编译完成。

3. 操作过程

自定义符号库创建的方法和步骤参见基本知识相关内容及截图。

问题情境：

问：根据 P&ID 图中的图例进行监控工程图符自定义库的创建时，CAD 图例能否直接使用，如何处理图形失真？

答：

1）每套 P&ID 图都会设计图例，表示工艺流程图中的设备对象，大部分都已 CAD 的形式存在。如果这些图例在 Plant SCADA 的图符集中不存在，则需要通过自定义图符库的方法创建。CAD 的图例可以直接引用。

2）由于 CAD 平台设计的图例为矢量图，而导入 Plant SCADA 的图形编辑界面后会自动转为位图，所以导入时，因分辨率不同将导致图形失真，例如图形边界会出现毛刺。

3）解决此问题的方法是使用位图编辑器对 CAD 里的图例进行绘制保存。同时，考虑到界面的分辨率，有些符号需要进行缩放。因此需要在位图编辑器中编辑不同尺寸的符号，按照大中小符号分别保存和引用。

4. 学习成果评价

序号	评价内容	评价标准	评价结果（是/否）
	图形对象动态属性设置	1）理解对象动态属性设置的目的 2）掌握对象动态属性设置的方法和步骤	

五、课后作业

在新建的已绘制完成的巴氏灭菌工艺流程静态图形上按照本文组态动态属性的方法、步骤进行设计。熟悉对象动态属性功能和操作，并运行主工程，核查以上动态设置的效果。如果没有连接第三方控制系统，可以通过 MB 通信仿真器自动仿真功能，制造变量标签的随机变化动态值，查看动态效果，并记录在作用表中，与老师和同学进行讨论并分享经验。

职业能力 3.1.6 能理解 ActiveX 空间的意义并调用组态及 runtime 模式动态调整显示界面的大小

一、核心概念

1. ActiveX 控件

ActiveX 是 Microsoft 对于一系列策略性面向对象程序技术和工具的称呼，其中主要的技术是组件对象模型（COM）。在有目录和其他支持的网络中，COM 变成了分布式 COM（DCOM）。它用于互联网的很小的程序，有时称为插件程序。ActiveX 是

Microsoft 为抗衡 Sun Microsystems 的 JAVA 技术而提出的，此控件的功能和 Java Applet 功能类似。

2. 实时运行窗口

主工程在完成编译和计算机设置向导后，可以运行主工程，称之为 Runtime 模式。主工程在 Runtime 模式所展示给操作人员的交互界面就是在图形编辑器设计的界面。这个界面以窗口的形式布满整个操作显示屏，此时这个窗口称为实施运行窗口。软件平台允许操作人员手动调整实时运行窗口的大小以满足用户的特殊需要。

二、学习目标

1. 理解 ActiveX 控件的概念及作用。
2. 掌握 ActiveX 控件引用和组态方法及步骤。
3. 掌握运行模式下，界面大小的动态调整。

三、基本知识

集成第三方组件，可以将 ActiveX® 对象导入软件平台工程的图形界面中，可以利用独立于软件平台开发的工具和组件。例如，可以在软件平台图形界面中加入一个应用程序，用于直接与 I/O 设备通信，以控制和监视配方优先级等。

注意：软件平台中 ActiveX 对象的行为主要由对象自身决定。对象的功能、可靠性以及是否适合在软件平台中使用取决于创建者开发对象的方式。

1. 通过图形编辑器插入 ActiveX 控件（见图 3-37）

可以通过软件平台图形编辑器将 ActiveX 对象插入软件平台创建的工程中。可以使用图形编辑器工具框中的 ActiveX 按钮，采取与常规对象相同的方式，选择 ActiveX 对象并将其插入图形界面中。就像与其他对象一样，可以移动、复制 ActiveX 对象和改变其形状。

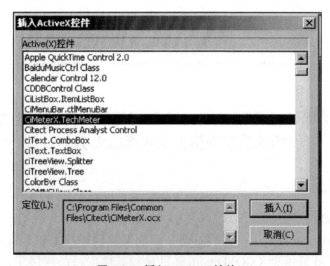

图 3-37 插入 ActiveX 控件

ActiveX 对象具有与其特点和功能相关的预定义属性。选定对象后，可通过双击它查看其预定义的属性。例如，使用 ActiveX 对象 CiMeterX 显示保存管温度，具体操作步骤如下：

1）打开 Pasteuriser（巴氏灭菌器）界面并单击工具框中的 ActiveX 按钮。

2）从显示的对话框中选择"CiMeterX.Techmeter"，单击"插入"，如图 3-38 所示。

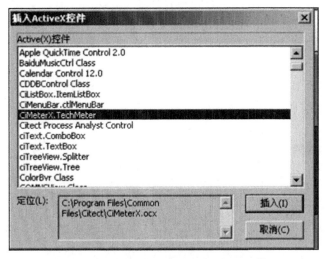

图 3-38 选择"CiMeterX.Techmeter"

3）将标题更改为"保存管温度"（见图 3-39）。

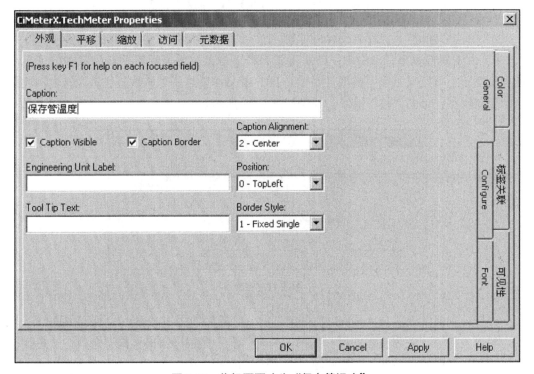

图 3-39 将标题更改为"保存管温度"

4)打开外观(标签关联)水平栏,并从左窗格中选择值属性。将标签" TIC_Hold_PV"插入右窗格,如图 3-40 所示。

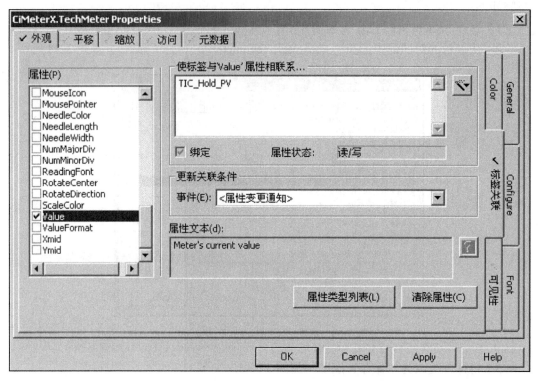

图 3-40 将标签"TIC_Hold_PV"插入右窗格

5)单击"确定",保存 ActiveX 对象。

6)由于属性类型为 REAL,因此将显示以下信息。单击标签关联分页中的列出属性类型按钮,可以显示兼容的属性类型。TIC_Hold_PV 是一个整数,这是为何显示此信息的原因所在,单击"是"继续,警告如图 3-41 所示。

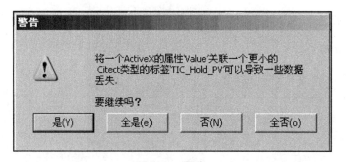

图 3-41 警告

经过动态属性设置和 ActiveX 控件组态后,该界面如图 3-42 所示,保存界面。

编译无错误,关闭工程即可。如果编辑有错误,在编译器报告错误窗口,选择定位以显示存在错误的对话框并修复问题,更正所有错误即可。

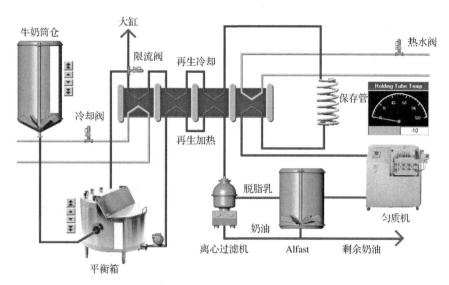

图 3-42 巴氏灭菌工艺流程图

2. 运行模式动态大小的调整

软件平台允许手动调整实时运行窗口的大小以满足用户的特殊需要。此功能是在实时运行环境中对整个图形界面进行动态大小的调整。界面可以实时地调整为所需要的大小,而且无论怎样调整界面的大小,长宽比都保持不变。换句话说,如果用户减小窗口的高度,则宽度也将自动地调整。单击"最大化按钮"后,再单击"还原"按钮,可将窗口还原为原始大小。

启动工程,打开"Pasteuriser(巴氏灭菌器)"界面,可以调整该界面的大小,具体操作如下:

1)将鼠标悬停在实时运行窗口的右下角并拖动以使窗口尺寸变大,如图 3-43 所示。

2)将窗口角拖到更小的尺寸。

3)应注意,部分对象(例如,ciTechMeter)不能正确调整大小。

4)拖动窗口右侧中部调整窗口大小。

巴氏灭菌工艺流程监控调整窗口操作截图如图 3-44 所示。

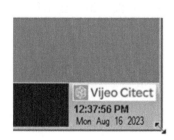

图 3-43 使窗口尺寸变大

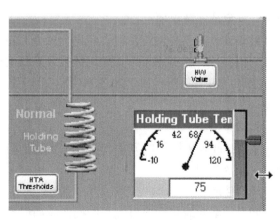

图 3-44 巴氏灭菌工艺流程监控调整窗口操作截图

注意：窗口的高度会自动地调整以保持宽高比不变。

将窗口恢复为原始大小，具体操作如下：

1）单击"最大化"按钮如图3-45所示，使"Pasteuriser（巴氏灭菌器）"界面占据整个监视器。

2）右键单击"实时运行工程任务栏"按钮并选择还原，如图3-46所示。

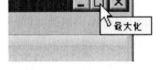

图3-45 单击"最大化"按钮

图3-46 选择还原

3）于是窗口还原为构建工程时定义的大小。

四、能力训练

1. 操作条件

- 在计算机上成功地安装 Plant SCADA 软件，并能正常使用。
- 新工程已完成创建。
- 巴氏灭菌工艺流程图静态界面按照流程图绘制完成并完成部分对象动态属性的设置。

2. 安全及注意事项

- 当计算机与外网连接时，应确保操作系统和杀毒软件都已成功地启动，能够有效地保护计算机系统不受外网黑客或病毒的攻击。

注意：新工程应确保 Pack 和编译准确、无误。如有错误，应根据系统提示逐一地解决，直到编译完成。

3. 操作过程

调用 ActiveX 控件的方法和步骤，实施运行窗口大小调整的还原方法参见基本知识相关内容及截图。

问题情境：

问：屏蔽实时运行窗口大小的操作应如何设置？

答：

1）通常情况下，不允许操作人员操作实时运行界面窗口的大小，并进入本机计算机操作系统后台进行与监控无关的操作。

2）可以在运行主工程前，执行一次计算机设置向导，在安全设置 – 控制菜单窗口中选择全屏显示，禁用显示标题栏。

4. 学习成果评价

序号	评价内容	评价标准	评价结果（是/否）
1	了解 ActiveX 控件	1）理解 ActiveX 控件的概念 2）掌握调用 ActiveX 控件设置的方法和步骤	
2	实时运行窗口调整	1）掌握实施运行窗口大小调整和还原的方法 2）在食品和制药等特殊行业，禁用调整运行窗口功能	

五、课后作业

在新建和已绘制完成的巴氏灭菌工艺流程静态图上，按照本文调用 ActiveX 控件的方法和步骤进行设计。熟悉调用 ActiveX 控件的操作，并运行主工程，了解其使用效果。

工作任务 3.2　系统操作员输入组态

职业能力 3.2.1　能按要求选择组态并进行 Plant SCADA 滑块的控制设计

一、核心概念

1. 操作员输入

操作员可使用各种不同的输入方法与 Plant SCADA 软件平台创建的 SCADA 运行系统进行交互。

2. 操作员输入法

Plant SCADA 软件平台提供三种操作员输入法，即滑钮控制、触击命令和键盘命令。

- 滑钮控制：操作员可使用它更改模拟变量的值。
- 触击命令：操作员可通过用鼠标单击对象发出此类命令。
- 键盘命令：操作员可通过在键盘上键入指令发出此类命令。

同时，可以为以上的每一种方法分配权限和区域，而且每当操作员发出命令时就在日志文件中存储一条信息。

二、学习目标

1. 理解操作员输入法的概念。
2. 掌握操作员输入法 – 滑块命令属性参数/配置。

三、基本知识

滑钮控制允许操作员通过拖动屏幕上的图形对象来更改模拟变量的值。当滑钮控制的值变化时，它的位置也会自动地更新。

滑钮按操作方式分为水平、垂直、旋转。

通过填充滑钮属性，可将大多数对象配置为滑钮，如图 3-47 所示。

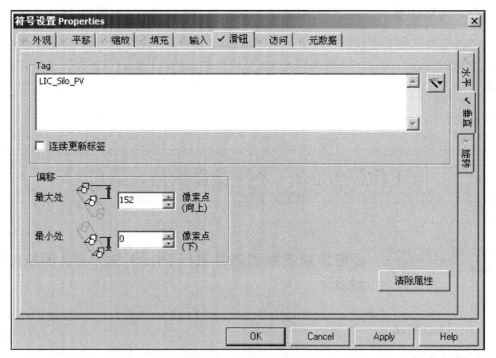

图 3-47　配置为滑钮

添加滑钮控制的具体操作步骤如下：

第一步：在 "Pasteuriser（巴氏灭菌器）" 界面上添加滑钮控制以调整牛奶筒仓的高度。

- 删除之前在显示棒图中的粘贴到该界面上的精灵。

- 将用作滑钮的新符号粘贴到"Pasteuriser（巴氏灭菌器）"界面上。选择粘贴符号 工具，并从 Thumbs 库中选择适合作为垂直滑块的图标。例如，knob_vert_red 是一个合适的选择。

注意：将图标与填充长方形的基点对齐，请使用像素查看器（功能键 F10）。同时，让图标与库保持链接，以便对库中对象进行任何编辑后，都能快速地更新相关界面中的对象。

第二步：为符号添加属性以将其转变为滑钮。

1）打开滑钮（垂直）属性并按图 3-48 所示填充对话框。

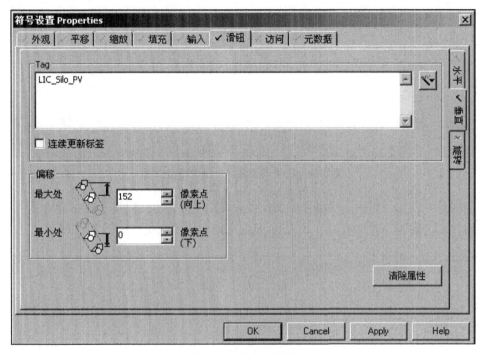

图 3-48 填充对话框

2）确保选中持续更新标签选项：理想情况下，滑钮应与表示最大值的棒图顶部对齐。选择长方形对象并检查软件平台图形编辑器右下方对象的大小 21×152 以找出偏移量。使用 y 坐标作为偏移量最大值。

3）打开符号的访问（常规）属性并单击"帮助"。阅读有关［标识］提示（Tooltip）的信息。然后添加提示（Tooltip）：用此滑钮更改牛奶筒仓的高度。

4）将图标移到牛奶筒仓旁棒图的底部，如图 3-49 所示。

第三步：对平衡箱重复相同的操作。

1）将滑钮放置在平衡箱棒图上。

2）确保未选中持续更新标签选项，如图 3-50 滑块编辑窗口所示，连续更新标签选项为未勾选状态。

图 3-49 将图标移到棒图的底部

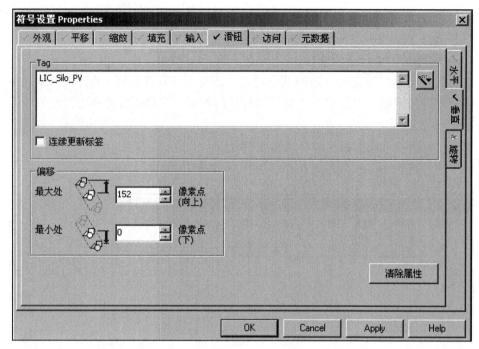

图 3-50 符号设置属性 – 滑块组态界面

第四步:将另一组棒图和滑钮添加到 ActiveX 控件旁边,以显示保存管的温度。将棒图设置为"梯度填充",以表示温度从冷到热的变化,如图 3-51 所示。

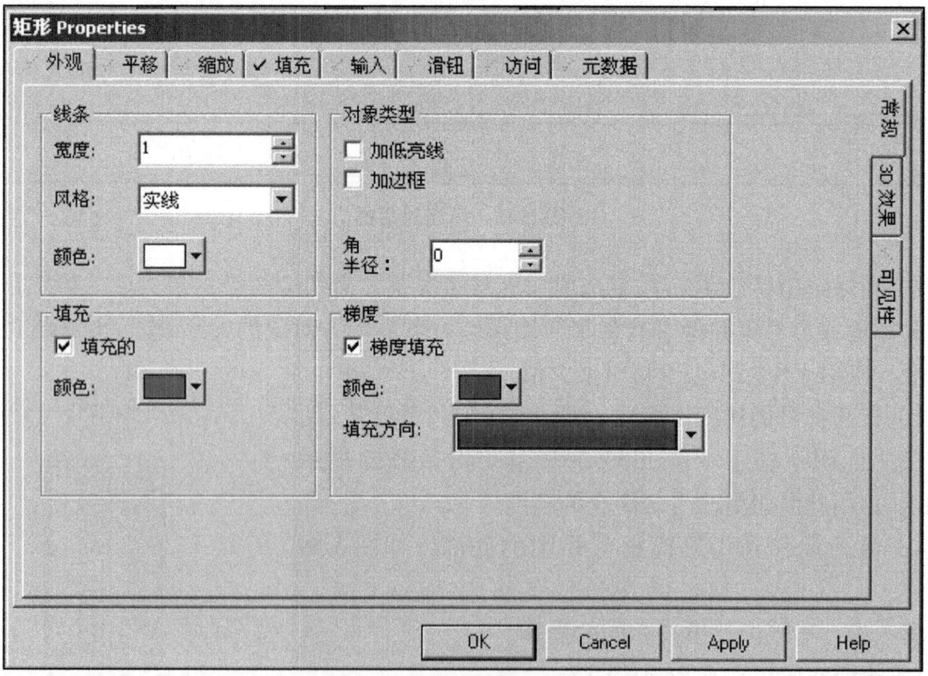

图 3-51 棒图设置为梯度"填充"

第五步：保存界面，然后编译并运行工程，测试所做的修改。
第六步：关闭工程。

四、能力训练

1. 操作条件

- 在计算机上成功地安装 Plant SCADA 软件，并能正常的使用。
- 新工程已完成创建。
- 按照流程图完成绘制巴氏灭菌工艺流程图静态界面，并完成部分对象动态属性的设置。

2. 安全及注意事项

- 当计算机与外网连接时，应确保操作系统和杀毒软件都已成功地启动，能够有效地保护计算机系统不受外网黑客或病毒的攻击。

注意：新工程应确保 Pack 和编译准确、无误。如有错误，应根据系统提示逐一地解决，直到编译完成。

3. 操作过程

设计组态操作员输入滑块的方法和步骤参见基本知识相关内容及截图。

问题情境：

问：滑块操作范围与设定参数的关系是什么？

答：

1）滑块作为操作人员的输入命令并作为设定参数命令使用，即给某个外部变量标签或内部变量标签赋值。

2）赋值的范围是变量标签的量程范围，量程范围对应移动距离的大小，所以在组态设置前，应确认设定值的工程意义和量程范围，做好对应关系，否则移动量与设定值不成比例。

4. 学习成果评价

序号	评价内容	评价标准	评价结果（是/否）
	操作员输入法及滑块命令	1）理解操作员输入法命令的概念 2）掌握滑块命令的设置方法和步骤	

五、课后作业

按照本职业能力中介绍的滑块命令方法给牛奶筒仓的高度设定进行实际操作，并运行主工程，了解其使用和展示的效果。同时，改为水平和旋转滑块的操作，看看运行工程会有什么样的变化？设想水平和旋转操作的应用场景，新建界面的测试，并与老师和同学一起讨论和分享。

职业能力 3.2.2　能理解 Plant SCADA 触击命令的应用场景并进行组态设计

一、核心概念

1. 触击命令

操作员可通过用鼠标左键单击"对象"发出的命令。

2. 触击动作

触击动作是触击命令的执行形式,分为按下、重复和弹起三种形式。
- 弹起:鼠标左键释放;
- 按下:鼠标左键按下;
- 重复:鼠标左键按住(有重复频率)。

二、学习目标

1. 了解操作人员输入触击命令的概念和表现形式。
2. 掌握操作员输入法 – 触击命令属性参数的配置。

三、基本知识

操作员可以通过用鼠标单击对象来执行命令(或系列命令)。可以为对象定义多个命令,如一个命令在鼠标按下时执行,另一个命令在鼠标释放时执行,还有一个在操作员按住鼠标键时连续运行。通常工程应用中,为防止误操作都是使用鼠标释放时执行命令。

定义触击命令需要配置对象的输入(鼠标)属性。按钮属性 – 输入设置组态界面如图 3-52 所示。

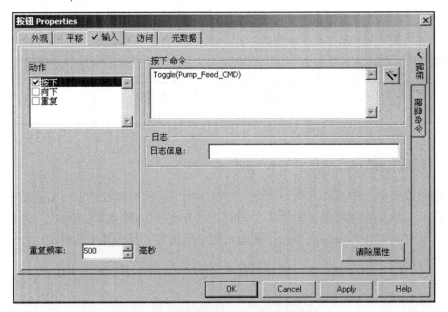

图 3-52　按钮属性 – 输入设置组态界面

例如，使用触击命令开启和关闭数字量，具体操作步骤如下：

第一步：在"Pasteuriser（巴氏灭菌器）"界面上绘制按钮。

1）选择按钮 □ 工具并靠近供给泵绘制按钮。

2）在外观（常规）属性中，键入将显示在按钮表面上的文本，并选择一种软件平台自带或兼容的字体，如图3-53所示。

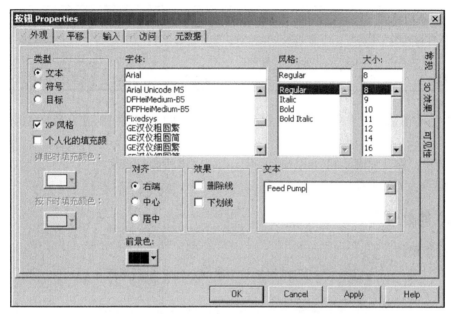

图3-53 选择一种软件平台自带或兼容的字体

3）打开按钮的输入（鼠标）属性并按图3-54所示填充对话框。

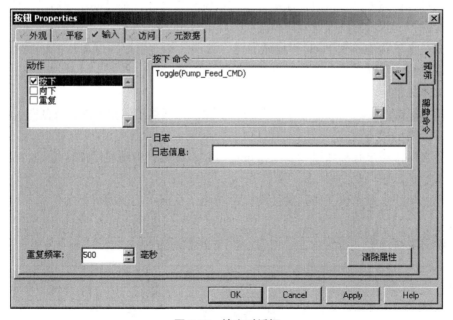

图3-54 填充对话框

4)打开按钮的访问(常规)属性并添加以下提示(Tooltip):单击可切换"供给泵"的状态。

第二步:如果工程未连接到外部 I/O 设备。

1)将以下输入(鼠标)属性和访问(常规)属性添加到"Pasteuriser(巴氏灭菌器)"界面上的设备状态文本。

文本对象	输入(鼠标)按键命令	访问(常规)提示(Tooltip)
筒仓搅拌机关闭/开启	Toggle(Agitator_Silo_V)	单击可切换筒仓搅拌机状态
Alfast 搅拌机关闭/开启	Toggle(Agitator_Alfast_V)	单击可切换 ALFAST 搅拌机状态
离心过滤机关闭/开启	Toggle(Centrifuge_Clar_V)	单击可切换离心机状态

2)当单击这些文本对象中的任意一个时,关联的一套设备将在开启和关闭之间的切换。

第三步:保存界面,然后编译并运行工程以测试所做的修改。

第四步:关闭工程。

四、能力训练

1. 操作条件

- 在计算机上成功地安装 Plant SCADA 软件,并能正常地使用。
- 新工程已完成创建。
- 按照流程图绘制完成巴氏灭菌工艺流程图静态界面和完成部分对象动态属性的设置。

2. 安全及注意事项

- 当计算机与外网连接时,应确保操作系统和杀毒软件都已成功地启动,能够有效地保护计算机系统不受外网黑客或病毒的攻击。

注意:新工程应确保 Pack 和编译准确、无误。如有错误,应根据系统提示逐一地解决,直到编译完成。

3. 操作过程

设计组态操作员输入触击命令的方法和步骤参见基本知识相关内容及截图。

问题情境:

问:当操作需求有移动鼠标到操作按钮时,系统将自动地显示操作按钮的注释,应如何组态?

答:此功能是操作按钮访问属性的提示功能,在提示功能编辑提示信息,可以实现此功能。

4. 学习成果评价

序号	评价内容	评价标准	评价结果(是/否)
	操作员输入法触击命令	1)理解操作员输入法命令的概念 2)掌握触击命令设置的方法和步骤	

五、课后作业

按照本职业能力中介绍的触击命令的方法，组态筒仓搅拌机关闭/开启，Alfast搅拌机关闭/开启和离心过滤机关闭/开启触击命令，并运行主工程，了解其使用和展示的效果。同时，改为重复和按下鼠标左键操作时，看看运行工程会有什么变化？设想从操作安全性和确定性出发，应选择哪种触发方式最为安全？二次确认操作可以在重要操作命令发出前进行确认的应用使触发操作更为安全。新建界面进行测试，并与老师和同学一起讨论和分享。

职业能力 3.2.3 能理解 Plant SCADA 键盘命令的应用场景并进行组态设计

一、核心概念

1. 键盘命令

键盘命令包括一个操作员在键盘上输入键序列，以及输入键序列时执行的一个命令（或系列命令）。键盘命令可以定义在不同范围内运行：

- 针对计算机屏幕上显示的所有图形界面（系统键盘命令，在 Plant SCADA 工程编辑器中编辑）。
- 仅当特定图形界面显示时（界面键盘命令，编辑界面属性）。
- 仅当操作员将光标定位在图形界面中的特定对象上时（对象键盘命令，编辑对象属性）。

2. 键盘命令优先权

如果为不同键盘命令定义相同的键序列并且发生执行冲突时，系统则执行最高优先权的键盘命令。优先权顺序（从最高到最低）如下：

优先权顺序	命令类型
1	对象
2	界面
3	系统

3. 键盘键码

在软件平台中访问一个键盘键码组合，首先定义键盘键码，它可以采用任何名称，而且可通过软件平台中的一个或多个预定义键盘键代码指向实际的按键（请参见软件平台帮助主题之键盘键代码）。例如，END键可以当作关闭键，F11键可以作为信息键。另外，软件平台中已经定义了几个键盘键码。请参见软件平台在线帮助之键码：预定义。

二、学习目标

1. 了解操作人员输入键盘命令的概念和表现形式。
2. 掌握操作员输入法–键盘命令组态方法和步骤。

三、基本知识

系统键盘命令是在单击某些键盘键或键序列时执行的命令。每个键盘命令可运行多个命令。在工程的任何部分均可使用系统键盘命令。在软件平台工程编辑器中,选择菜单系统→系统键盘命令,如图 3-55 所示。

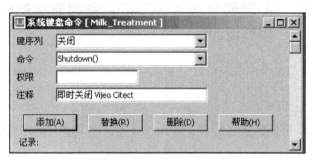

图 3-55　系统键盘命令

界面键盘命令类似于系统键盘命令,不过它们只能在对应的图形界面上使用。在一个界面上可以定义多个键盘命令。

在软件平台图形编辑器中,打开特定界面并选择菜单文件→属性,然后选择"键盘命令"分页,如图 3-56 所示。

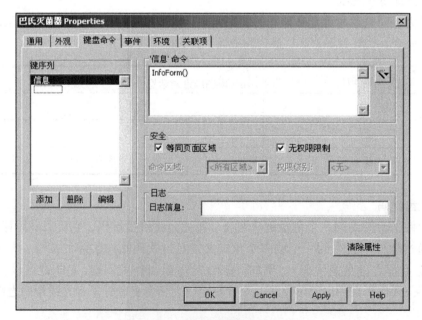

图 3-56　选择"键盘命令"分页

对象键盘命令是任何对象均可以按照鼠标输入的方式接受键盘输入。编辑输入（键盘命令）属性可以定义与对象关联的一个或多个键序列。

在软件平台图形编辑器中，打开特定界面中的一个对象。选择输入水平分页，然后选择（键盘命令）垂直分页，如图 3-57 所示。

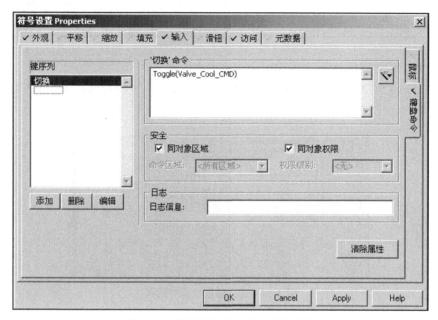

图 3-57 选择（键盘命令）垂直分页

了解了键盘命令的优先级和分类，即优先级分为 3 级，键盘命令分为系统键盘命令，界面键盘命令和对象键盘命令，具体如何组态操作，我们用一个实例进一步说明。

首先，定义一些键盘键码，然后定义系统、界面和对象键盘命令，具体操作步骤如下：

第一步：定义键盘键码。

1）在 Plant SCADA 工程编辑器中，从菜单中选择系统→键盘键码。

2）填写以下视窗（见图 3-58）。

图 3-58 视窗

3）单击"添加"。

4）对下表中的其他键盘键名称重复上述操作。

键名称	键代码	注释
Shutdown	KEY_END	用作关闭键的 End 键
Home	KEY_ESC	显示主页键
Info	KEY_I_CTRL	对象信息键
Toggle	KEY_F5	切换键

第二步：定义键盘命令。

1）在 Plant SCADA 工程编辑器中，从菜单中选择系统→键盘命令。填写图 3-59 所示的对话框。

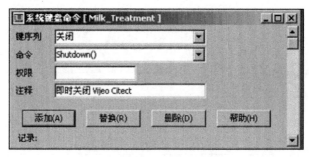

图 3-59　定义键盘命令对话框

2）单击"添加"。

3）使用下表所示的 PageDisplay() 命令对主页命令重复上述操作。

键序列	命令	注释
Shutdown	Shutdown()	即时关闭 Plant SCADA
Home	PageDisplay（"Tab_Style_Start"）	显示工程

第三步：在"Pasteuriser（巴氏灭菌器）"界面上定义以下界面键盘命令。

1）如果未打开"Pasteuriser（巴氏灭菌器）"界面，则打开它。

2）从菜单中选择文件→属性并为该界面打开键盘命令的属性。

键序列	键序列命令
Info	InfoForm()
Home	PageDisplay（"Tab_Style_Start"）

3）填写图 3-60 显示的对话框。

注意：可以从下拉列表 ▼ 中选择而不是键入键序列。

单击"确定"并保存界面。

第四步：定义可切换阀门开关状态的对象键盘命令（见图 3-61）。

工作领域 3　Plant SCADA 系统监控界面、精灵与弹出界面的设计

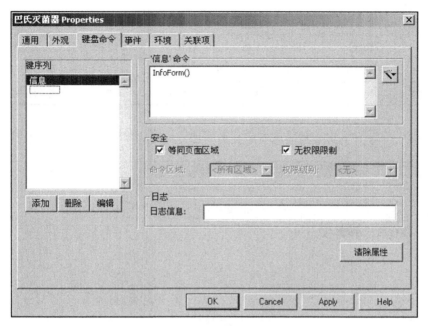

图 3-60　巴氏灭菌器对话框

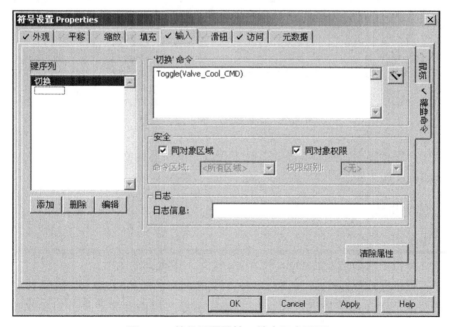

图 3-61　符号设置属性 – 输出组态界面

1）双击阀门符号以查看冷却液阀属性。
2）打开输入（键盘命令）属性并填入以下信息。
3）打开"访问"（常规）属性并按下表所示为对象指定一个提示（Tooltip）。
4）单击"确定"。
5）对下表所列其他对象重复上述操作。

对象	键序列	"切换"命令	提示（Tooltip）
冷却液阀	Toggle	Toggle（Valve_Cool_CMD）	按 F5 打开或关闭冷却液阀
限流转换阀	Toggle	Toggle（Valve_Flow_CMD）	按 F5 打开或关闭液流转向阀
热水阀	Toggle	Toggle（Valve_HW_CMD）	按 F5 打开或关闭热水阀

第五步：将图 3-62 中的对象键盘命令添加到牛奶筒仓旁的显示 LIC_Silo_PV 标签值：

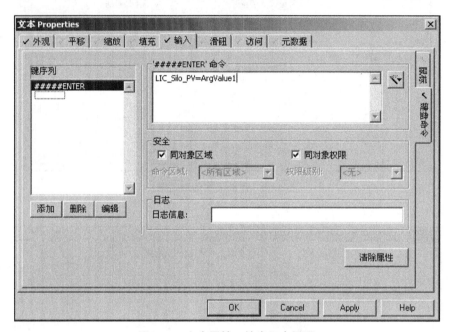

图 3-62　文本属性 – 输出组态界面

第六步：保存界面，然后编译并运行工程以测试所做的修改。
第七步：关闭工程。

四、能力训练

1. 操作条件

- 在计算机上成功地安装 Plant SCADA 软件，并能正常使用。
- 新工程已完成创建。
- 按照流程图绘制完成巴氏灭菌工艺流程图静态界面并完成部分对象动态属性的设置。

2. 安全及注意事项

- 当计算机与外网连接时，应确保操作系统和杀毒软件都已成功地启动，能够有效地保护计算机系统不受外网黑客或病毒的攻击。

注意：新工程应确保 Pack 和编译准确、无误。如有错误，应根据系统提示逐一地解决，直到编译完成。

3. 操作过程

设计组态操作员输入键盘命令的方法和步骤参见基本知识相关内容及截图。

问题情境：

问：键盘命令为什么在特定界面操作才有效？

答：

1）因为此键盘命令是基于监控界面的热键命令，而不是全局键盘命令。

2）如果需要创建全局键盘命令，需在工程编辑器界面的键盘命令定义窗口中定义。

4. 学习成果评价

序号	评价内容	评价标准	评价结果（是/否）
	操作员输入法键盘命令	1）理解操作员输入法命令概念 2）掌握键盘命令设置的方法和步骤	

五、课后作业

按照本职业能力中介绍的键盘命令方法，在"Pasteuriser（巴氏灭菌器）"界面上定义 Info 和 Home 界面键盘命令，并运行主工程，了解其使用和展示的效果。

工作任务 3.3 SCADA 系统的精灵设计

职业能力 3.3.1 能理解 Plant SCADA 精灵符号的含义并从标准库中调用

一、核心概念

1. 精灵

通常，图形界面中的每个图形对象都会单独配置。通过精灵，可以将几个相关对象组合到一个组中，然后将该组存储到精灵库（类似于符号库）中。以后就可以像使用单个对象一样使用精灵了（粘贴、移动、调整大小等），并且可统一设计精灵的属性。

每种类型的图形对象及其配置属性均可利用精灵来存储。例如，可以为启动/停止控制器（具有启动按钮、停止按钮和指示灯）定义特定的精灵，然后将该精灵用于此类控制器的每套设备（泵、传送带等）。使用该精灵时，只需要指定该特定泵或传送带特有的信息即可（即变量标签）。

2. 自定义精灵

通过将现有精灵或对象粘贴到精灵模板中，对其进行特定工程应用功能的添加或删除,并将其作为工程的一部分保存在用户自定义的精灵库中,以这种方式创建新精灵,实现组合现有精灵功能的同时达到自定义功能的目的,这类精灵称为自定义精灵。

3. 精灵的更新

当对标准精灵或自定义精灵进行功能添加或删除并保存后,并不能对创建工程中已引用的精灵功能进行自动更新,而需要通过软件平台提供的界面更新功能,才能将更新后的精灵功能更新到已创建的界面中。

二、学习目标

1. 了解精灵的概念和引用精灵的工程意义。
2. 掌握调用标准精灵的方法和步骤。
3. 了解自定义精灵的概念,并尝试修改标准精灵并保存为自定义精灵。
4. 掌握自定义精灵在已创建的界面中引用修改精灵的更新方法。

三、基本知识

1. 标准精灵

标准精灵是 Include 工程随 Plant SCADA 软件平台一起安装的,它包含多个可直接用于工程的精灵库。

精灵在设计时通常不指定和哪个变量标签定义相关联,以便在同工程甚至于不同工程中重复使用它们。将精灵粘贴到界面时,会弹出一个对话框,要求输入一个或多个变量标签以及注释等其他数据,以控制精灵对象在实时运行的显示和动作,如图 3-63 所示。

图 3-63 对话框

在软件平台图形编辑器中,单击对象工具栏中的粘贴精灵 工具,调用精灵库中的精灵。将 Include 工程库中的一个精灵粘贴到测试页,具体操作步骤如下:

第一步:创建新的图形界面。

1)创建一个新界面。
2)使用下列模板设置。

设置项	参数
风格	tab_style_1
保持链接	
标题栏	
屏幕分辨率	XGA
模板	Normal

3）保存界面，并将其命名为 Utility。

第二步：将精灵粘贴到 Utility 界面以显示供给泵的状态。

1）单击、粘贴精灵工具。

2）从 pumps 库中选择"pump_east"精灵，如图 3-64 所示。

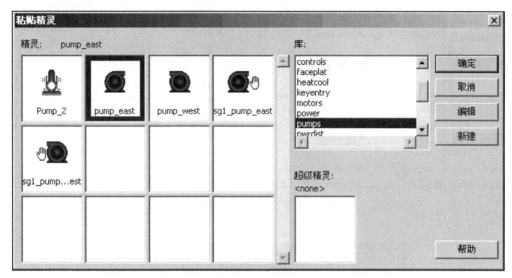

图 3-64 选择"pump_east"精灵

3）单击"确定"。

4）在对话框中，选择"Pump_Feed_CMD"变量标签（见图 3-65）（前提是在变量标签中定义此变量，外部变量，如果做仿真测试，也可以定义为内部变量）。

图 3-65 选择"Pump_Feed_CMD"变量标签

5）单击"确定"。

第三步：粘贴用于更改 Pump_Feed_CMD 状态的精灵，并将它置于 Utility 界面上的泵精灵下。

1）单击"粘贴精灵"工具。

2）从"keyentry"库中选择"on_off_toggle2"精灵，如图 3-66 所示。

3）单击"确定"完成该精灵定义。

4）选择 Pump_Feed_CMD 作为标签，并将权限字段保留为空白。

5）像图 3-67 所示排列两个精灵。

第四步：保存界面，然后编译并运行工程以测试所做的修改。

第五步：关闭工程。

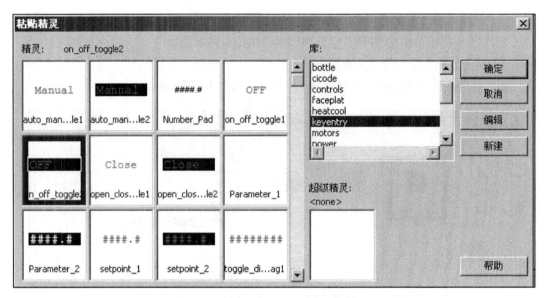

图 3-66 选择"on_off_toggle2"精灵

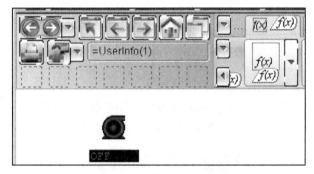

图 3-67 排列两个精灵

2. 自定义精灵

通过两个精灵的组合实现原本用一个精灵就可以轻松实现的功能，然后将其作为工程的一部分保存在库中，可以轻松地创建新精灵，实现组合现有的精灵，达到自定义精灵的目的。

同时，注意防止数据丢失，请勿保存 Include 工程库中的任何对象。升级或重新安装 Plant SCADA 软件平台时将会自动地替换这些对象。若忽略这些点，可能导致自定义精灵设备的损坏。

通过软件平台图形编辑器创建新精灵，单击工具栏上的新建按钮，进行新精灵的创建组态和操作，并保存在自定义的目录下。有关精灵创建语法在职业能力 3.3.2 中能对自定义精灵的语法规则进行系统设计中有详细的介绍。

3. 修改精灵

自定义精灵可以随时修改。如果精灵已粘贴到工程中的界面上，应确保在修改精灵前保存并关闭工程中的界面。

更改完成后,保存精灵并选择菜单工具→更新界面,以刷新工程中所有的关联精灵。

四、能力训练

1. 操作条件
- 在计算机上成功地安装 Plant SCADA 软件,并能正常使用。
- 新工程已完成创建。

2. 安全及注意事项
- 当计算机与外网连接时,应确保操作系统和杀毒软件都已成功地启动,能够有效地保护计算机系统不受外网黑客或病毒的攻击。

注意:新工程应确保 Pack 和编译准确、无误。如有错误,应根据系统提示逐一地解决,直到编译完成。

3. 操作过程

调用标准精灵的方法和步骤参见基本知识相关内容及截图。

问题情境一:

问:自定义精灵如果保存在标准精灵库中,在其他计算机中同步这些精灵,应如何处理?如果没有及时备份精灵库,重装软件会出现什么结果?

答:

1)通过查看标准精灵库存在的工程,将此工程进行备份,并在新计算机上进行工程恢复,可以将最新自定义的精灵更新到其他计算机。

2)如果没有及时备份,重装软件后,自定义精灵会被覆盖以至无法找回。建议自定义精灵保存在自定义精灵库的目录中。

问题情境二:

问:自定义精灵更新后,通过更新界面的方式来更新,但系统总是报错,什么原因?

答:如果想把已修改的精灵通过更新界面的方式全部在已引用的界面更新好,需要进行界面的更新操作,但需要将当前所有打开的编辑界面关闭,才能进行更新,否则系统将报错。

4. 学习成果评价

序号	评价内容	评价标准	评价结果(是/否)
1	标准精灵	1)理解标准精灵的概念 2)掌握引用标准精灵的方法和步骤	
2	自定义精灵更新	牢记自定义精灵更新后,需要更新界面,才能将已更新的精灵功能更新到所有已引用的界面	

五、课后作业

按照本职业能力中介绍的引用标准精灵的方法，在测试界面上进行引用。同时，进行自定义精灵设计（主要以合并两个标准精灵，或删除一个标准精灵某个功能的方式来练习），并保存在自定义精灵目录下。

职业能力 3.3.2　能对自定义精灵的语法规则进行系统设计

一、核心概念

1. 精灵语法

在精灵中，任何位置的文本或变量标签均需要文本替换的方式来更新。更新应用规则称为语法。可使用语法 %Name% 进行命名替换，其中 % 为语法提示符，Name 是精灵需要替换的变量。

2. 精灵定位器点

这是将精灵粘贴到图形界面上时的参考点，类似自定义符号的图形基点。创建精灵最好布置在定位器点的右上方。新的自定义精灵在引用时，会根据鼠标单击的位置，即定位点器的位置确定精灵的位置。

二、学习目标

1. 掌握精灵语法的规则。
2. 掌握自定义精灵的创建方法和步骤。

三、基本知识

1. 精灵语法

将精灵粘贴到图形界面后，会提示用户指定在精灵特定实例中 %Name% 部分需要替换的变量标签名称或文本，完成替换后可通过双击精灵随时进行编辑。有关精灵语法的详细信息，请参见软件平台的在线帮助→为精灵定义替换。

例如：

表达式 My_TagA = My_TagB + My_TagB * 5/100；

可以替换为 %tag1% = %tag2% + %tag2% * 5/100。

而且将精灵粘贴到界面时，会提示用户为精灵中定义的每个不同替换名称提供相应的标签名称，如图 3-68 所示。

注意：在上面的示例中，%tag2% 在替换表达式 %tag1%=%tag2%+%tag2%*5/100 中使用了两次，但在提示用户窗口中，仅要求用户替换 Tag2 变量名称一次即可。每次将精灵的副本粘贴到图形界面时，该副本中 %tag2%

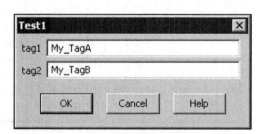

图 3-68　标签名称

的所有实例都将替换为所提供的名称。

2. 创建自定义精灵

创建一个用于显示标签值并接受更改标签值的键盘输入的自定义精灵具体组态和操作步骤如下：

第一步：打开软件平台的图形编辑器，单击工具栏上的新建按钮，随即会显示图 3-69 的对话框。

第二步：单击"精灵"按钮，随即会显示一个空白界面，其中有一个精灵定位器点✧。

第三步：单击数字##工具并在精灵定位器点✧附近单击以放置一个数字对象。

第四步：将 %Tag% 键入数字表达式字段，如图 3-70 所示。

图 3-69 对话框

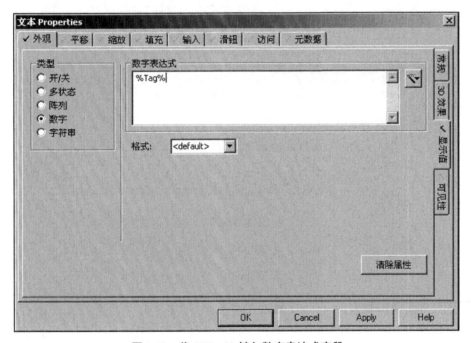

图 3-70 将 %Tag% 键入数字表达式字段

第五步：打开外观（常规）属性并为大小、颜色等指定适当的值。

第六步：打开输入（键盘命令）属性并按图 3-71 所示填写对话框。

第七步：打开访问（常规）属性。取消勾选无权限限制旁边的框，并将 %Privilege% 键入权限级别字段中，如图 3-72 所示。

第八步：单击"确定"。

第九步：单击保存并填写下面的对话框。

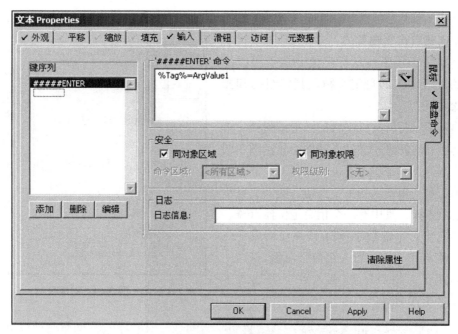

图 3-71 填写对话框

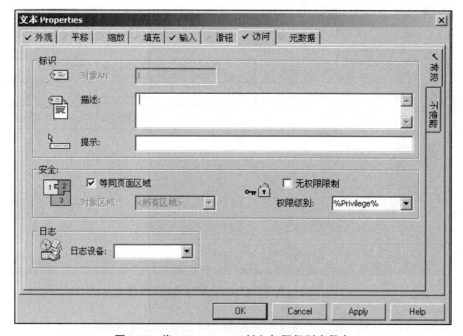

图 3-72 将 %Privilege% 键入权限级别字段中

第十步:单击新建按钮以创建用于保存精灵的新库,键入库名称为"Training"并单击"确定",如图 3-73 所示。

第十一步:为精灵键入名称为 ChangeValue 并单击"确定",从菜单中选择文件→关闭。

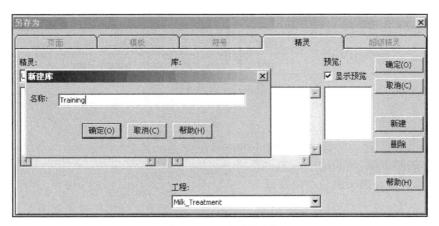

图 3-73 单击"确定"

第十二步：使用粘贴精灵工具将 ChangeValue 精灵粘贴到"Pasteuriser（巴氏灭菌器）"界面并指定 LIC_Silo_PV 作为"标签"，将精灵移到牛奶筒仓旁。

第十三步：将权限字段留为空白，此字段将在后面的系统安全设计及组态章节中用到。

第十四步：移除之前在运行时显示数字中创建的数字对象。

第十五步：对下列每个变量标签重复上一步并将每个精灵放置在界面上关联项目的旁边：LIC_Balance_PV，SIC_Cent_PV，PIC_Homog_PV，TIC_P1_PV，TIC_P2_PV，TIC_P3_PV，TIC_P4_PV，TIC_HW_PV 和 TIC_Cool_PV。

创建具有动画泵符号的新精灵，具体组态和操作步骤如下：

第一步：使用符号集工具粘贴泵以显示定位符点附近的状态。

1）选择外观（常规）的开启/关闭类型，并选择符号，如图 3-74、图 3-75 所示。

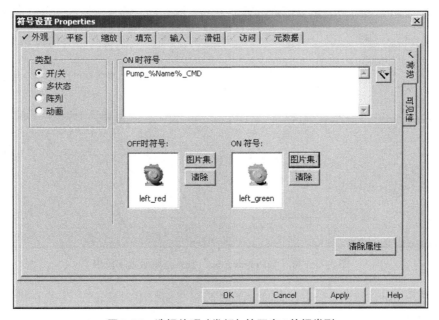

图 3-74 选择外观（常规）的开启/关闭类型

ON 时符号	符号	
Pump_%Name%_CMD	OFF	pumps_Base_small.left_red
	ON	pumps_Base_

图 3-75 选择符号

2）单击"确定"。

3）单击保存 并用名称：Pump Control。

4）将新精灵保存到 training 库。

第二步：创建用于控制泵的按钮。

1）选择按钮 工具并在泵下绘制一个按钮，将对象属性进行设置如图 3-76 所示。

设置项	参数
外观（常规）文本	%Name% 泵
输入（鼠标）按键命令	Toggle（Pump_%Name%_CMD）
访问（常规）提示（Tooltip）	单击可切换 %Name% 泵
访问（常规）说明	此按钮切换泵状态

图 3-76 对象属性进行设置

2）打开"访问（常规）属性"。

3）取消勾选"无权限限制"旁边的框，并将"%Privilege%"键入权限级别字段中，如图 3-77 所示。

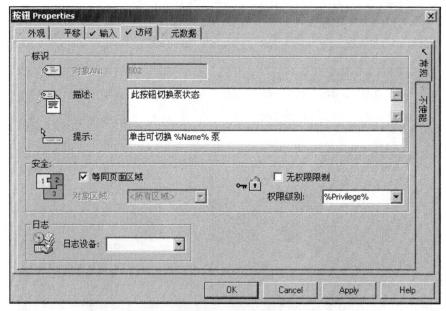

图 3-77 将"%Privilege%"键入权限级别字段中

4）打开访问（禁用）分页，勾选"无效区域或无权限时禁止"，为禁止风格选择隐藏，如图 3-78 所示。

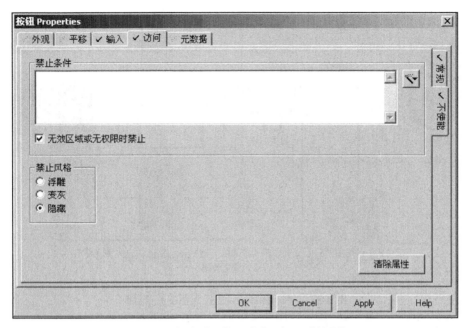

图 3-78 勾选"无效区域或无权限时禁止"

5)单击"确定"。

第三步:再次保存拥有该按钮的精灵。

1)定位按钮和符号的位置以使它们看起来像图 3-79 所示。

2)再次保存精灵。

3)从菜单中选择文件→关闭,以关闭该精灵。

引用具有动画泵符号的新精灵并测试的具体组态和操作步骤如下:

第一步:用粘贴精灵 工具将 PumpControl 精灵粘贴到 "Pasteuriser(巴氏灭菌器)"界面。

第二步:指定"Feed"作为名称(见图 3-80),将权限字段留为空白。

图 3-79 定位按钮和符号的位置

图 3-80 指定"Feed"作为名称

第三步:单击"确定"保存该精灵实例。

第四步:将泵符号集和切换按钮替换为该精灵。

第五步:保存"巴氏灭菌器"图形界面,"Pasteuriser(巴氏灭菌器)"界面如图 3-81 所示。

第六步:编译并运行工程以测试所做的修改。

第七步:关闭工程。

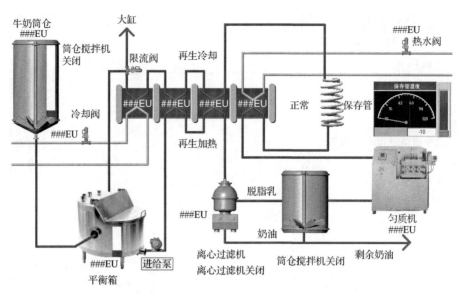

图 3-81 "Pasteuriser（巴氏灭菌器）"界面

四、能力训练

1. 操作条件
- 在计算机上成功地安装 Plant SCADA 软件，并能正常使用。
- 新工程已完成创建。
- 按照流程图绘制完成巴氏灭菌工艺流程图静态界面，并完成部分对象动态属性的设置。

2. 安全及注意事项
- 当计算机与外网连接时，应确保操作系统和杀毒软件都已成功地启动，能够有效地保护计算机系统不受外网黑客或病毒的攻击。

注意：新工程应确保 Pack 和编译准确、无误。如有错误，应根据系统提示逐一地解决，直到编译完成。

3. 操作过程

创建自定义精灵方法和步骤参见基本知识相关内容及截图。

问题情境：

问：验证自定义精灵语法规则正确性的方法是什么？

答：将鼠标指在粘贴在界面上任意精灵对象上，然后按住键盘上的 **Ctrl** 键并双击鼠标左键。该精灵的对话框即会以只读模式打开，这样就可以直接从工程界面检查精灵和任何变量标签替换的配置。

4. 学习成果评价

序号	评价内容	评价标准	评价结果（是/否）
1	精灵语法	1）理解精灵语法概念 2）掌握精灵语法的规则	

(续)

序号	评价内容	评价标准	评价结果（是/否）
2	自定义精灵	1）掌握自定义精灵的方法和步骤 2）牢记自定义精灵更新后，需要更新界面，才能把已更新的精灵功能更新到所有已引用的界面	

五、课后作业

按照本职业能力中介绍的自定义精灵方法，在主工程界面上进行引用和练习。

工作任务 3.4　SCADA 系统弹出界面的设计

职业能力 3.4.1　弹出界面

一、核心概念

1. 弹出界面的定义

弹出界面为动态界面，可以在实时系统运行界面时用来访问和修改信息。它们可以用于"弹出"类型的控制器，用来控制流程或单套工厂车间设备。然后可以将相同界面重复用于不同的标签集。例如，图形界面可以显示多个泵以及用于界面上各个泵的单一弹出控制器，弹出界面大多与精灵相关联。弹出界面是一种超级精灵的主要表现形式，包含精灵的精灵。

2. 弹出界面的语法

语法的作用是变量标签的动态替换。有两种方法，第一种是编号关联，第二种是名称关联。在编号关联的情况下，编号为标签名称在列表中的位置，此位置由函数提供，用于打开弹出的界面。替换句法中并不是一定要注明标签的类型，然而，如果为了能够更加明晰地表示，类型应为变量标签的数据类型（即 string、int、real 或 digital）。名称关联需要使用一个单独的函数将一个变量标签（或其他数据源，如常数或局部变量）链接至一个已在弹出窗口中定义的本地名称。同样的，在编号关联中，数据类型对于数字变量是可选的，对于字符串则是必须的。

二、学习目标

1. 理解弹出界面和超级精灵的概念及作用。
2. 掌握组态弹出界面、数据传送的语法规则。

三、基本知识

1. 弹出界面的语法

设计弹出界面,首先创建并保存一个新的空白界面。可以将此界面连接到精灵或从另一个界面直接调用。无论采取哪种方式,均需要使用 Cicode 函数在运行时打开该弹出的界面。变量标签名称在运行时使用一系列替换名称进行替换。使用此语法有两种方法:

1)?类型数字?(编号关联)。

例如,通过函数 AssPopup() 举例,AssPopup("PopPage""Tag1""Tag2""Tag3"),如果标签分别为字符串、整型和数字型,则可以在弹出界面的任何地方将它们引用为:

- ?string 1? 需要为字符串定义类型;
- ?int 2? 或 ?2?;
- ?digital 3? 或 ?3?。

2)?类型名称?(名称关联)。

例如,首先,需要在数据源与弹出界面的内部变量之间建立连接。在本例中,弹出界面包含变量 ?Valve?,它将与变量标签"Valve_tag"相关联。

- Ass(-2,"Valve","Valve_tag",0)

其次,启动弹出的界面。任何未处理的标签关联将会在弹出窗口启动时被链接到弹出的窗口中。

- WinNewAt("popPage",250,250,1+8+512)

2. 弹出界面的设计方法

通过创建用于打开和关闭巴氏灭菌器界面上的阀门弹出界面的方法。组态和操作的具体步骤如下:

第一步:创建 !Valve 弹出的界面如图 3-82 所示,可以用它打开和关闭任意阀门。

1)在软件平台图形编辑器中,单击新建 按钮。

2)显示图 3-83 对话框时单击界面按钮。

图 3-82 创建 !Valve 弹出的界面   图 3-83 对话框

3)显示此视窗时,选择 blank 界面模板,如图 3-84 所示。

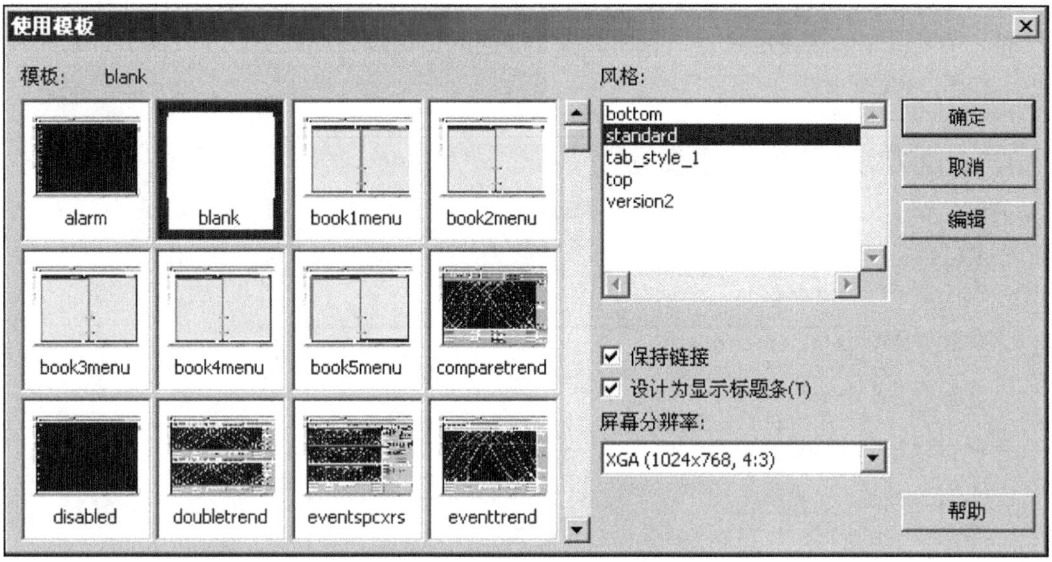

图 3-84 选择 blank 界面模板

4)使用下列属性时,(见图 3-85)在界面左上角附近绘制三个按钮。

外观(常规)文本/符号	输入(鼠标)按键命令	访问(常规)提示(Tooltip)
打开	?1?=1	打开按钮
关闭	?1?=0	关闭按钮
✖ Misc2.cross001	WinFree()	关闭窗口

图 3-85 属性

注意:上述超级精灵只有一个用于数字量标签的替换(即用问号围起的数字?数字?),它在该超级精灵中多处被引用。

5)使用符号集 ✖ 工具绘制两个指示灯符号,将属性的设置如图 3-86 所示。

对象	ON 时符号		符号
打开指示灯	?1?=1	OFF	lights_square_medium.grey
		ON	lights_square_medium.green
关闭指示灯	?1?=0	OFF	lights_square_medium.grey
		ON	ON lights_square

图 3-86 属性的设置

第二步:配置弹出的界面(见图 3-87)。

1)将指针置于按钮的右下角,光标所在的位置指明了界面显示时的大小。

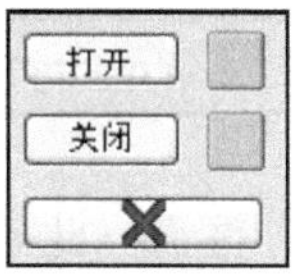

图 3-87 弹出的界面

2)屏幕底部的状态栏将显示指针距界面左上角的距离 182,126 。

3)从菜单中选择文件→属性,然后打开"外观"界面,将长方形的尺寸输入到宽度和高度字段中。这将定义弹出界面的大小,同时也可以在此处更改"页面"背景的颜色,如图3-88所示。

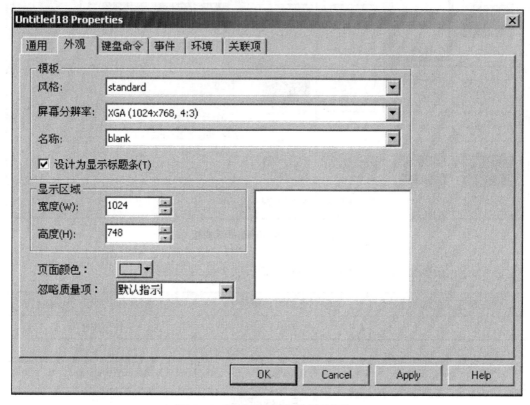

图3-88 更改"页面"背景的颜色

4)单击保存 按钮并用名称!Valve保存界面。

注意:以感叹号(!)开头命名的界面是系统界面,实时运行时从选择界面对话框或界面菜单无法选择该界面。请参见软件平台在线帮助中的PageSelect()函数。

第三步:从符号调用弹出界面,即从现有符号调用!Valve界面。

1)打开"Pasteuriser(巴氏灭菌器)"界面,再打开冷却液阀符号集。

2)为符号集添加下列属性。

配置参数	设置参数
输入(鼠标)按键命令	AssWin("!Valve", 145, 330, 1+8+512, "VALVE_Cool_CMD")
提示(Tooltip)	打开/关闭冷却液阀

注意:此函数中的标签名称需要用引号" "插入。如果标签不在引号内,那它就是传递给函数的标签值而不是标签名称。

3）保存界面，然后编译并运行工程以测试所做的修改。
4）关闭工程。

使用名称关联创建弹出界面的方法、组态和操作的具体步骤如下：

第一步：将 !Valve 弹出界面修改为使用名称关联。

1）在图形编辑器中，打开 !Valve 界面。

2）在两个控制按钮和两个指示灯上，将 ?1? 引用修改为 ?Valve?，如图 3-89 所示。

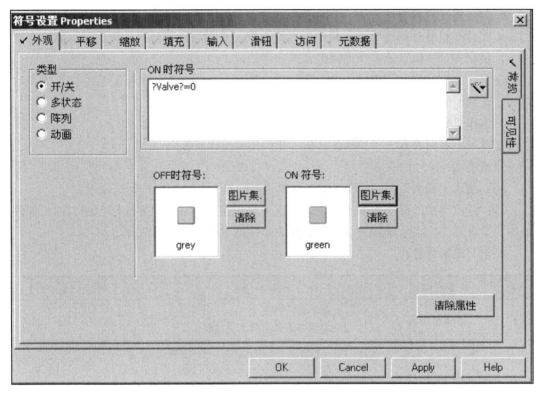

图 3-89　修改为 ?Valve?

3）使用文件→另存为命令，用名称 !PopValve 保存后弹出界面。

第二步：从现有符号调用 !PopValve 界面。

1）打开"Pasteuriser（巴氏灭菌器）"界面，然后打开 Hot Valve 符号集。

2）添加下列属性。

配置参数	设置参数
输入（鼠标） 按键命令	Ass（-2，"Valve"，"VALVE_HW_CMD"，0）； WinNewAt（"!PopValve"，800，160，1+8+512）
提示（Tooltip）	打开/关闭热水阀

3）保存"Pasteuriser（巴氏灭菌器）"界面。

第三步：编译并运行工程以测试所做的更改。

四、能力训练

1. 操作条件

- 在计算机上成功地安装 Plant SCADA 软件,并能正常使用。
- 新工程已完成创建。
- 按照流程图绘制完成巴氏灭菌工艺流程图静态界面并完成部分对象动态属性的设置。

2. 安全及注意事项

- 当计算机与外网连接时,应确保操作系统和杀毒软件都已成功地启动,能够有效地保护计算机系统不受外网黑客或病毒的攻击。

注意:新工程应确保 Pack 和编译准确、无误。如有错误,应根据系统提示逐一地解决,直到编译完成。

3. 操作过程

创建弹出界面的方法和步骤参见基本知识相关内容及截图。

问题情境:

问:创建了弹出界面,但在 Runtime 模式下,界面无法弹出是什么原因?

答:弹出界面的保存格式出错了,系统无法识别。检查弹出界面保存的名称,如果名称前没有加"!",系统认为是标准界面而非弹出界面,所以无法弹出。

4. 学习成果评价

序号	评价内容	评价标准	评价结果(是/否)
1	弹出界面	1)理解界面的概念 2)掌握弹出界面的语法规则	
2	创建弹出的界面	1)掌握弹出界面的设计方法和步骤 2)标签关联和名称关联的区别,至少掌握一种关联方法来设计弹出界面或超级精灵	

五、课后作业

按照本职业能力中介绍的弹出界面的方法,在巴氏灭菌主工程界面上进行实践和练习。

职业能力 3.4.2　能理解结构化标签在弹出界面中的作用及高效地设计弹出界面

一、核心概念

1. 结构化标签名称

变量标签遵循标准命名的约定有特定的规律,例如一个变量标签分为 4 个基本段,每段有特别的意义,这种标签为结构化标签。这种标签可以增加变量标签的可读性和易用性。标签的结构化原则为厂站_区域_类型_事件_属性。

2. AssPopUp() 函数

在弹出界面或超级精灵中进行名称关联传递变量的标签名称常用函数。此函数可以传递标签名称的部分和全部作为精灵的替换，结合结构化标签的特点，可以高效地传递信息，实现动态传递。

二、学习目标

1. 了解结构化标签的命名原则。
2. 掌握在弹出界面使用结构化标签进行动态传递的方法和步骤。

三、基本知识

1. 弹出界面引用结构化变量的动态传递变量的标签信息

如果在精灵中使用弹出界面函数（如 AssPopUp()），工程中的变量标签遵循标准命名的约定，则可以只替换精灵命名的一部分即可实现变量标签的动态传递，提高了界面组态设计的效率。

例如，下面的函数将两个标签 Pump1_Valve1 和 Pump1_Valve2 与弹出界面 popPage 相关联：AssPopUp（"popPage""Pump1_Valve1""Pump1_Valve2"）；此函数可以替换为 AssPopUp（"popPage""%Pump%_Valve1""%Pump%_Valve2"）。而且在将精灵粘贴到图形界面时，软件平台将提示只提供泵名称，该泵名称将是 Pump1。此精灵现在将处理变量标签命名方案遵循 Pump1 的命名约定的泵。

与此类似，可以实施相同结构来支持名称标签的关联：

1）Ass（-2，"P1V1""%Pump%_Valve1"）。
2）Ass（-2，"P1V2""%Pump%_Valve2"）。
3）WinNewAt（"popPage"，250，250，1+8+512）。

2. 从精灵调用弹出界面的方法

以创建名为 ValveControl 的带按钮精灵来调用 !PopValve 界面为例，说明从精灵调用界面的具体操作步骤如下：

第一步：在软件平台图形编辑器中，单击新建按钮。

1）显示以下对话框时单击"精灵"按钮，如图 3-90 所示。

2）随即会显示带精灵定位器符号✧的空白界面。

3）使用下列属性在定位器点旁绘制一个按钮。

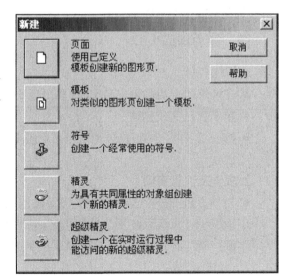

图 3-90 单击"精灵"按钮

配置参数	设置参数
文本	%Valve% 阀
输入（鼠标）按键命令	Ass（-2,"Valve","VALVE_%Valve%_CMD",0）; WinNewAt（"!PopValve",%OriginX%,%OriginY%,1+8+512）
提示（Tooltip）	打开/关闭 %Valve% 阀

4）为按钮打开访问（常规）属性，取消勾选无权限限制旁边的框，并将 **%Privilege%** 键入权限级别字段中。在后面应用工程级别安全中，使用此属性来限定实时运行的安全属性。

5）打开访问（禁用）界面，勾选在区域或权限不足时禁止旁边的框。为禁止风格选择隐藏，单击"确定"关闭对话框。

6）单击保存 并用名称 ValveControl 将精灵保存在 Milk_Treatment 工程的 training 库中。

第二步：将 ValveControl 精灵粘贴到 Pasteuriser 界面上阀门的旁边。
按照下面的信息填写精灵字段（现在将权限字段保留空白）：

对象	原点 X	原点 Y	阀
冷却液阀	145	330	冷却
热水阀	660	160	热水
限流转换阀	360	160	液流

注意：需要更改原点 X 和原点 Y 坐标使其与每个界面相匹配。

第三步：保存界面，然后编译并运行工程以测试所做的修改。

第四步：关闭工程。

四、能力训练

1. 操作条件

- 在计算机上成功地安装 Plant SCADA 软件，并能正常使用。
- 新工程已完成创建。
- 按照流程图绘制完成巴氏灭菌工艺流程图静态界面并完成部分对象动态属性的设置。

2. 安全及注意事项

- 当计算机与外网连接时，应确保操作系统和杀毒软件都已成功地启动，能够有效地保护计算机系统不受外网黑客或病毒的攻击。

注意：新工程应确保 Pack 和编译准确无误。如有错误，应根据系统提示逐一地解决，直到编译完成。

3. 操作过程

从精灵调用弹出界面的方法和步骤参见基本知识相关内容及截图。

问题情境：

问：如果在精灵中使用弹出界面函数，此函数的语法中需要动态传递的变量标签信息应如何辨识？

答：与精灵语法类似，动态传递的部分需用动态引导符"%"，并通过"%"截止，即在两个"%"中间的部分进行动态替换。

4. 学习成果评价

序号	评价内容	评价标准	评价结果（是/否）
1	结构化标签名称	1）理解结构化标签名称的概念 2）掌握结构化标签名称的规则，具体参考结构化命名的标准	
2	从精灵调用弹出界面	1）掌握从精灵调用弹出界面方法和步骤 2）精通传递函数的语法规则，参考软件在线帮助 3）能够理解软件平台标准库中设计的弹出界面函数代码	

五、课后作业

按照本职业能力中介绍从精灵调用弹出界面的方法，在巴氏灭菌主工程界面上将 ValveControl 精灵粘贴到 Pasteuriser 界面的阀门旁边，并运行测试，理解其功能特点和表现形式。

工作领域 4

Plant SCADA 系统设备、事件报警与趋势组态设计

工作任务 4.1　SCADA 系统设备与事件组态设计

职业能力 4.1.1　能理解 Plant SCADA 设备定义并进行 Plant SCADA 设备的设置

一、核心概念

1. 设备

设备是一种工具，用在 Plant SCADA 软件平台实时系统与 Plant SCADA 软件平台系统的其他元素（如打印机、数据库、RTF 文件或 ASCII 文件）之间传输高级数据（如报表、命令日志或报警日志）。设备与 I/O 设备类似，两者都允许 PlantSCADA/CitectSCADA2018R2 实时系统与其他组件交换数据。

2. SQL 数据库

SQL Server 是一个关系数据库管理系统。具有使用方便可伸缩性好与相关软件集成度高等优点，可跨越从运行 Microsoft Windows 98 的笔记本计算机到运行 Microsoft Windows 2012 的大型多处理器的服务器等多种平台使用。Microsoft SQL Server 是一个全面的数据库平台，使用集成的商业智能（BI）工具提供了企业级的数据管理。Microsoft SQL Server 数据库引擎为关系型数据和结构化数据提供了更安全可靠的存储功能，可以构建和管理用于业务的高可用和高性能的数据应用程序。

二、学习目标

1. 了解设备的概念及作用。
2. 掌握设备的配置方法。
3. 掌握设备历史化的方法和步骤。

三、基本知识

1. 设备定义

它传输高速数据,可用于多种用途。例如,将报表输出发送到打印机,或者将数据写入数据库(见图4-1)。

可以使用设备将数据写入:
- RTF 文件;
- ASCII 文件;
- dBASETM 数据库;
- SQL 数据库(通过与 ODBC 兼容的驱动程序);
- 打印机(连接到 Plant SCADA 计算机或网络)。

可以使用设备(和 Cicode 函数)从以下位置读取数据:
- ASCII 文件;
- dBASE 数据库;
- SQL 数据库。

可以配置任意数量的设备,但设备本身可以是一个共享资源。例如,可以将一个设备配置为向共用打印机发送从 Plant SCADA 报表的输出请求,如图4-2所示。

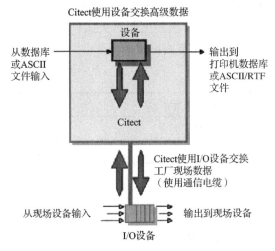

图4-1 Plant SCADA 使用设备进行数据交换原理及数据流　　图4-2 给设备配置输出请求

2. 设置设备

设置设备应首先定义设备,软件平台中的每个设备均有独立的记录,用于定义传入传出设备数据的格式以及设备的类型和名称。

在软件平台工程主菜单界面中,选择菜单系统→设备,对设备进行定义。

3. 设备历史文件

如果使用设备用于记录要长期保存的数据,则应指定设备历史文件数。Plant SCADA 软件平台使用轮换历史文件机制来存储历史数据。数据存储按图4-3所示存储在多个文件中。

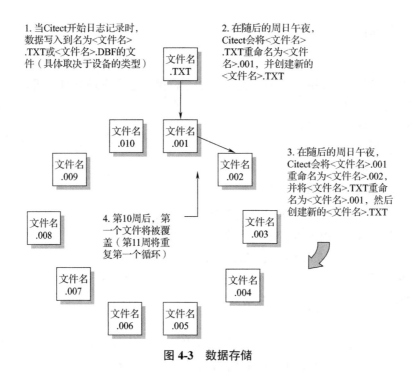

图 4-3 数据存储

默认情况下，软件平台使用 10 个文件（如果指定了历史文件）。可通过指定要使用的文件数量更改此默认值。文件之间的轮换周期（即每次使用新历史文件的时间间隔）以及一天中同步历史文件的时间点，都可以在设备定义视窗中进行修改。

例如，对于下列设置：

参数	参数设定
时间	6：00：00
周期	星期一

软件平台将在每个星期一早上 6：00 创建一个新文件。如果在星期日上午 7：30 启动运行时，系统第一个文件只包含 22.5 小时的数据。

注意：为了实现对数据的长期存储，覆盖历史文件前应将它们备份或保存到新位置。

鼠标或键盘输入可以触发软件平台的 MsgLog，从而发送消息到日志设备。日志设备必须在 MsgLog 中定义其格式字段。可以为 Pasteuriser 界面上的一些阀门设置键盘输入的日志记录，设置设备的组态和具体操作步骤如下：

第一步：定义名为 CommandLog 的文本文件设备以记录来自软件平台消息日志的命令。

1）在软件平台工程主界面中，从主菜单中选择系统→设备。设备视窗如图 4-4 所示。

注意：如果已经有定义的设备，可以选择并修改它。完成后，单击添加可创建新的设备记录。

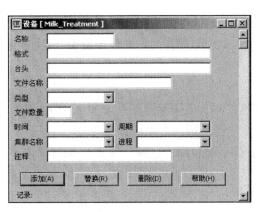

图 4-4 设备视窗

2)使用下列属性填充设备定义视窗。

参数	参数设定
名称	CommandLog
格式	{Date,10} {Time,5} {MsgLog,32}
文件名	[DATA]：Com_Log.txt
类型	ASCII_DEV
文件数量	−1
注释	用于记录操作员命令的日志文件

注意：将文件数量设置为 −1 会将数据附加到一个文件。将文件数量设置为 1，将在默认的周期和时间（即星期日午夜）覆盖这一个文件。[DATA]：目录由 Data 参数指定（参见软件平台在线帮助—CtEdit 数据参数）。

第二步：编辑 Pasteuriser 界面上的冷却液阀对象并添加用于切换阀门时的相应日志命令。

1)双击冷却液阀并打开访问（常规）属性，设置日志设备：

参数	参数设定
日志设备	CommandLog

2)打开输入（键盘命令）属性并选择切换键序列。将日志消息设置为"日志消息冷却液阀已打开或关闭"。

3)保存界面。

第三步：对热水阀和转流阀重复第二步操作。

第四步：保存界面，然后编译并运行工程以测试所做的修改。

第五步：关闭工程，启动 Windows 资源管理器并打开 [Data]：文件夹。用记事本打开 Com_Log.txt 文件，确认能够正确记录击键的操作。

四、能力训练

1. 操作条件

● 在计算机上成功地安装 Plant SCADA 软件，并能正常使用。

- 新工程已完成创建。
- 按照流程图绘制完成巴氏灭菌工艺流程图静态界面并完成部分对象动态属性的设置。

2. 安全及注意事项
- 当计算机与外网连接时，应确保操作系统和杀毒软件都已成功地启动，能够有效地保护计算机系统不受外网黑客或病毒的攻击。

注意：新工程应确保 Pack 和编译准确、无误。如有错误，应根据系统提示逐一地解决，直到编译完成。

3. 操作过程

定义设备及设备历史文件，设备操作日志的组态方法和步骤参见基本知识相关内容及截图。

问题情境：

问：在查看设备记录格式信息日志时，信息显示不全，应如何处理？

答：

1）信息显示不全的原因是信息长度超出在格式中定义每种参数显示的长度。可以通过调整显示长度的参数使显示内容完整。例如，格式{Date，10}{Time，5}{MsgLog，32} 中的 Time 和日志信息显示不全，可以调大 Time 在 "," 之后的数据 5，和 MsgLog 在 "," 之后的数据 32 的数值。

2）修改参数后，一定要重新编译并重启项目才是最新的设置在运行系统中生效。

4. 学习成果评价

序号	评价内容	评价标准	评价结果（是/否）
	设备	1）理解设备的概念 2）掌握设备定义的方法和历史文件的配置，参数的含义	

五、课后作业

按照本职业能力中介绍的 Pasteuriser 界面上的阀门设置键盘输入的日志记录的方法，练习定义设备及设备历史文件配置和组态的方法，并运行测试，理解其功能特点和表现形式。

职业能力 4.1.2　能进行 Plant SCADA 事件启用的组态

一、核心概念

1. 事件

事件在工程中定义并存储在数据库中。事件不需要唯一名称，因此可以使用相同名称指定多个事件。事件可用来触发动作，例如一个命令或一组命令。当某个生产过程完成之后通知操作人员，或者当生产过程达到某个特定的步骤时执行一系列的指令。事件可通过下列方法运行：
- 在指定时间和周期中自动运行。
- 触发条件为 TRUE 时自动运行。
- 触发条件在指定时间和周期中为 TRUE 时自动运行。

2. 启用事件

要让事件运行，需要通过运行计算机设置向导启用事件。如果一个网络上运行着多台 Plant SCADA 的计算机，则需要对每台计算机运行计算机设置向导以指定将在该计算机上运行哪些事件。赋予特殊名称 Global 的任何事件将自动在启动事件的每台计算机上运行。

二、学习目标

1. 理解事件的定义和意义。
2. 掌握事件的类型。
3. 掌握事件类型的方法和具体操作步骤。

三、基本知识

1. 定义事件

通过在 Plant SCADA 软件平台的工程主界面的主菜单中选择系统→事件即可定义事件。事件的类型可以配置两种类型：
- 基于时间的事件：例如随机改变巴氏灭菌器容器中的温度。
- 基于触发器的事件：例如打开和关闭冷却阀。

2. 定义和配置事件类型的具体操作步骤

第一步：在工程中添加两个事件类别。

1）在软件平台的工程管理主界面中，选择一个工程，打开系统文件夹，然后双击事件图标。

2）此时将显示下面的视窗，如图 4-5 所示。

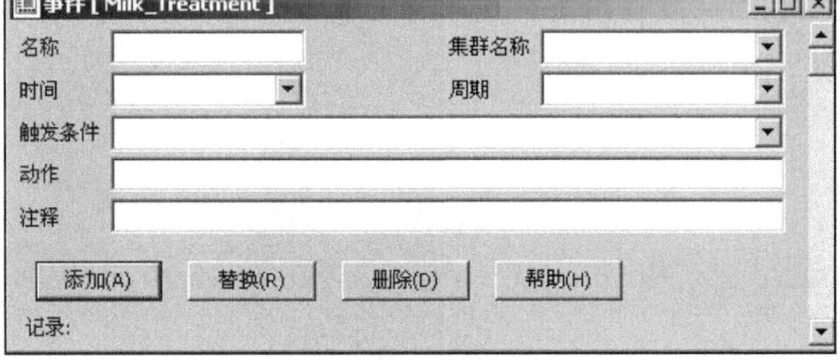

图 4-5 视窗

3）按照表 4-1 中的详细信息添加事件。

表 4-1 详细信息

名称	时间	周期	触发	操作
Global	00:00:00	00:00:05		TIC_P1_PV = 0+Rand（4）; Sleep（2）; Valve_Cool_CMD=0
Global	00:00:00	00:00:07		TIC_P2_PV = 25+Rand（20）
Global	00:00:00	00:00:05		TIC_P3_PV = 55+Rand（20）
Global	00:00:00	00:00:06		TIC_P4_PV = 70+Rand（10）; Sleep（2）; Valve_HW_CMD=0
Global	00:00:00	00:00:10		TIC_Hold_PV = 74+Rand（5）
Global	00:00:00	00:00:08		Toggle（Centrifuge_Clar_V）
Valve	00:00:00	00:00:05		Toggle（Valve_Cool_CMD）
Valve	00:00:00	00:00:05		Toggle（Valve_HW_CMD）
Valve			Valve TIC_P1_PV>=3	Valve_Cool_CMD = 1
Valve			Valve TIC_P1_PV<=2	Valve_Cool_CMD = 0

第二步：编译此工程。

在软件工程编辑管理主菜单中，选择计算机设置向导，通过自定义设置进入事件设置界面并启用要运行的任何事件。例如图 4-6 所示的"激活本计算机上的事件"，在

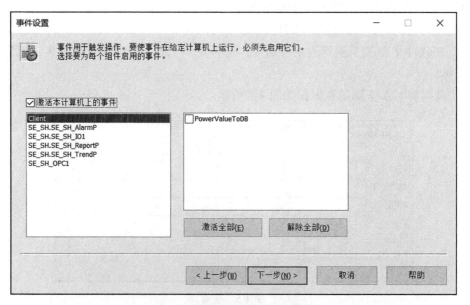

图 4-6 激活本计算机上的事件

Client& Server 选项下,选择 Valve 事件。完成组态设置后,单击"下一步"。通过单击"下一步"继续完成剩余的对话框。在该向导的最后一界面上,单击"完成"按钮以保存所做的选择。

测试这些新事件。运行工程,打开 Pasteuriser 界面,确认各种属性和值几秒后就会改变并关闭工程。

四、能力训练

1. 操作条件

- 在计算机上成功地安装 Plant SCADA 软件,并能正常使用。
- 新工程已完成创建。
- 按照流程图绘制完成巴氏灭菌工艺流程图静态界面并对部分对象动态属性进行设置。

2. 安全及注意事项

- 当计算机与外网连接时,应确保操作系统和杀毒软件都已成功地启动,能够有效地保护计算机系统不受外网黑客或病毒的攻击。

注意:新工程应确保 Pack 和编译准确、无误。如有错误,应根据系统提示逐一地解决,直到编译完成。

3. 操作过程

启用设备的方法和步骤参见基本知识相关内容及截图。

问题情境:

问:如果想在特定的客户端激活事件应如何处理?

答:

1)通常情况下,所有事件应在服务器中进行激活。

2)如果对特定客户端进行事件激活,只需在特定计算机设置向导中进行事件激活即可,对于无需事件激活的客户端,则在计算机向导中忽略即可。

4. 学习成果评价

序号	评价内容	评价标准	评价结果(是/否)
	事件	1)理解事件的概念 2)掌握事件定义的方法及步骤	

五、课后作业

按照本职业能力中基本知识介绍事件定义和启动的方法,练习事件定义和组态的方法,并运行测试,理解其功能特点和表现形式。

工作任务 4.2　SCADA 系统报警组态的设计

职业能力 4.2.1　能对 Plant SCADA 报警进行分类组态

一、核心概念

1. 报警

Plant SCADA 软件平台通过 I/O 服务器与第三方控制系统获取变量标签中，如有表示系统或设备警告，故障报警等信息时，可以将这些标签定义在报警服务器中，作为系统或设备的报警信息，提醒操作人员及时处理和排查故障。

2. 报警分类

Plant SCADA 系统支持两种报警类型即硬件报警和配置报警，配置报警根据报警标签变量的类型又分为数字量报警，带时间标签的报警和模拟量报警等。

二、学习目标

1. 理解报警的概念和报警类型。
2. 掌握报警配置的方法和步骤。

三、基本知识

为了辅助工厂设备管理，Plant SCADA 软件平台的报警会持续监视设备，并在设备出现故障或报警时提醒操作人员。

1. 报警类型

软件平台支持两种类型的报警：

1）硬件报警：会不间断地运行诊断程序来检查每个外接设备，例如 I/O 设备等。任何故障都将自动地报告给操作人员。这种机制完全集成在软件平台内部，无需配置即可使用。

2）配置报警：与硬件报警不同，报告工厂内的故障情况（例如，当容器的液面过高或电机的温度过高时）的这类报警需要逐个配置。

（1）数字量报警

数字量报警取决于一个或两个数字量标签的状态变化。如果指定了两个标签，则需要判断两个报警的"逻辑"才能触发报警。

Plant SCADA 软件平台在 Citect.ini 参数 [Alarm] ScanTime 中设置数字报警的轮询周期。如果报警状态发生变化，则下次轮询周期时将发出报警。

注意：与报警状态关联的时间指代报警被扫描到的时刻，而不是报警条件被触发的实际时间。

（2）带时间标签的报警

带时间标签的报警类似于数字量报警，报警由数字量标签中的状态变化触发。但是，带时间标签的报警需要有一个时间源，它提供报警触发的确切时间。计时器通常是从 I/O 设备读取的时间戳。带时间标签的报警只能与单个数字变量相关联。

报警变量的轮询频率由 [Alarm] ScanTime 设置，但计时器的值表示状态变更所关联的时间。

可以使用三种类型的计数器或计时器来记录带时间标签报警的触发：

- 连续计数器：软件平台通过读取单元中的连续计数器来确定报警被触发的顺序。软件平台根据报警被触发时计数器的值（确切时间并没有被记录）来对报警进行分类。
- 毫秒计数器：如果单元支持毫秒计数器，可以将单元中要以毫秒计数的计数器编程为 24 h，然后在午夜进行复位。软件平台通过读取（单元中）该计时器变量的值来确定报警被触发的确切时间。
- LONGBCD 计时器：使用 LONGBCD 计时器，可以记录带时间标签的报警被激活的确切时间。软件平台在报警激活时读取此变量以及报警标签的数据。

（3）模拟量报警

当模拟变量变化超出一个或多个指定限制时，将触发模拟量报警。可以将每个报警配置为以下类型的任意组合：

- 高限和高高限报警：值超出设定值。
- 低限和低低限报警：值低于设定值。
- 偏差报警：值偏离预定义的设置点。
- 变化速率报警：在指定的时间周期内发生显著的值变化的频率。

（4）高级报警

高级报警在 Cicode 表达式的结果从 FALSE 变为 TRUE 时触发。

（5）多数字量报警

多数字量报警使用 3 个数字量变量（例如：标签 A、B 和 C）的输出来定义 8 个状态。这些状态表示变量可以具有的 true/false 参数值的可能组合。每个状态中的标签参数值按标签 C、标签 B、标签 A 的顺序表示。大写的字母表示值为 true，0（零）表示 false。8 个状态如下：

- 状态 000：3 个标签均为 false。
- 状态 00A：标签 C 和 B 为 false，标签 A 为 true。
- 状态 0B0：标签 C 和 A 为 false，标签 B 为 true。
- 状态 0BA：标签 C 为 false，标签 B 和 A 为 true。
- 状态 C00：标签 C 为 true，标签 B 和 A 为 false。
- 状态 C0A：标签 C 和 A 为 true，标签 B 为 false。
- 状态 CB0：标签 C 和 B 为 true，标签 A 为 false。
- 状态 CBA：3 个标签均为 true。

配置多数字量报警属性时，可以设置应触发报警的状态，并指定要在报警变为激活和非激活状态时调用的 Cicode 函数。

（6）带时间标签的数字量报警

带时间标签的数字量报警与其他类型的报警不同，它们不依赖于变量的轮询来确定报警条件。其工作方式为使用 Cicode 函数 AlarmNotifyVarChange() 通知报警服务器，指定变量的任意值发生的变化。报警服务器将使用此信息来更新监视该变量的所有报警。Plant SCADA 允许为每个报警条件关联一个准确的时间戳。此过程将更新带时间标签的数字量报警的变量标签 A 和变量标签 B 参数。事件趋势可配合使用带时间标签的数字量报警，为趋势和报警数据提供毫秒精确度。

（7）带时间标签的模拟量报警

带时间标签的模拟量报警也与其他类型的报警不同，它们同样不依赖于变量的轮询来确定报警条件是否触发。其工作方式为，当指定报警的相关变量值发生变化时通过使用 Cicode 函数 AlarmNotifyVarChange() 直接通知报警服务器。然后，报警服务器将使用此信息更新监视该变量的所有报警。Citect 为每个报警条件关联一个时间戳信息。此过程可用于更新带有时间标签的模拟量报警的变量标签和设置点参数。

（8）硬件报警

硬件报警独立于用户报警系统。它们会在运行 Plant SCADA 过程中检测到问题时或者与 I/O 设备的连接丢失时显示。每个 Plant SCADA 系统均预配置了硬件报警。

注意：有关以上各类报警的更多信息，可参见软件平台在线帮助之相关报警学习研究和实践。

2. 管理报警负载

创建用于监视整个工厂的报警"期望列表"非常简单。但是，这可能导致许多负面后果。首先，配置的报警数量很有可能超出操作人员的处理能力，最终结果就是他们无法正确处理任何报警。此外，如果没有高度优化的计算机作为报警服务器，则有可能遗漏报警或无法及时将报警提供给操作人员。

出于上述原因，设计工程时应投入相当的时间最大限度地减少配置的报警数量，同时又能保持对工厂运行情况的良好掌控。

3. 配置报警

报警在软件平台有独立记录。其配置提供特殊的视窗，以类似于变量标签的方式输入到数据库。每类报警均有不同的触发器和参数，同时也具有不同选项的独立配置视窗。

4. 添加新报警

打开软件工程编辑主界面，选择主菜单设置，在系统模型界面选择报警，然后在报警类型下拉菜单中选择需要添加的报警类型，按照每行对应一个新报警创建即可，添加新报警如图 4-7 所示。

在 Milk_Treatment 工程中，配置一个在筒仓搅拌机停止时触发的数字量报警和在离心过滤机开启但供给泵关闭时触发的数字量报警及配置模拟量报警，高级报警等为例，系统说明配置报警方法，具体组态和操作步骤如下：

第一步：在软件平台的工程主编辑界面，在主菜单选择系统模式，在其模式下选择报警菜单项，然后在报警类型下拉菜单中选择数字量报警菜单项。随即将显示如图 4-8 所示的视窗。

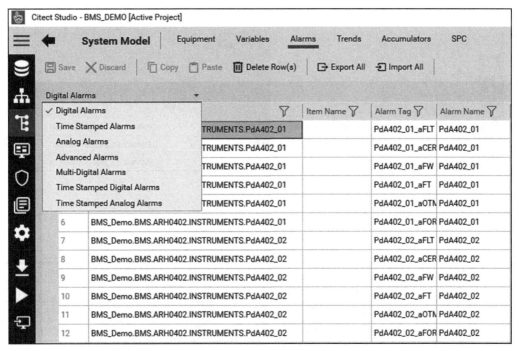

图 4-7 添加新报警

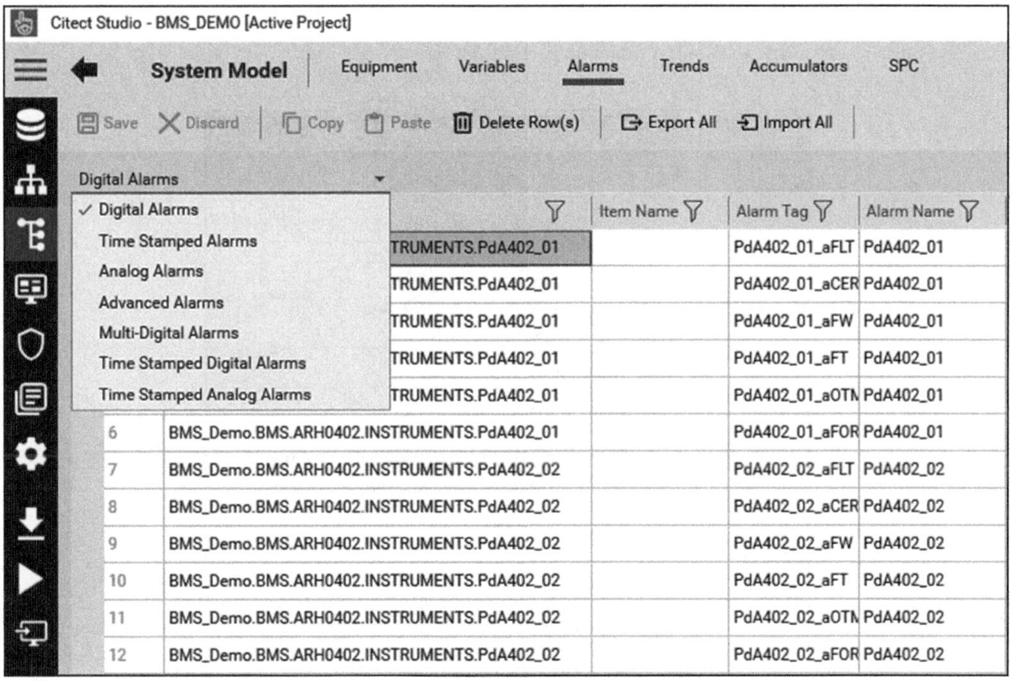

图 4-8 视窗

第二步:将以下两个数字量报警添加到数据库,在图 4-9 窗口的最下面一行添加两个新数字量报警。

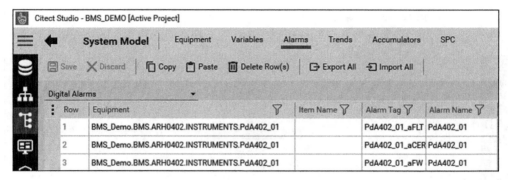

图 4-9 窗口

创建数字量报警的信息见表 4-2。

表 4-2 创建数字量报警的信息

报警参数	内容 1	内容 2
报警标签	Silo	过滤器
报警名称	Silo Agitator OFF	Process Violation
报警描述	Silo Agitator STOPPED	Clarifier RUNNING & Feed Pump OFF
变量标签 A	NOT Agitator_Silo_V	Centrifuge_Clar_V
变量标签 B		NOT Pump_Feed_CMD

将表 4-2 信息,填入图 4-10 对应的参数表格中。

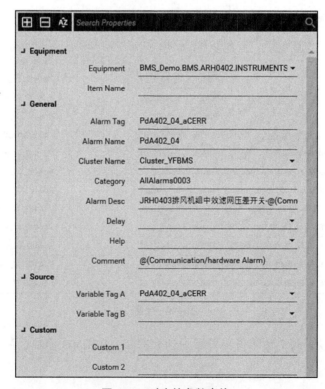

图 4-10 对应的参数表格

注意：字量报警由逻辑开启/关闭条件触发。逻辑运算符 NOT 为逻辑反转任何表达式之前的逻辑。

第三步：配置模拟量报警与配置离散量报警类似，是在系统模式界面的报警菜单中，选择报警类型下拉菜单，选择模拟量报警，系统软件显示如图 4-11 所示的配置界面。

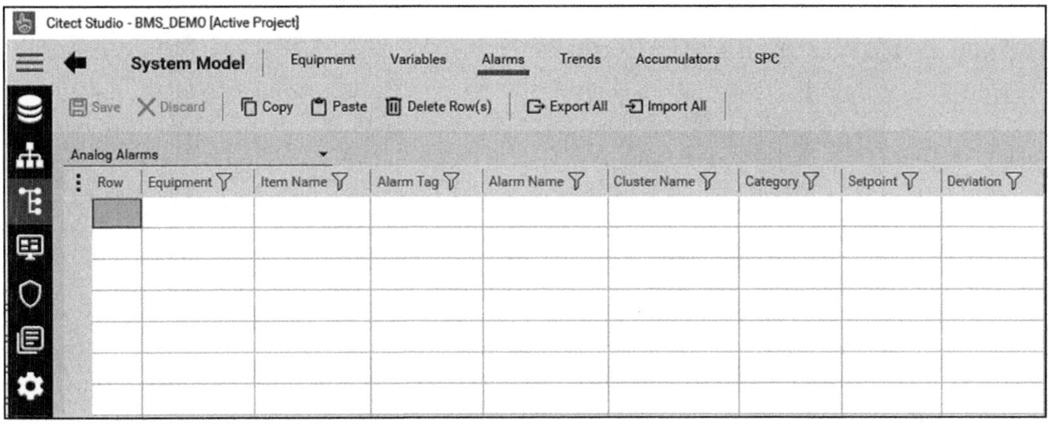

图 4-11 配置界面

在模拟量报警表格中按照每行定义一个新的模拟量报警来创建和配置。将表 4-3 中的模拟量报警添加到数据库：

表 4-3 模拟量报警添加到数据库

报警参数	参数内容
报警标签	HTA
报警名称	保存管报警
变量标签	TIC_Hold_PV
设置点	73
高高限	85
高限	80
低限	65
低低限	60
偏差	3
死区	2
格式	###

表格中模拟量报警定义和配置参数，输入到图 4-12 窗口中。

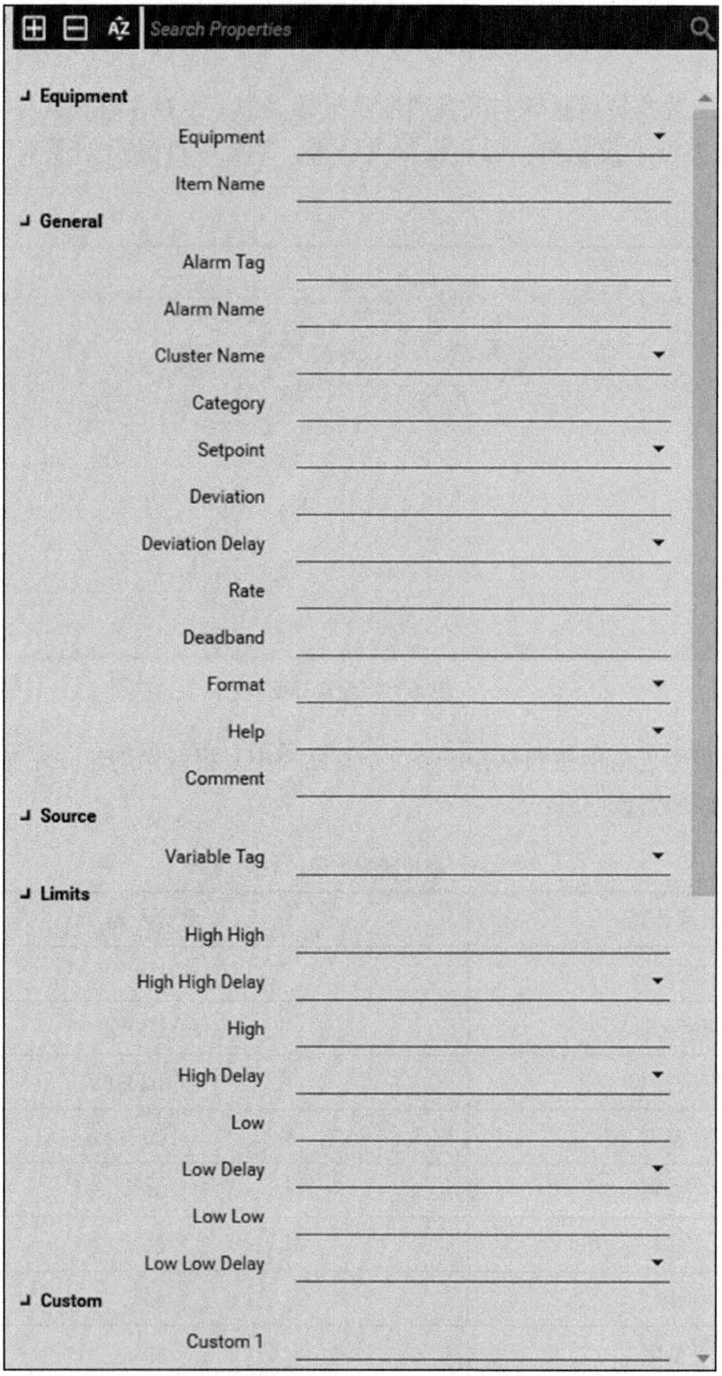

图 4-12 模拟量报警定义和配置参数窗口

第四步：配置两个高级报警，分别在热水温度低于 72 ℃和冷却液温度高于 3 ℃时触发。配置高级报警与配置离散量报警类似，是在系统模式界面的报警菜单中，选择报警类型下拉菜单，选择高级报警，系统软件显示配置界面如图 4-13 所示。

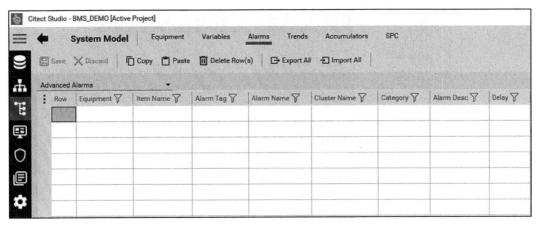

图 4-13 配置界面

1) 在高级报警表格中, 按照每行定义一个新的高级报警来创建和配置。将表 4-4 中的高级报警添加到数据库:

表 4-4 高级报警添加到数据库

报警参数	内容 1	内容 2
报警标签	P1A	P4A
报警名称	P1 Overheat	P4 Low
报警描述	P1 温度 ≥ 3 ℃	P4 温度 ≤ 72 ℃
表达式	TIC_P1_PV ≥ 3	TIC_P4_PV ≤ 72

2) 表格中高级报警定义和配置参数, 输入到图 4-14 窗口中的表里。

第五步: 保存报警配置。

5. 报警分类

将报警作为一个组处理, 应对报警进行分类。Plant SCADA 软件平台可以为系统中的每个报警指定分类, 而且可以将每个分类作为一个组进行处理。对于每个分类, 可以设置报警显示格式(字体和界面类型)、日志记录格式(记录到打印机或数据文件), 以及在触发(例如, 激活声音报警)或重置该分类的报警时采取的操作。软件平台最多可以支持配置 16 376 个报警类别。如果没有为报警指定分类, 该报警将自动添加报警分类 0 属性。分类 255 用于硬件报警。如果未更改报警分类 0 或 255 的定义, 软件平台将使用默认值为报警添加分类。同时, 软件平台可为每个报警分类配置关联的优先级。报警优先级可用于报警显示的排序, 从而方便操作员对报警过滤。报警类别的优先权默认为 0, 最低为 1, 最高值为 255, 优先权最高的报警显示在报警界面的最上面。

注意: 实际工程中将不同类型的报警归入不同分类, 以便为每种类型指定不同格式和动作, 这是一种不错的做法。设计推进系统报警时, 应考虑报警的分类。

在软件平台的工程主编辑界面, 在主菜单选择设置, 在报警菜单中选择 "报警分类", 如图 4-15 所示。

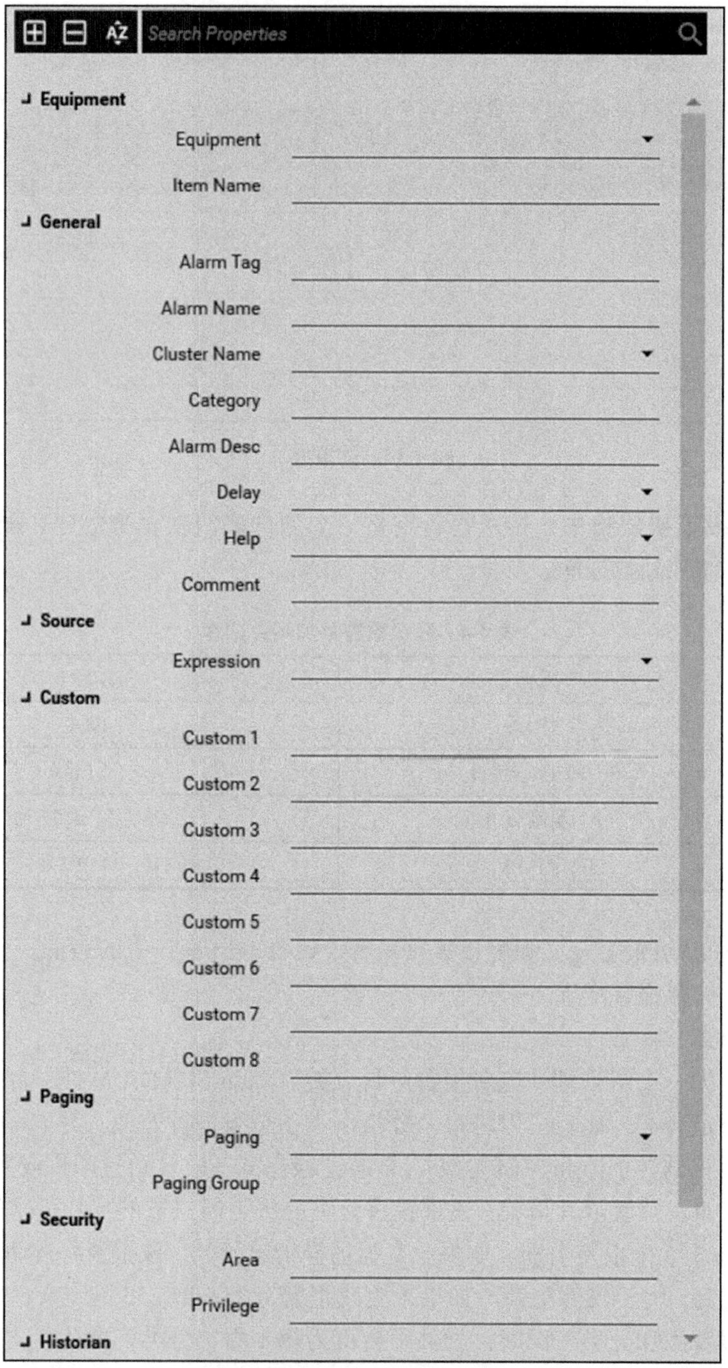

图 4-14 高级报警定义和配置参数窗口

选择"报警分类"后,应对每类报警定义组态报警属性,如图 4-16 所示。

为报警记录配置两个设备并以配置三个报警分类为例,具体说明组态和操作的方法如下:

第一步:将报警摘要设备定义为数据库文件,将报警日志设备定义为文本文件。

图 4-15 选择"报警分类"　　　　图 4-16 对每类报警定义组态报警属性

1）进入软件平台的工程主编辑界面，在主菜单选择设置并选择设备。

2）将以下两个设备，即 AlarmSummary 和 AlarmLog 添加到数据库，具体参数见表 4-5。

表 4-5　AlarmSummary 和 AlarmLog 添加到数据库

报警参数	内容 1	内容 2
名称	AlarmSummary	AlarmLog
格式	{Name，16}{Desc，32}{OnTime，11}{Deltatime，11}	{Name，16}{Desc，32}{Time，11}{LogState，10}
文件名	[DATA]：AlarmSum.dbf	[DATA]：AlarmLog.txt
类型	dBASE_DEV	ASCII_DEV
文件数量	7	−1
时间	00：00：00	
周期	24：00：00	
注释	报警摘要的每日历史文件	报警日志的单一历史文件

3）表格中两个设备信息的配置参数，输入图 4-17 窗口中的表中。

第二步：为数字量报警、模拟量报警和高级报警定义三个新的报警分类。

1）进入软件平台的工程主编辑界面，在主菜单选择"设置"，并选择"报警"，并在报警定义下拉菜单中选择"报警分类"，如图4-18所示。

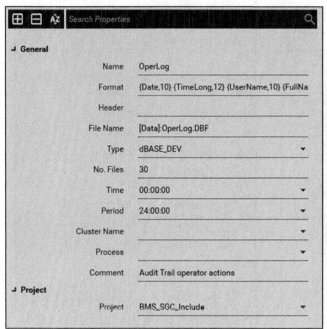

图4-17 设备信息配置参数窗口

图4-18 选择"报警分类"

2）添加表4-6中的高级报警分类：

表4-6 高级报警分类

报警参数	参数内容
分类号	1
报警结束未确认时的字体	AlmUnAccOffFont
报警结束已确认时的字体	AlmAccOffFont
报警发生未确认时的字体	AlmUnAccOnFont
报警发生已确认时的字体	AlmAccOnFont
报警被禁用时的字体	AlmDisabledFont
报警发生时的行动	Beep（0）；Prompt（"Advanced Alarm Triggered"）
报警结束时的行动	Prompt（"Advanced Alarm INACTIVE"）
报警格式	{DATE, 12}^t{TIME, 14}^t{NAME, 20}^t{DESC, 34}^t{STATE, 10}
摘要格式	{TAG, 10}^t{NAME, 22}^t{SUMDESC, 22}^t{ONTIME, 8}^t{OFFTIME, 8}
摘要设备	AlarmSummary

（续）

报警参数	参数内容
日志设备	AlarmLog
注释	高级报警分类

3）将表格中报警分类 1 的信息配置参数输入图 4-19 窗口中的表中。

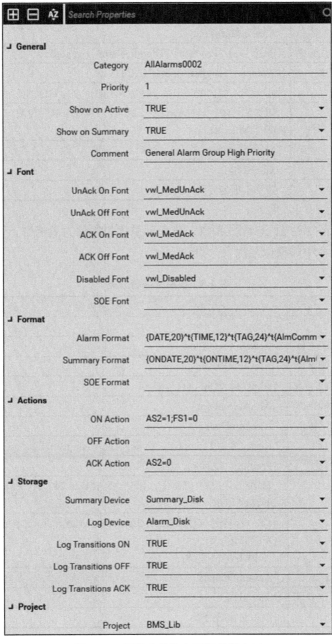

图 4-19 报警分类信息配置参数窗口

4）添加表 4-7 中的数字量报警的分类：

表 4-7　数字量报警分类

报警参数	参数内容
分类号	2
报警结束未确认时的字体	AlmUnAccOffFont
报警结束已确认时的字体	AlmAccOffFont
报警发生未确认时的字体	AlmUnAccOnFont
报警发生已确认时的字体	AlmAccOnFont
报警被禁用时的字体	AlmDisabledFont
报警发生时的行动	Beep（0）；Prompt（"Digital Alarm Triggered"）
报警结束时的行动	Prompt（"Digital Alarm INACTIVE"）
报警格式	{DATE, 12}^t{TIME, 14}^t{NAME, 20}^t{DESC, 34}^t{STATE, 10}
摘要格式	{TAG, 10}^t{NAME, 22}^t{SUMDESC, 22}^t{ONTIME, 8}^t{OFFTIME, 8}
摘要设备	AlarmSummary
日志设备	AlarmLog
注释	数字量报警分类

表格中报警分类 2 的信息配置参数，输入到系统报警分类表格中，这里不再赘述。

5）添加表 4-8 中的模拟量报警分类：

表 4-8　模拟量报警分类

报警参数	参数内容
分类号	3
报警结束未确认时的字体	AlmUnAccOffFont
报警结束已确认时的字体	AlmAccOffFont
报警发生未确认时的字体	AlmUnAccOnFont
报警发生已确认时的字体	AlmAccOnFont
报警被禁用时的字体	AlmDisabledFont
报警发生时的行动	Beep（0）；Prompt（"Analog AlarmTriggered"）
报警结束时的行动	Prompt（"Analog Alarm INACTIVE"）
报警格式	{DATE, 12}^t{TIME, 14}^t{NAME, 20}^t{DESC, 34}^t{STATE, 10}^t{VALUE, 4}
摘要格式	{TAG, 10}^t{NAME, 22}^t{SUMDESC, 22}^t{ONTIME, 8}^t{OFFTIME, 8}^t{DELTATIME, 8}
摘要设备	AlarmSummary
日志设备	AlarmLog
注释	模拟量报警分类

注意：可以通过 Citect.ini 文件的 [Alarm] 部分配置报警和摘要格式。

第三步：为报警指定报警分类。

1）进入软件平台的工程主编辑界面，在主菜单中选择系统模式，并选择报警，并在报警定义下拉菜单中选择高级报警。

2）在分类字段中键入 1，然后单击保存。这将为 P1A 报警指定报警分类 1。

3）按照表 4-9 为其余报警指定类别：

表 4-9 为其余报警指定类别

报警类型	分类号
所有高级报警	1
所有数字量报警	2
所有模拟量报警	3

四、能力训练

1. 操作条件

- 在计算机上成功地安装 Plant SCADA 软件，并能正常使用。
- 新工程已完成创建。
- 按照流程图绘制完成巴氏灭菌工艺流程图静态界面并完成部分对象动态属性的设置。

2. 安全及注意事项

- 当计算机与外网连接时，应确保操作系统和杀毒软件都已成功地启动，能够有效地保护计算机系统不受外网黑客或病毒的攻击。

注意：新工程应确保 Pack 和编译准确、无误。如有错误，应根据系统提示逐一地解决，直到编译完成。

3. 操作过程

定义报警，配置各类报警的方法和步骤参见基本知识相关内容及截图。

问题情境：

问：数字量报警数量较多，影响报警标签传递和处理性能，应如何处理？

答：

1）数字量报警实际是数字量变量标签从第三方控制系统通过通信上传到 I/O 服务器，再由 I/O 服务器发给报警服务器进行报警信息处理。当数字量报警信息数量较多时，每一个数字量变量标签的传递会占用系统的资源，使报警信息的传递速度降低，实时报警会滞后实际报警发生的时间。

2）为提升报警信息上传的效率，可以将每 16 个报警整合成一个字进行传递，并通过高级报警的方式进行处理，大大地提高了报警传送的效率，提升了系统运行的性能。

4. 学习成果评价

序号	评价内容	评价标准	评价结果（是/否）
	报警	1）理解报警和报警类型的概念 2）掌握不同类型报警定义的方法和步骤	

五、课后作业

按照本职业能力的基本知识,介绍了各类报警定义和配置方法,练习各类报警的组态,通过 Excel 工具进行批量报警的设置并导入、编译完成后运行测试,理解各类报警的特点和表现形式。

职业能力 4.2.2　能进行 Plant SCADA 报警打印配置组态及设备分组与报警关系组态

一、核心概念

1. 报警打印

报警打印是实时报警和历史报警纸质输出或电子输出为 PDF 或 TXT 等文件,以便离线进行报警分析的一种方式。

2. 设备分组

将数据记录到多个设备时,需要将日志发送到多个设备,可以通过创建组记录,提高日志发送和查询的效率。它可能代表相同或不同类型的一个或多个设备。

二、学习目标

1. 掌握报警打印输出的配置方法。
2. 掌握设备分组的方法和步骤。

三、基本知识

1. 报警打印输出配置

按表 4-10 配置设备,可以在发生报警时将它们发送到打印机。

表 4-10　配置设备

配置参数	参数信息
名称	PrintAlarms244
格式	{TAG, 10}^t {NAME, 22}^t {SUMDESC, 22}^t{ONTIME, 8}^t{OFFTIME, 8}
文件名	LPT1.DOS
类型	ASCII_DEV
文件数量	-1
注释	将报警打印到打印机

通过使用 LPT1.DOS,可以一次一行地打印软件平台报警(必须绕过 Windows 打印管理器,因为它无法一次一行地打印)。

注意:如果要在发生报警时打印报警,打印机还需要支持行打印。

2. 设备分组

在软件平台工程管理器主编辑界面,选择主菜单中的标准菜单,选择其中的组,如图 4-20 所示。

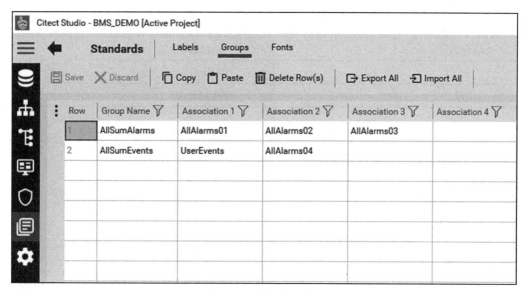

图 4-20　选择其中的组

可以在此表中配置设备将报警同时记录到打印机和报警日志中，例如在图 4-21 所示的截图中填写。

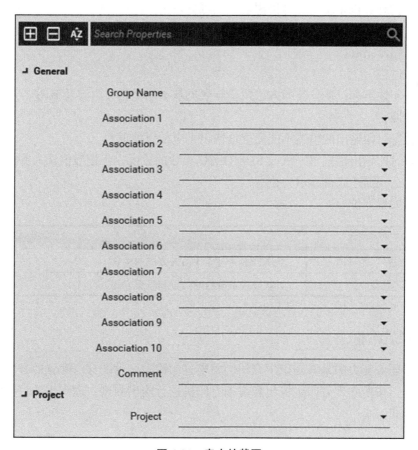

图 4-21　表中的截图

配置参数	参数信息
组合名称	LogAlarms
关联 1	AlarmLog
关联 2	PrintAlarms

注意：设备组最多可以支持 10 个设备的关联，在"报警分类"视窗中，将日志设备更改为 LogAlarms（即新组的名称）。

四、能力训练

1. 操作条件
- 在计算机上成功地安装 Plant SCADA 软件，并能正常使用。
- 新工程已完成创建。
- 按照流程图绘制完成巴氏灭菌工艺流程图静态界面并完成部分对象动态属性的设置。

2. 安全及注意事项
- 当计算机与外网连接时，应确保操作系统和杀毒软件都已成功地启动，能够有效地保护计算机系统不受外网黑客或病毒的攻击。

注意：新工程应确保 Pack 和编译准确、无误。如有错误，应根据系统提示逐一地解决，直到编译完成。

3. 操作过程
报警打印输出和设备分类的方法及步骤参见基本知识相关内容及截图。

问题情境：

问：报警打印输出的描述不能完整地输出，应如何处理？

答：在打印输出格式里，修改 SUMDESC 参数的长度，将把数值调大并测试，直到调整参数值达到描述完整显示为止。

4. 学习成果评价

序号	评价内容	评价标准	评价结果（是/否）
1	报警打印输出	掌握报警打印输出的方法和步骤	
2	设备分组	掌握设备分组的配置和组态方法	

五、课后作业

按照本职业能力的基本知识中介绍的报警打印输出，设备分组配置的方法，练习报警打印输出，按照物理打印机输出和虚拟打印机进行输出测试，理解报警打印输出的特点和表现形式。

职业能力 4.2.3　能将定义好的报警通过监控界面进行显示

一、核心概念

1. 报警显示

在 SCADA 监控界面，集中显示报警信息，如报警标签、报警区域、报警等级、报警发起时间、报警消失时间、报警确认时间、报警确认人等，并能对报警信息进行操作，如报警确认，报警禁用和操作批注，同时能通进行报警过滤，报警相关信息列的显示和隐藏等操作。报警显示界面分为实时报警、历史报警、禁用报警和硬件报警显示界面。

2. 报警模板

报警显示因需求而定，系统提供各种报警模板，可以直接使用，提高报警显示界面开发使用的效率。各类报警模板集成报警显示所需的各种报警操作工具，报警显示的标准风格。

二、学习目标

1. 了解各类报警模板和报警类型、报警操作和查看。
2. 掌握报警显示界面的添加组态方法和步骤。
3. 掌握报警标准界面报警的确认和过滤操作方法。

三、基本知识

1. 报警显示

报警显示在 Plant SCADA 软件平台中有标准报警模板，可以直接应用。Tab_Style_Include 工程中有一些标准界面。这些界面用于显示不同类型的报警：

- 配置的报警显示在报警（Alarm）界面上。
- 硬件报警显示在硬件（Hardware）界面上。
- 报警活动的历史保留在事件日志中，事件日志存储每个报警激活、确认和复位的时间。事件日志中的报警（包括禁止的报警）显示在摘要（Summary）界面上。
- 禁止的报警显示在禁止（Disabled）界面上。

这些界面均基于属于 Tab_Style_Include 工程的报警模板。

Milk_Treatment 样例工程，虽然已经定义报警，但它们只能分 3 行显示在 Pasteuriser 工程界面底部。四个标准报警界面如下：

- 当前报警；
- 被禁止的报警；
- 报警摘要；
- 硬件报警。

都需要单独配置相关的图形界面进行显示。如果没有将这些界面添加到工程中，可以尝试通过界面顶部的"报警"菜单项打开它们中的任何一个都将触发错误的消息，如图 4-22 所示。

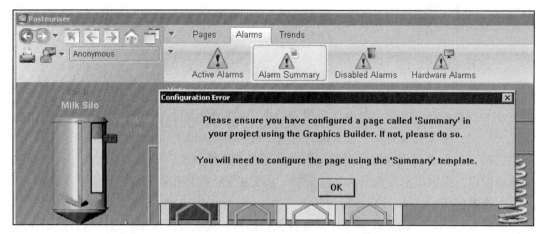

图 4-22 系统报警信息提示窗口 – 历史报警界面未配置

按照系统配置错误的提示,创建对应的报警界面并重新编译工程后,将正确显示报警信息,如图 4-23 所示。

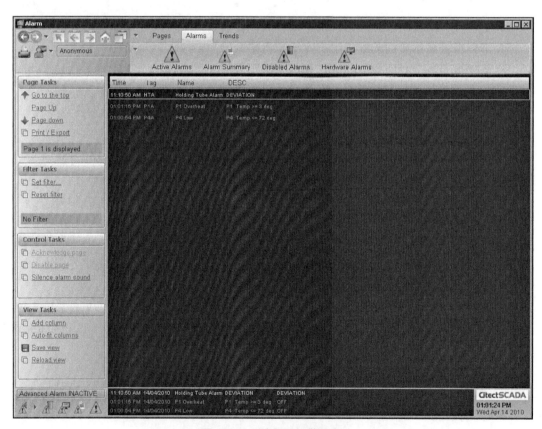

图 4-23 正确显示报警信息

2. 创建和调用标准报警界面的具体组态方法和步骤

第一步:创建"活动报警"界面。

1)在软件平台的图形编辑器中,使用下列设置创建新的图形界面,如图 4-24 所示。

界面参数	参数信息
风格	tab_style_1
保持链接	
屏幕分辨率	XGA
模板	报警
标题栏	

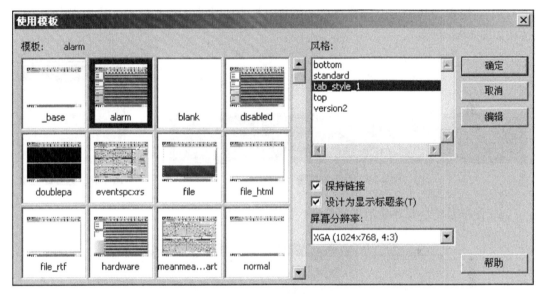

图 4-24 创建新的图形界面

2)使用名称 Alarm,将界面保存到 Milk_Treatment 工程中。

第二步:对其他三个报警界面重复上述步骤,按照下列界面名创建界面。

模板	界面名
disabled	禁用
hardware	硬件
summary	摘要

第三步:运行 Milk_Treatment 工程后触发并查看相关警报。

1)编译并运行工程。

2)打开 Pasteuriser 界面并触发一些报警。触发报警时,活动报警图标(见图 4-25)将开始闪烁。

3)提示行中将显示在报警分类的启动时的行动(ON Action)中配置的提示消息如

图 4-26 所示。

图 4-25 活动报警图标

图 4-26 提示消息

4）界面底部的报警工具栏将显示三个最近的报警，如图 4-27 所示。

注意：报警显示的时间取自 IO 服务器，而非报警服务器。

5）右键单击其中一个报警将打开菜单。列表中的第一项是信息，从列表中选择此选项如图 4-28 所示。

图 4-27 最近的报警　　　　　　　　　　　图 4-28 选择此选项

6）此屏幕将打开并显示报警信息，如图 4-29 所示。

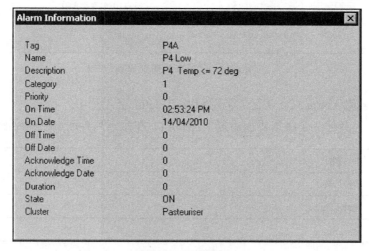

图 4-29 报警信息

7）右键单击"报警"并从菜单中选择"确认"，确认报警如图 4-30 所示。

注意：操作人员必须具有权限级别 1 的用户身份通信才能确认报警；禁用或启用报警必须具有权限级别 8 的操作人员。所需的权限级别可通过设置 citect.ini 文件中的参数 [Privilege] AckAlarms 加以更改。

第四步:从默认报警界面查看报警。

1)单击"活动报警"图标如图 4-31 所示。

图 4-30 确认报警

图 4-31 单击"活动报警"图标

2)打开报警界面如图 4-32 所示。

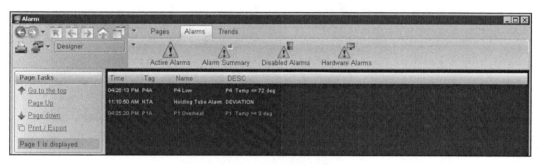

图 4-32 打开报警界面

3)可以按上面介绍的操作,右键单击"报警",然后从菜单中选择"确认"来确认报警。

第五步:关闭工程。

3. 报警显示界面显示外观的修改

首先,对所显示的报警进行排序(见图 4-33),具体操作如下:

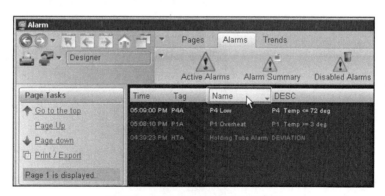

图 4-33 对所显示的报警进行排序

第一步:打开活动报警界面。
第二步:将鼠标悬停在名称列的上方。
第三步:单击"名称"按钮,可按字母顺序降序对这些报警进行排序。

第四步：再次单击"名称"按钮可按升序进行排序。

第五步：再单击一次"名称"可将这些值返回到其原始顺序。注意，此按钮右下角的小三角形符号指示排序顺序。

第六步：对时间和标签列重复此排序操作。

注意：不能按"描述"列对这些报警进行排序，其次可以调整列的宽度。

具体操作如下：

第一步：将鼠标悬停在名称和描述列上方，此时会显示一条垂直线，如图 4-34 所示。

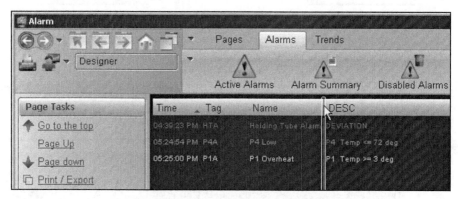

图 4-34 Plant SCADA 报警纵览界面

第二步：向右拖动以使此列变宽。

第三步：为获得较好的显示效果，可根据需要将其他列调整得更宽或更窄。

最后，通过如下操作可以过滤报警。对所显示的报警应用过滤器具体操作如下：

第一步：导航到"活动报警"界面。

第二步：在左侧列中，找到设置过滤器选项，如图 4-35 所示。

第三步：单击设置过滤器选项以打开过滤器对话框。

第四步：在名称字段中，键入"P*"，然后在名称旁边的复选框中单击"√"（见图 4-36）。未启用过滤的报警信息显示窗口如图 4-37 所示。

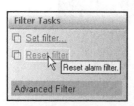

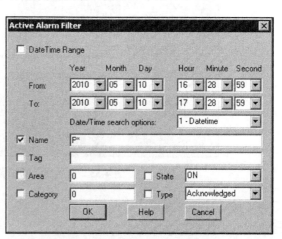

图 4-35 报警过滤器选项设置窗口   图 4-36 报警过滤器参数设置窗口

图 4-37　未启用过滤的报警信息显示窗口

第五步：单击"确定"应用此过滤器。

第六步：这仅显示名称以所示的 P 字母开头的那些报警，如图 4-38 所示。

图 4-38　按 P 字母开头过滤的报警信息显示窗口

第七步：使用重置过滤器命令删除此报警过滤器，如图 4-39 所示。

第八步：试验其他过滤选项。

第九步：关闭工程。

注意：通过过滤报警可以发现，规范的报警命名策略可以极大地提高过滤的效率。

图 4-39　过滤重置或复位窗口

四、能力训练

1. 操作条件

- 在计算机上成功地安装 Plant SCADA 软件，并能正常使用。
- 新工程已完成创建。
- 按照流程图绘制完成巴氏灭菌工艺流程图静态界面并完成部分对象动态属性的设置。

2. 安全及注意事项

- 当计算机与外网连接时，应确保操作系统和杀毒软件都已成功地启动，能够有效地保护计算机系统不受外网黑客或病毒的攻击。

注意：新工程应确保 Pack 和编译准确、无误。如有错误，应根据系统提示逐一地解决，直到编译完成。

3. 操作过程

报警界面添加的方法、步骤和报警界面的操作参见基本知识相关内容及截图。

问题情境一：

问：调用报警标准界面并保存，系统编译运行后，无法通过单击标准模板的报警按钮调用报警界面的原因是什么？

答：

1）原因是报警界面的存储名称与标准模板调用报警界面的名称不一致所致。

2）实时报警界面系统名称为 Active，历史报警界面名称为 Summary，硬件报警界面名称为 Hardware，禁用报警界面名称为 Disabled。

问题情境二：

问：SCADA 系统的报警发起和结束时间与实际控制系统记录的报警时间有差异，通常有一定滞后，原因是什么？

答：

1）保证 SCADA 系统与控制系统报警时间一致，需要在系统中设计始终同步服务器，通过 NTP 协议，对 SCADA 系统和控制系统进行固定周期的时钟校核和同步。

2）SCADA 系统的报警时间滞后控制系统的报警时间，其滞后的时间主要是控制系统产生报警到通过网络传递给 I/O 服务器，由服务器处理过程所使用的时间。

3）此偏差时间无法消除，只能无限接近。主要通过提升服务器的硬件配置，网络带宽和控制系统报警逻辑优先处理来减少。

4. 学习成果评价

序号	评价内容	评价标准	评价结果（是/否）
	报警界面	1）掌握报警界面显示的添加方法和步骤 2）掌握界面报警的操作方法	

五、课后作业

按照本职业能力的基本知识中介绍的报警界面添加的方法，练习设计标准报警界面的方法和步骤，并进行输出测试，理解实时报警，历史报警，硬件报警和禁用报警界面等各类报警的特点和表现形式。

职业能力 4.2.4　能对报警声音进行合理的调用

一、核心概念

1. 报警声音

报警激活时，为及时提醒操作人员所监控的系统此时此刻发生的报警，应及时处理，SCADA 系统提供了报警铃提示功能。根据不同的报警可以设置不同类型的报警声音，以便操作人员听音辨警。

2. 报警优先级

报警可分为预警、故障和系统报警。预警通常不会引起设备或过程停止。故障也称为急停类报警，通常触发引起设备或过程立即停止。系统报警是系统内部警告或消息。按照报警对设备或过程的影响，可以分为 1、2 和 3 级。Plant SCADA 系统可以定义 255 种报警类型。

二、学习目标

1. 掌握报警声音配置的方法。
2. 掌握报警的消音操作。

三、基本知识

Plant SCADA 软件平台可以按照报警优先级区分报警。在 Tab_Style_Include 工程中提供声音报警支持。如果为自定义工程指定预设的 wav 文件，都可以实现在相关报警发生时触发声音报警。可以为不同的报警优先级指定不同的声音，从而能够根据报警的声音区分其紧急程度。

要创建"声音报警"，需要执行以下几个步骤：

第一步：需要定义一个报警，然后将其指定到一个报警分类。为此"报警分类"指定一个编号，然后将该编号指定到此报警。此步骤已经在如何配置报警分类中介绍了，这里不再赘述。

第二步：为报警分类指定一个优先级。

第三步：将某种声音配置到该优先级。这是在 [ALARM] Soundx 参数中定义的，其中 x 是优先级编号。例如，如果为 [ALARM] Sound1 参数指定了一种声音，则无论何时触发"报警分类"中具有优先级 1 的报警时都将播放此声音，具体操作如下：

在软件平台工程编辑器界面选择、设置菜单项，再选择参数菜单项、组态和定义如图 4-40 所示。

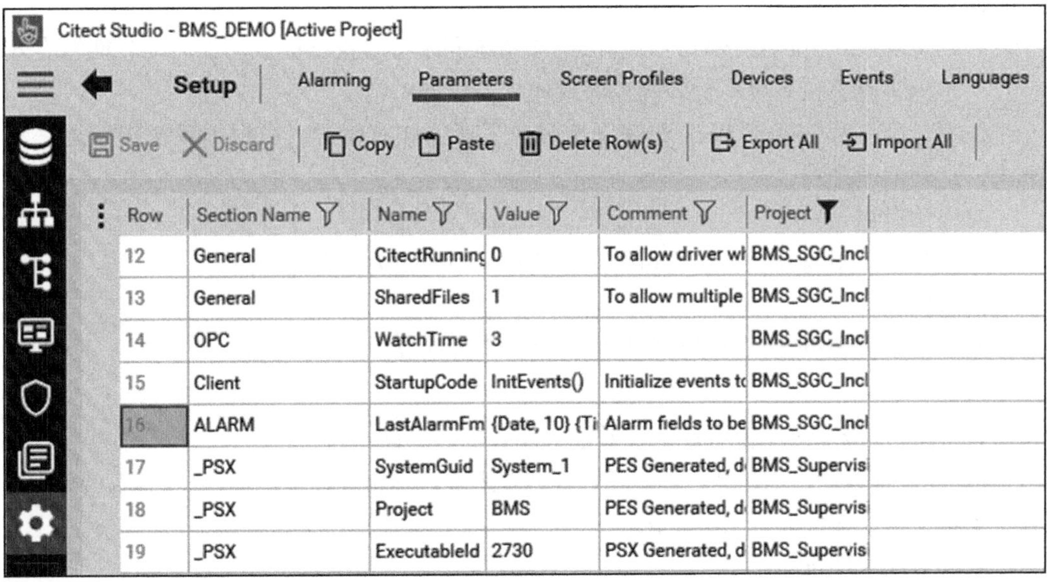

图 4-40 选择参数菜单项、组态和定义

在参数表格底部创建新的参数，并在图 4-41 界面输入相应的参数即可。

在类别名输入：Alarm Sound。

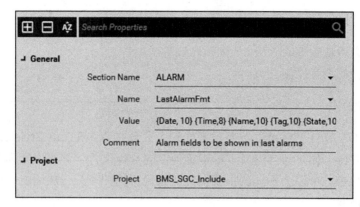

图 4-41　输入相应的参数

名称：Sound1。
Value：输入报警声音 .WAV 格式的声音文件存放目录。

四、能力训练

1. 操作条件
- 在计算机上成功地安装 Plant SCADA 软件，并能正常使用。
- 新工程已完成创建。
- 按照流程图绘制完成巴氏灭菌工艺流程图静态界面并完成部分对象动态属性的设置。

2. 安全及注意事项
- 当计算机与外网连接时，应确保操作系统和杀毒软件都已成功地启动，能够有效地保护计算机系统不受外网黑客或病毒的攻击。

注意：新工程应确保 Pack 和编译准确、无误。如有错误，应根据系统提示逐一地解决，直到编译完成。

3. 操作过程
报警声音组态的方法、步骤和操作参见基本知识相关内容及截图。
问题情境：
问：设置报警声音，当报警发起后，报警声音播放，应如何消音？
答：
1）通过报警确认操作消音，或报警消失后自动消音。
2）注意报警声音的格式，Plant SCADA 支持的报警声音格式为 WAV 格式，MP3 格式不支持，需要文件转置工具转化。

4. 学习成果评价

序号	评价内容	评价标准	评价结果（是/否）
	报警声音	1）掌握报警声音调用方法和步骤 2）报警声音的消音操作	

五、课后作业

按照本职业能力的基本知识中介绍的报警声音的组态方法,练习设计三个优先级报警声音,AlarmSoud1~3。从网站下载不同格式的报警文件和报警音进行转化或直接引用测试,测试报警组态的方法并熟练报警消音的方法。

职业能力 4.2.5 　能使用报警属性标签优化系统运行

一、核心概念

1. 报警属性标签

报警属性标签可以同时包含报警标签和报警属性信息,并在所有正常变量标签引用的场合中使用。例如,如果数字量报警具有 HWM 报警标签,则用于表示其活动状态的报警属性标签将是 HWM.On。此标签在报警处于活动状态的任何时候为 True,在报警不处于活动状态的任何时候为 False。例如,可以输入 HWM.On 代替符号对象中的变量标签,以在打开热水和冷水阀时强制更改图形。

2. 多状态显示

当一个设备的状态与多个标签的值相关时,需要通过组态多变量之间的关系的逻辑结果作为状态显示的值。为此,Plant SCADA 软件平台可以通过多状态显示功能,将多个变量标签添加到条件窗口,通过多个变量逻辑值组合,定义不同的状态信息,并显示在监控界面。

二、学习目标

1. 了解报警标签属性的引用语法。
2. 掌握使用报警属性作为标签使用的方法。

三、基本知识

报警属性标签直接引用的语法,按报警属性标签的格式:<alarm_tag>.<property> 引用。例如:如果 <alarm_tag> 是 HWM,并且 <property> 是 On,则报警属性标签是 HWM.On。

我们在软件平台的图形编辑器中打开"Pasteuriser(巴氏灭菌器)"界面,通过添加文本对象举例介绍如何使用报警属性作为标签使用。具体组态和操作步骤如下:

第一步:添加文本对象。

在打开"Pasteuriser(巴氏灭菌器)"界面,单击文本工具 **A** 按钮。在 Holding Tube 附近放置一个文本对象,然后按照以下操作设置其外观(显示值)属性(见图 4-42)。

第二步:保存界面。

第三步:编译并运行工程。打开巴氏灭菌器界面,然后通过更改"保存管"温度来测试报警属性标签是否起作用。

第四步:关闭工程。

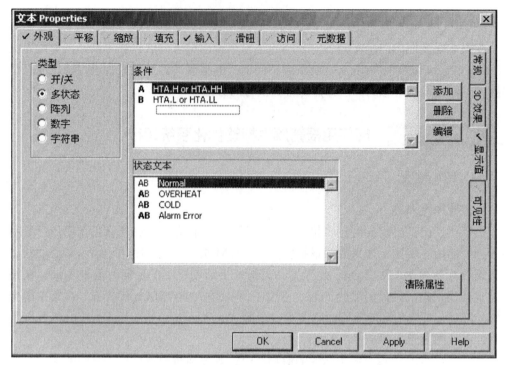

图 4-42　文本属性－外观组态窗口

四、技能训练

1. 操作条件
- 在计算机上成功地安装 Plant SCADA 软件，并能正常使用。
- 新工程已完成创建。
- 按照流程图绘制完成巴氏灭菌工艺流程图静态界面并完成部分对象动态属性的设置。

2. 安全及注意事项
- 当计算机与外网连接时，应确保操作系统和杀毒软件都已成功地启动，能够有效地保护计算机系统不受外网黑客或病毒的攻击。

注意：新工程应确保 Pack 和编译准确、无误。如有错误，应根据系统提示逐一地解决，直到编译完成。

3. 操作过程

报警标签属性引用的方法、步骤操作参见基本知识相关内容及截图。

问题情境：

问：当引用报警标签属性组态设备状态时，无法引用标签属性？

答：

1）请检查需要引用的报警标签是否在报警服务器中进行定义。只有定义为报警的标签，系统才会自动地赋予此标签相关的属性，可直接引用。

2）关于报警标签属性的种类和所需，可以查看 Plant SCADA 在线帮助。

4. 学习成果评价

序号	评价内容	评价标准	评价结果（是/否）
	报警标签的属性	1）理解报警标签属性的定义 2）掌握报警标签属性引用的方法和步骤	

五、课后作业

按照本职业能力的基本知识中介绍的报警属性引用的方法，练习设计打开巴氏灭菌器界面，通过更改"保存管"温度来测试报警属性的标签，并编译、运行和测试，了解其功能的特性。

职业能力 4.2.6　能根据需求对 Plant SCADA 模拟量报警阈值进行修改

一、核心概念

1. 模拟量报警

模拟量报警是根据模拟量标签变量，即变量属性为 INT、DINT 或 Real 型变量值连续变化时，当大于报警上限或下限设定值时，就会触发报警。这类报警在 Plant SCADA 中称为模拟量报警。

2. 模拟量报警的种类

模拟量报警分为低低限报警、低限报警、高限报警和高高限报警。每类报警的触发都与系统定义的对应报警限定值比较，也称为报警阈值，当模拟量值小于低低限值时，系统认为是低低报警；当模拟量值在低低限值和低限值之间时，系统认为是低报警；当模拟量值在高限值和高高限值之间时，系统认为是高报警；当模拟量值大于高高限值时，系统认为是高高报警。

二、学习目标

1. 了解模拟量报警阈值和模拟量报警 4 类的报警。
2. 掌握模拟量报警阈值静态修改和动态修改的方法

三、基本知识

读写报警属性标签可以按与变量标签完全相同的方式更改报警属性值。唯一不同的是，它是当前修改的报警的附属属性。在上文中，查询了模拟量报警 HTA 的当前状态来确定它是否处于任何已定义的报警状态。这是由报警服务器驱动的，并且 True 值已指定给已超过阈值的任何情况。这些阈值将存储为"模拟量报警"的一种属性。

图 4-43 模拟量报警界面中的"高高限"属性的当前值可利用 HTA.HighHigh 进行访问，还可以读写该值。从实际操作角度来看，此功能允许授权操作人员及时调整模拟量

报警的值,以适应工厂不断变化的环境。

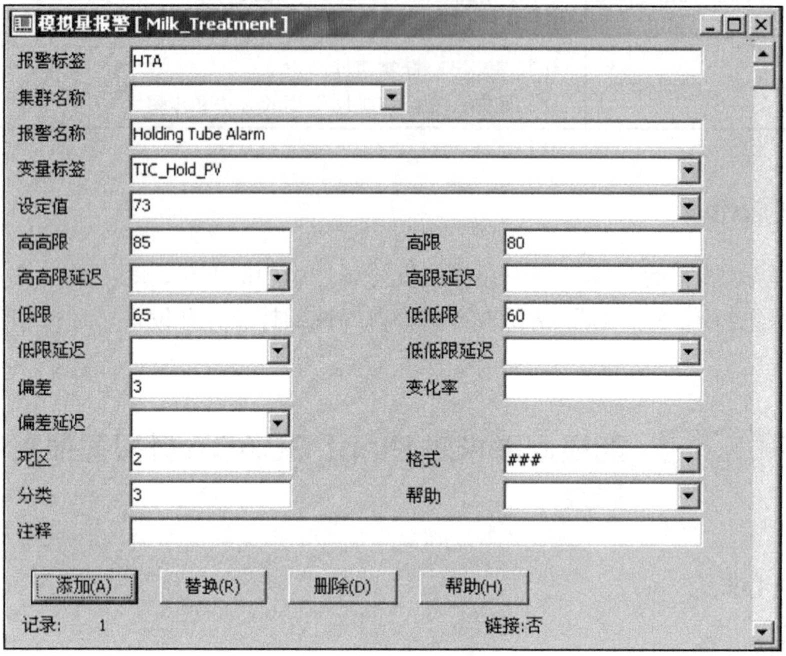

图 4-43 模拟量报警界面

如对报警阈值进行操作,应预先生成了一个弹出式界面,用于管理"模拟量报警"阈值的显示和修改。这一弹出式界面需添加到现有的"Pasteuriser(巴氏灭菌器)"界面中。修改报警阈值的组态和操作步骤如下:

第一步:添加阈值控制器弹出式界面。

1)在软件平台的图形编辑器中,打开巴氏灭菌器界面。

2)从培训精灵(Training Genies)库中插入模拟量阈值。

3)按照以下操作填写精灵的详细信息:

模拟量	HTA
原始 X 值	640
原始 Y 值	310

4)单击"确定"保存此精灵。

5)将此精灵按钮放到靠近"保存管"的位置,如图 4-44 所示。

6)保存"Pasteuriser(巴氏灭菌器)"界面,然后编译并运行此工程。

第二步:查看"模拟量报警"弹出式界面。

1)打开"Pasteuriser(巴氏灭菌器)"界面。

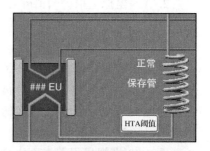

图 4-44 精灵按钮放置的位置

2）使用滑钮控件，将"保存管"温度提升到 86 ℃。注意到"保存管报警"已触发进入高高限状态。

3）单击新的"HTA"阈值按钮，HTA 报警阈值界面如图 4-45 所示。

4）将鼠标悬停在"高高限"值（上例中为 85）上方，然后将高高限值更改为 88，如图 4-46 所示。

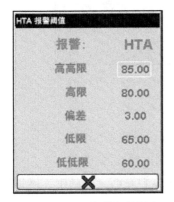

图 4-45　HTA 报警阈值界面

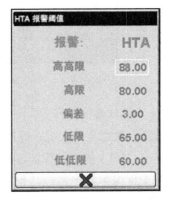

图 4-46　高高限值更改为 88

5）关闭此弹出式界面。

6）再次将"保存管"温度提升到 86 ℃。这次仅触发高限报警。将温度提升到高于 88 ℃，以确认新的高高限阈值处于运行状态。

7）关闭工程。

8）重新启动此工程，然后重新打开 HTA 弹出式界面。

9）会注意到，高高限值已还原到原始值"85"。

10）关闭工程。

第三步：配置此工程，以保存修改的阈值。

从第二步可以发现，修改的阈值不会写入报警定义文件中。下面将介绍阈值修改并写入报警文件中。

1）打开计算机设置的编辑器，然后在设置菜单中选择参数菜单项，添加如图 4-47 所示。

参数项	参数值
段	警报
参数	UseConfigLimits
参数值	1

2）单击"保存"按钮。

3）关闭计算机设置编辑器，并在请求时保存。

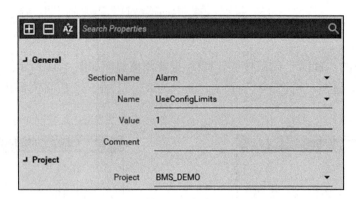

图 4-47 添加

第四步：确认修改的行为。

1）重新启动此工程，然后打开"Pasteuriser（巴氏灭菌器）"界面。

2）单击"HTA 阈值"按钮，再次将"高高限"阈值修改为"88"。

3）在工程编辑器中，打开模拟量报警属性，注意到新的"高高限"阈值为"88"，如图 4-48 所示。

图 4-48 "高高限"阈值为"88"

4）关闭工程。

四、能力训练

1. 操作条件

● 在计算机上成功地安装 Plant SCADA 软件，并能正常使用。

- 新工程已完成创建。
- 按照流程图绘制完成巴氏灭菌工艺流程图静态界面并完成部分对象动态属性的设置。

2. 安全及注意事项
- 当计算机与外网连接时,应确保操作系统和杀毒软件都已成功地启动,能够有效地保护计算机系统不受外网黑客或病毒的攻击。

注意:新工程应确保 Pack 和编译准确、无误。如有错误,应根据系统提示逐一地解决,直到编译完成。

3. 操作过程

模拟量报警阈值修改方法、步骤操作参见基本知识相关内容及截图。

问题情境:

问:模拟量报警阈值的引用是什么?

答:模拟量报警分为低低、低、高和高高报警,通常模拟量报警的高低报警用于预警,要求操作人员应及时采取对应的操作,使监控过程不再向更糟的趋势蔓延。低低和高高报警用于急停,主要用于及时终止监控过程不再继续发展,否则将发生重大事故。

4. 学习成果评价

序号	评价内容	评价标准	评价结果(是/否)
	模拟量报警阈值	1)理解模拟量报警及阈值 2)掌握模拟量报警阈值动态修改的方法和步骤	

五、课后作业

按照本职业能力的基本知识中介绍的模拟量报警阈值动态修改的方法,练习 Pasteuriser(巴氏灭菌器)界面 HTA 模拟量报警阈值的动态修改,并编译、运行和测试,了解其功能特性。

工作任务 4.3 SCADA 系统趋势组态的设计

Plant SCADA 软件平台提供趋势数据查询功能。过程分析器是让操作员从软件平台趋势服务器中查看趋势数据和从报警服务器中查看报警标签数据而专门设计的 ActiveX 控件。过程分析器可提供一种用于分析和比较数据(实时和历史数据)的可视方式,其直观度高于软件系统自带工程中的趋势模板。

职业能力 4.3.1　能理解 Plant SCADA 趋势及过程分析器的作用并用趋势标签创建组态

一、核心概念

1. 趋势标签

趋势标签是有历史记录的标签，并可以在过程分析器中进行历史数据显示，展示其在一段时间内的变化情况。另外，没有历史记录的标签，如果看它随时间的变化，只能显示当前记录的数据随时间发展的过程趋势，但关闭趋势显示窗口，此标签数据的历史会释放，不会在系统里留有历史数据记录。所以要确定变量标签的趋势，要为其创建一个趋势标签，然后定义一个或多个用于记录趋势标签值的历史文件。要显示此趋势，需创建一个趋势界面，然后将一个趋势笔指定给趋势标签，以便在趋势窗口中显示它。

2. 趋势类型

变量标签的趋势可以分为定期、事件和定期事件。
- 定期：定期进行采样；
- 事件：每次开启触发动作时进行一次采样；
- 定期事件：仅在触发值为真时定期进行采样。

二、学习目标

1. 了解趋势标签的定义及趋势的类型。
2. 掌握定义趋势标签的方法和步骤。

三、基本知识

可在软件平台中通过创建趋势标签来添加趋势。每个趋势标签都有一个或多个用于存储趋势数据的独立文件。不论这些数据是否显示在图形界面上，软件平台将持续存储趋势数据。

软件平台会轮流使用一系列历史文件而不是单个文件来存储记录的数据。默认情况下，软件平台将使用两个文件，每个文件都可用于存储数据，在星期天的午夜开始存储，存储时间为一周。默认的日志文件名称与趋势标签名称相同。可以在趋势标签视窗中更改数据记录的频率和要使用的日志文件的数量。趋势配置窗口如图 4-49 所示。

定义趋势标签的组态和操作如下：

第一步：进入软件平台工程管理器界面如图 4-50 所示，在主菜单中选择"系统模型"，再选择"趋势"菜单项。

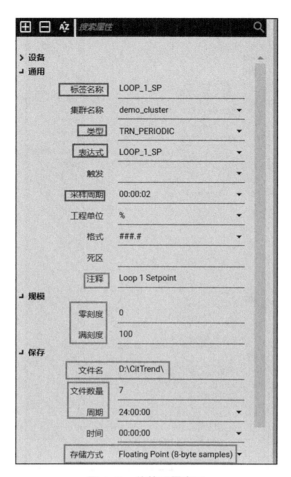

图 4-49 趋势配置窗口

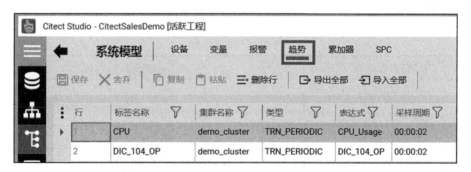

图 4-50 软件平台工程管理界面

第二步：在趋势定义表格已定义的最后趋势标签下一行，新建趋势标签。

第三步：在表 4-11 内创建一个定期趋势标签参数，该标签将可确定 TIC_P1_PV 标签的值的趋势。

趋势标签定义组态图如图 4-51 所示。

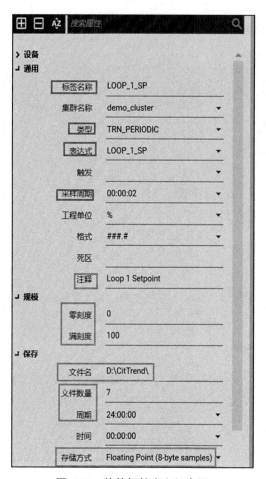

图 4-51 趋势标签定义组态图

填写参数，见表 4-11。

表 4-11 填写参数

趋势标签参数	参数值
标签名称	P1_P
类型	TRN_PERIODIC
表达式	TIC_P1_PV
采样周期	00:00:01
文件名	D:\CitTrend\P1_P
文件数量	2
周期	24:00:00
时间	00:00:00
存储方式	Floating Point(8-byte samples)
注释	TankP1

注意：如果视窗中的字段保留为空白，则趋势标签将配置为在默认情况下使用这些值。

第四步：为表4-12中定义的每个趋势标签添加新记录。将采样期间、类型、文件数、事件和期间保持不变。

表 4-12 为定义的每个趋势标签添加新记录

趋势标签名称	表达式	注释（可选）	注释文件名
P2_P	TIC_P2_PV	罐 P2	D:\CitTrend\P2_P
P3_P	TIC_P3_PV	罐 P3	D:\CitTrend\P3_P
P4_P	TIC_P4_PV	罐 P4	D:\CitTrend\P4_P
HT_P	TIC_Hold_PV	保存管	D:\CitTrend\ HT_P

注意：在一个文件夹中，建议趋势文件数最多为3000。

四、能力训练

1. 操作条件
- Plant SCADA 软件在计算机上成功地安装，并能正常使用。
- 新工程已完成创建。
- 巴氏灭菌工艺流程图静态界面按照流程图完成绘制和部分对象动态属性的设置。

2. 安全及注意事项
- 当计算机与外网连接时，应确保操作系统和杀毒软件都已成功启动，能够有效地保护计算机系统不受外网黑客或病毒的攻击。

注意：新工程应确保 Pack 和编译准确、无误。如有错误，应根据系统的提示逐一地解决，直到编译完成。

3. 操作过程
创建趋势标签方法、步骤操作参见基本知识相关内容和截图。

问题情境：

问：在趋势标签的历史数据呈现大波动时，同时控制要求是波动平滑的处理方法？

答：

1）趋势标签的实时数据本身波动较大，可能的原因是来自控制过程本身没有控制好，或者工艺过程此数据的波动本身就是如此。

2）如果控制要求不是很苛刻，可以通过采用降低趋势数据采样时间和设定死区的方法，使呈现的趋势数据变得平滑。

4. 学习成果评价

序号	评价内容	评价标准	评价结果（是/否）
	趋势标签	1）理解趋势标签的含义 2）掌握趋势标签定义的方法及步骤	

五、课后作业

按照本职业能力的基本知识介绍趋势标签的创建方法，同时，可以定义为不同的趋势类型，编译运行后，在趋势模板界面，调用各类趋势标签了解不同趋势数据的功能特性。

职业能力 4.3.2　能对 Plant SCADA 趋势历史文件进行配置和备份

一、核心概念

1. 采样周期

数据按照一定的频率，周而复始地更新现场读取数据的时间为数据采样时间。采样时间或颗粒度影响趋势历史数据文件的大小。采样时间越短，记录控制过程的状态越准确，反之亦然。

2. 字节

字节是二进制数据的单位。一个字节通常为 8 位。但一些老型号计算机的结构使用不同的长度。为了避免混乱，在大多数国际文献中，使用词代替 byte。在多数计算机系统中，一个字节是一个 8 位长的数据单位，大多数的计算机用一个字节表示一个字符、数字或其他字符。一个字节也可以表示一系列二进制位。在一些计算机系统中，4 个字节代表一个字，这是计算机在执行指令时能够有效处理数据的单位。一些语言描述需要 2 个字节表示一个字符，这称为双字节字符集。一些处理器能够处理双字节或单字节指令，"字节"通常简写为"B"，而"位"通常简写为小写"b"，计算机存储器的大小通常用字节来表示。

二、学习目标

1. 了解趋势历史文件大小的计算方法。
2. 具备评估趋势数据占用的存储空间，确定趋势服务器本地磁盘的容量。

三、基本知识

每个采样数据需要两个字节的存储空间。因此，可以使用以下公式计算每个趋势记录所需的全部磁盘空间：

$$\text{每个趋势标签所需的字节数量} = 464 \times \text{文件数量} + 176 + \left(\frac{2\text{倍的文件数量} \times \text{趋势记录时间（以秒为单位）}}{\text{趋势标签采样周期（以秒为单位）}} \right)$$

例如，如果趋势记录在一周内存储数据占用磁盘存储空间等于 464×5+176 +7（1 周 7 天）×24 小时 ×60 分钟 ×60 秒除以趋势标签采样周期（10 秒）。

$$\text{所需字节数量} = 464 \times 5 + 176 + \left[\frac{(7 \times 24 \times 60 \times 60) \times 5 \times 2}{10} \right]$$

$$= 607296 \text{B}$$

浮点（8个字节）趋势约大4倍。因此，使用相同的公式作为已调整显示比例的趋势，然后将结果乘以4。

如果更改了趋势历史文件中的配置（在现有工程中），或更改了会影响趋势文件的数量、时间或周期的趋势标签的配置，则在运行新的系统配置之前应删除现有的趋势文件。如果更改了趋势标签定义中的路径，则需要将历史文件移动到新位置，或软件平台自动创建新的历史文件。

注意：当系统正在运行时，不能从硬盘中删除（由软件平台创建的）历史文件，因为趋势服务器会尝试重新创建这些文件，此操作可能会导致系统性能急剧降低，且可能导致财产损坏。

考虑到趋势数据存储空间的本地限制，在许多情况下，建议备份（或归档）趋势数据，以备后用。这可用于将来的分析或节省趋势服务器上的磁盘空间。在备份旧的趋势文件之后，对其进行重命名，以避免与现有的活动文件名发生冲突。例如，文件名 TR1_96.MAY 表示文件中趋势数据的生成时间。

另外，备份趋势数据的恢复，应通过 Cicode 函数 TrnAddHistory() 将旧（备份）的趋势历史文件恢复到趋势系统中。软件平台可根据指定文件的标题部分确定趋势名称，然后将文件中的数据添加到趋势历史中。

四、能力训练

1. 操作条件
- Plant SCADA 软件在计算机上成功地安装，并能正常使用。
- 新工程已完成创建。
- 巴氏灭菌工艺流程图静态界面按照流程图完成绘制和部分对象动态属性的设置。

2. 安全及注意事项
- 当计算机与外网连接时，应确保操作系统和杀毒软件都已成功地启动，能够有效地保护计算机系统不受外网黑客或病毒的攻击。

注意：新工程应确保 Pack 和编译准确、无误。如有错误，应根据系统提示逐一地解决，直到编译完成。

3. 操作过程

掌握历史数据存储使用空间的计算方法参见基本知识相关内容及截图。

问题情境一：

问：趋势数据存储在指定的趋势历史数据文件夹下，运行 SCADA 工程后，服务器资源占用率高，性能变慢，为提升 SCADA 系统的性能应如何处理？

答：

1）趋势标签定义的文件数量在工程运行后，会自动地将所有趋势标签的历史存储文件创建完毕，即使有些历史文件是空文件，所有创建这些文件会占用计算机资源，导致服务器运行缓慢。

2）可以通过修改 INI 参数，改变趋势文件创建模式，即按照一个历史文件记录满了，再创建下一个历史文件，继续存储历史的模式，可以大大节省服务器资源的占用。

问题情境二：

问：趋势文件创建好后，趋势文件存储方式为先进、先出。删除文件会丢失历史数据。再备份数据时，应如何防止历史数据文件的损坏？

答：

1）趋势历史文件全部记录满历史数据，新进来的数据会继续记录到历史数据文件中，并将最早的历史数据从历史数据文件中删除。这样会有历史数据丢失的情况，应及时备份历史数据文件。

2）检查趋势历史文件夹里各个趋势标签创建的文件，核查文件的大小，可以将非零历史趋势文件复制到其他备份文件夹，然后删除文件，系统会自动地重新创建趋势文件并记录历史数据。

4. 学习成果评价

序号	评价内容	评价标准	评价结果（是/否）
	趋势历史文件	1）理解趋势历史文件大小计算原理和公式 2）具备评估趋势服务器历史数据存储空间大小的能力	

五、课后作业

按照本职业能力的基本知识介绍趋势历史文件大小计算的方法，计算 10 个模拟量趋势标签，每 10s 产生一个样本，并且使用了 30 个数据文件，1 年需要产生的历史数据文件会占用多大本地存储空间？

职业能力 4.3.3 能理解 Plant SCADA 过程分析器的属性、功能并对其进行调用

一、核心概念

1. 过程分析器

过程分析器是一个可以添加到 Plant SCADA 软件平台图形界面中的 ActiveX 控件。过程分析器除了将控件添加到软件平台图形界面之外，不需要进行其他任何操作。它可以在同一窗口中显示各种趋势和报警数据，并对这些趋势和报警信息进行分析和数采处理，以便操作人员和工艺人员分析对比控制过程各参数的关系，制定更为合理的控制策略，并在控制系统中进行控制逻辑的更新和检验优化策略的有效性。

2. 过程分析器光标

过程分析器中的光标，类似游尺。它主要用于查看某个具体时间点、趋势标签值，

对同一时刻的几个相关趋势标签数据进行显示,以便操作人员和工艺人员精准比较和分析。

二、学习目标

1. 了解过程分析器的功能。
2. 掌握调用过程分析器的方法和步骤。
3. 掌握在过程分析中添加趋势笔的方法。

三、基本知识

1. 过程分析器调用和运行界面

过程分析器是使用现有趋势和报警服务器所提供的相同信息,因此除了创建趋势和报警标签之外,不需要进行任何额外的趋势或报警配置。过程分析器运行界面如图 4-52 所示。

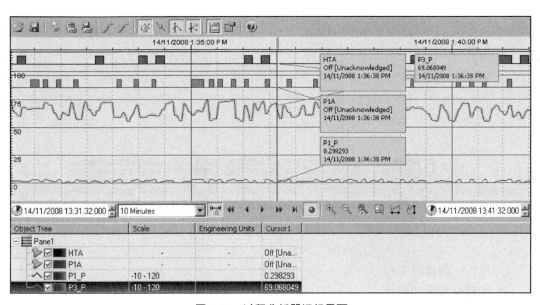

图 4-52 过程分析器运行界面

调用过程分析器 ActiveX 控件,具体操作是打开软件平台的图形编辑器,选择图形编辑器工具箱中的过程分析器按钮,如图 4-53 所示。

2. 创建过程分析器界面并调用过程分析的操作步骤

第一步:打开软件平台图形编辑器,如图 4-54 所示,然后基于 tab_style_1 singlepa 模板创建新界面;

第二步:将界面另存为过程分析器;

图 4-53 过程分析器窗口

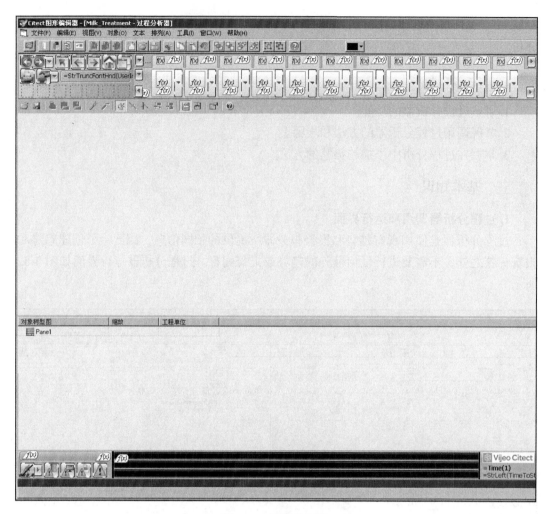

图 4-54　图形编辑器

第三步：编译此工程。

3. 过程分析器的属性

操作员可使用"过程分析器"控件查看趋势和/或报警标签数据（实时和历史数据），以便在运行期间通过其现有 Plant SCADA 软件平台组态的服务器架构进行比较和分析，过程分析器窗口如图 4-55 所示。用户可以在设计时配置过程分析器控件的某些属性。

4. 在过程分析器中显示标签

在运行期间，趋势和报警标签会添加到过程分析器中。可以在任何窗格中添加（或删除）趋势笔。可使用添加新趋势笔对话框添加趋势笔，如图 4-56 所示。操作员可使用此对话框搜索趋势和报警标签，然后将趋势笔添加到将显示这些标签的当前窗口中。操作员可以选择和配置其类型和名称。

要将新趋势笔添加到过程分析器中，单击主工具栏上的添加趋势笔 按钮，然后使用添加新趋势笔对话框，如图 4-57 所示。

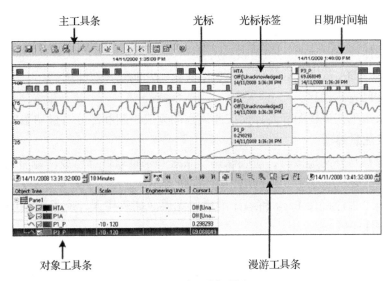

图 4-55 过程分析器窗口

图 4-56 添加趋势笔

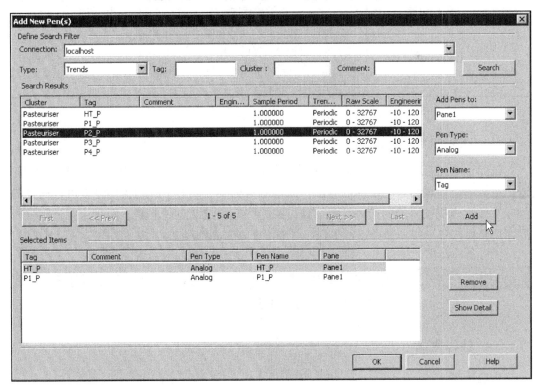

图 4-57 添加新趋势笔对话框

四、能力训练

1. 操作条件
- Plant SCADA 软件在计算机上成功地安装,并能正常地使用。
- 新工程已完成创建。
- 巴氏灭菌工艺流程图静态界面按照流程图完成绘制和部分对象动态属性的设置。

2. 安全及注意事项
- 当计算机与外网连接时,应确保操作系统和杀毒软件都已成功地启动,能够有效地保护计算机系统不受外网黑客或病毒的攻击。

注意:新工程应确保 Pack 和编译准确、无误。如有错误,应根据系统提示逐一地解决,直到编译完成。

3. 操作过程
掌握调用过程分析器和添加趋势笔的方法参见基本知识相关内容及截图。

问题情境:

问:过程分析器是否可以以弹出窗口的形式进行展示,如何设置?

答:可以,应按照创建弹出窗口的原则保存,即可以使用弹窗模板创建弹出式的"过程分析器"界面,例如使用名称 !ProcessAnalystPopup 保存。同时,在界面上设计一个按钮(趋势分析),以弹出式过程分析器样本按钮访问它。

4. 学习成果评价

序号	评价内容	评价标准	评价结果(是/否)
	过程分析器	1)理解过程分析的功能和作用 2)掌握过程分析器的调用和组态方法 3)能够在被调用的过程分析器中添加趋势笔和搜索趋势标签	

五、课后作业

按照本职业能力的基本知识介绍过程分析器的调用组态方法,创建一个趋势界面,编译运行后,通过趋势笔添加的方法,添加趋势标签。如不了解趋势标签,可以通过趋势标签搜索查找并添加到趋势笔中。通过减趋势笔按钮减少趋势笔。同时,对过程分析界面工具栏的各个操作命令进行操作,了解它们的功能特点。

职业能力4.3.4 能区分 Plant SCADA 趋势笔的种类并能掌握更改过程分析器属性的方法

一、核心概念

1. 趋势笔
在过程分析器中,每一个趋势标签都会在过程分析器动态窗口中以不同的形式展示,比如模拟量趋势标签,它的历史值和实时值会在过程分析器中以趋势标签的采样值进行拟合,使其成为一条动态的线条。这条线在 Plant SCADA 中称之为趋势笔。趋势笔的颜色、粗细等属性可以在过程分析器的属性窗口中进行组态和保存。

2. 过程分析器的属性

在 Plant SCADA 软件平台的每个对象都有其属性可以定义和设置。过程分析器的属性功能是对过程分析器的外观、历史数据源、连接路径、各类趋势笔颜色和数据拟合模式等进行定义,满足不同人对趋势数据查看分析的要求。

二、学习目标

1. 了解趋势笔的种类和在过程分析中的表现形式。
2. 掌握更改过程分析器属性的方法。

三、基本知识

1. 过程分析器趋势笔的分类和表现形式

过程分析器趋势笔可显示趋势或报警数据。过程分析器支持三种类型的趋势笔:模拟量、数字量、报警。

"过程分析器"控件通常使用模拟量趋势笔来表示非二进制数据。只有模拟量趋势笔具有值(垂直)轴(依据该轴来标绘数据),如图 4-58 所示。

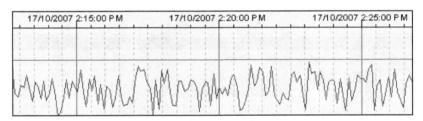

图 4-58 模拟量趋势笔具有值(垂直)轴

"过程分析器"控件通常使用数字量趋势笔来表示二进制数据。趋势笔上的值限制在 0～1 的范围内。任何等于或大于 0.5 的值将被强制为 1,所有其他值被强制为 0。数字为 1 将以填充颜色表示,如图 4-59 所示。

图 4-59 数字为 1 将以填充颜色表示

过程分析器使用报警趋势笔以图形方式显示一段时间内 Plant SCADA 报警的历史记录。过程分析器支持显示在软件平台中定义的所有 7 种不同类型的报警。报警的开/关、状态更改和确认将在报警趋势笔显示中以图形方式表示。为实现此目的,报警趋势笔包含 3 个元素:报警状态、开/关和确认。

图 4-60 所示为报警趋势笔如何显示报警标签的信息。

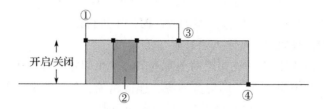

图 4-60 显示报警标签的信息

①—报警在初始状态下处于打开状态且未被确认
②—报警解决，但仍未被确认
③—报警已被确认（但仍处于当前状态）
④—报警已关闭

每种趋势笔都有其自己的图形表示。在运行期间，可以配置大多数趋势笔属性。

2. 更改过程分析器的属性

可使用过程分析器控件属性对话框在过程分析器中配置视图，如图 4-61 所示。单击显示属性按钮或右键单击此窗格，然后从菜单中选择属性。

打开软件平台过程分析器控件属性对话框，如图 4-62 所示。

图 4-61 在过程分析器中配置视图

图 4-62 过程分析器控件属性对话框

更改过程分析器的某一属性或参数，保存即可更改。同时，通过过程分析器上集成的各类工具，可以完成如下操作：

1）保存过程分析器视图：
- 单击保存视图 按钮；
- 将此视图命名为 All Trends.pav，如图 4-63 所示，然后单击"Save"按钮。

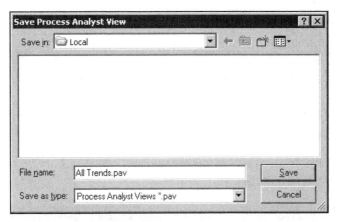

图 4-63　视图命名为 All Trends.pav

2）删除趋势：选择窗格下半部分中的任何趋势，然后单击删除趋势笔 按钮。
3）打开已保存的"趋势分析器"视图：
- 单击主工具栏上的加载视图 按钮。
- 选择已保存的视图，如图 4-64 所示。

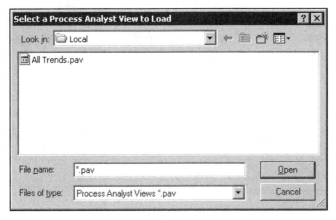

图 4-64　选择已保存的视图

- 单击"打开"按钮。此视图将显示为其保存时的样子，其中删除的趋势笔已返回到显示中。

另外，通过使用过程分析器可以比较一个趋势笔在不同时间点的值。具体操作如下：

第一步：从显示中删除趋势笔。
1）选择 P1_P 趋势笔，系统会高亮显示此趋势笔，然后单击删除趋势笔 按钮。
2）对过程分析器中其他趋势笔重复上述操作，保留需要对比的趋势笔，例如 HT_P

趋势笔。

第二步：再次添加此趋势笔，以便可以对这些值进行比较。单击添加趋势笔按钮，然后添加 HT_P 趋势笔。对象树将显示两次此趋势笔，如图 4-65 所示。

图 4-65 对象树将显示两次趋势笔

第三步：为这些趋势笔启用垂直滚动功能，如图 4-66 所示。

1）单击显示属性按钮。

2）选择顶部的趋势笔，然后打开轴分页，单击"垂直"→"滚动"复选框。

3）对其他趋势笔重复上述操作。

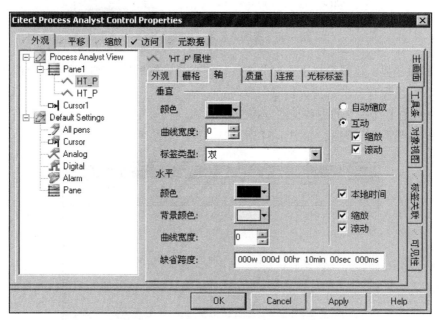

图 4-66 为趋势笔启用垂直滚动功能

4）单击"确定"以保存"修改的属性"对话框。

5）单击并按住"趋势笔"，然后将此行垂直向下拖动此界面，以分离两个趋势笔，如图 4-67 所示。

第四步：解锁趋势笔，如图 4-68 所示，以便可以单独移动它们。

1）单击主工具栏上的锁定/解锁趋势笔按钮。

2）单击并按住其中一个趋势笔，然后向右拖动，以便可以将同一趋势的当前数据与其之前的数据进行比较。

3）将此视图另存为 CompareTrend.pa。

注意：应利用工程备份过程分析器视图，选择备份对话框中的"保存子目录"选项。

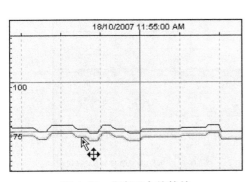

图 4-67 分离两个趋势笔

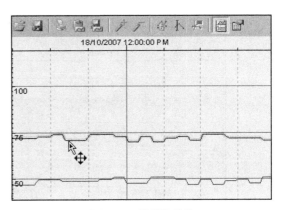

图 4-68 解锁趋势笔

3. 使用预加载的标签启动过程分析器窗口的具体组态和操作

第一步：创建弹出式"过程分析器"界面。

1）在图形编辑器中，基于 tab_style_1.poppa 模板创建一个新的界面。

2）以 !ProcessAnalystPopup 为文件名保存此界面。

第二步：使用自动加载以前保存的趋势，启动"过程分析器"界面。

1）在图形编辑器中，打开巴氏灭菌器界面，如图 4-69 所示。

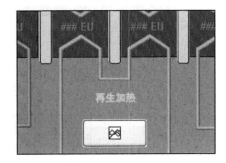

图 4-69 巴氏灭菌器界面

2）将一个按钮添加到具有以下属性的文本对象"再生加热"的下方。

外观（常规）符号	icons.trend1
输入（触击）弹出	ProcessAnalystWin("!ProcessAnalystPopup", 380,205,1+8+512," All Trends.pav")
访问（常规）提示（Tooltip）	弹出式趋势

第三步：将按钮放置在图 4-69 的显示位置。

第四步：保存界面。

第五步：测试更改。

1）编译并运行工程。

2）测试此按钮。

过程分析器弹出窗口如图 4-70 所示。

3）关闭工程。

第六步：将"关闭"按钮添加到弹出式界面中。

1）将一个按钮添加到弹出式界面右上角，以执行 WinFree() 函数。

2）调整"视图区域"以适合新尺寸，如图 4-71 所示。

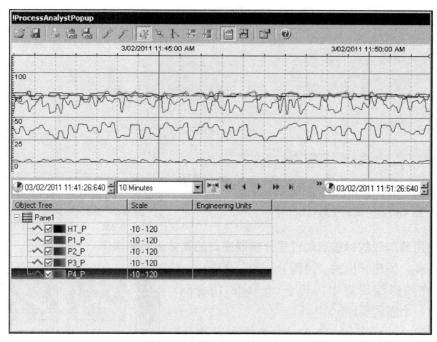

图 4-70 过程分析器弹出窗口

图 4-71 视图区域

3）保存此界面，编译并运行此工程以测试此新按钮。

4）关闭此弹出式界面。

四、能力训练

1. 操作条件

- Plant SCADA 软件在计算机上成功地安装并能正常使用。
- 新工程已完成创建。
- 巴氏灭菌工艺流程图静态界面按照流程图完成绘制和部分对象动态属性的设置。

2. 安全及注意事项

- 当计算机与外网连接时，应确保操作系统和杀毒软件都已成功启动，能够有效地保护计算机系统不受外网黑客或病毒的攻击。

注意：新工程应确保 Pack 和编译准确、无误。如有错误，应根据系统提示逐一地解决，直到编译完成。

3. 操作过程

掌握修改过程分析器的属性和以弹窗调用过程分析器的方法，参见基本知识相关内容及截图。

问题情境：

问：在过程分析器中，趋势数据通过光标显示特定时间点的值与现场同一时间的实际值不一致，是什么原因？

答：

1）这与显示过程分析器的本地显示器分辨率有关。例如以 1920×1080，16∶9 的液晶显示器为例说明。此显示器的横向是由 1920 个像素组成，过程曲线是通过这些像素点进行连接并呈现这条曲线。当查看一个采样时间为 1s 的趋势标签在一天的历史数据时，这一天的采样值为 24H*60m*60s，为 86400 个数值采样点，要在这个横向 1920 个像素的显示屏上是无法全部显示进行曲线拟合。在这种情况下，系统会根据过程分析器属性设置，趋势笔数值质量的设置，最大值，最小值或平均值显示。比如选择平均值，那么屏幕每个像素点会取这个时间点前 45 个采样值进行算术平均计算的数值，作为在此像素显示的值进行标注。其他点也是类似进行拟合。

2）通常，选择平均值来显示，但在特殊应用场合，需要看此时的卡边数值时，会选择最大值或最小值进行曲线拟合。

4. 学习成果评价

序号	评价内容	评价标准	评价结果（是/否）
1	过程分析器属性	1）理解过程分析属性的功能和作用 2）掌握过程分析器属性调用的方法 3）能够使用过程分析器自动功能，按照需求进行独立设置组态	
2	过程分析器弹窗调用	1）掌握跳出窗口的调用方法 2）能够创建趋势弹窗	

五、课后作业

按照本职业能力的基本知识介绍过程分析器属性调用方法进行操作，在 Milk_Treatment 工程创建一个过程分析器窗口，用于显示本界面趋势标签的曲线数据。编译运行后，查看不同类型的趋势表现形式和特点，比较它们的差异，理解过程分析器此种表现形式的意义。

职业能力 4.3.5　能使用 Plant SCADA 趋势引用其他数据源

一、核心概念

1. 实时趋势

过程分析器还可以显示"变量标签"和"局部变量"的"动态"趋势。这类趋势线通常称为实时趋势。这些备用的数据源可通过"趋势笔类型"下拉列表访问。它们与"趋势"标签不同。在对"变量"标签进行实时趋势之前，并没有任何相关的数据可用于显示该变量的历史数据。因此，实时变量的趋势线从实时趋势定义结束后开始。

2. 数据源

数据的来源是提供某种所需要数据的器件或原始媒体。在数据源中存储了所有建立数据库连接的信息。就像通过指定文件名称可以在文件系统中找到文件一样，通过提供正确的数据源名称，可以找到相应的数据库连接。数据源必须可靠且具备更新能力，常用的数据源有：观测数据，即现场获取的实测数据，它们包括野外实地勘测、量算数据，台站的观测记录数据，遥测数据等。分析测定数据，即利用物理和化学方法分析测定的数据。图形数据，各种地形图和专题地图等。统计调查数据，各种类型的统计报表、社会调查数据等。遥感数据，由地面、航空或航天遥感获得的数据。

二、学习目标

1. 理解实时趋势。
2. 掌握调用实时趋势的方法和步骤。

三、基本知识

除了显示"趋势"标签和"报警"的趋势线以外，过程分析器显示"变量标签"和"局部变量"的"动态"趋势组态操作步骤如下，在过程分析器中选择"变量标签"。

第一步：清除当前显示的所有趋势和报警趋势笔。

第二步：单击添加笔 按钮，以打开添加新笔对话框。

第三步：在类型下拉列表中，选择变量标签，如图 4-72 所示。

图 4-72　选择变量标签

第四步：单击搜索按钮，随即会显示在 Milk_Treatment 工程中定义的"变量"标签的完整列表，如图 4-73 所示。

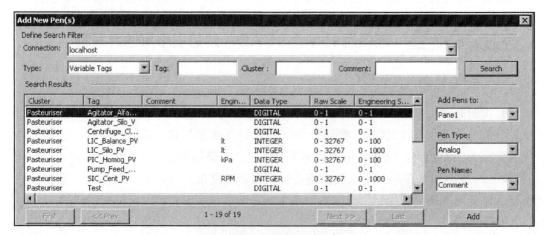

图 4-73　完整列表

第五步：滚动至列表底部，选择最后八个标签（从 TIC_HW_PV 至最后），如图 4-74 所示。

第六步：将趋势笔名称设置为标签，并单击添加按钮。

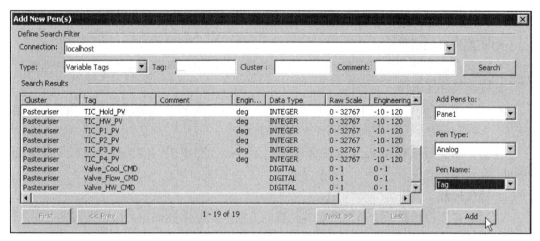

图 4-74　选择最后八个标签

第七步：单击"确定"以查看趋势线，如图 4-75 所示。

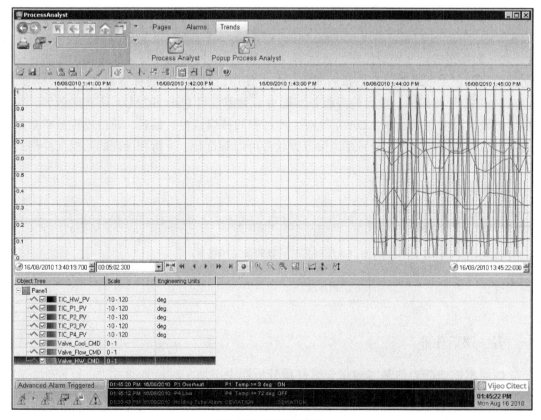

图 4-75　查看趋势线

应注意：选定的标签不存在"历史"信息，即曲线自创建趋势笔后开始显示。

四、能力训练

1. 操作条件
- Plant SCADA 软件在计算机上成功地安装，并能正常使用。
- 新工程已完成创建。
- 巴氏灭菌工艺流程图静态界面按照流程图完成绘制和部分对象动态属性的设置。

2. 安全及注意事项
- 当计算机与外网连接时，应确保操作系统和杀毒软件都已成功启动，能够有效地保护计算机系统不受外网黑客或病毒的攻击。

注意：新工程应确保 Pack 和编译准确、无误。如有错误，应根据系统提示逐一地解决，直到编译完成。

3. 操作过程
掌握在过程分析器添加和观察实时趋势的方法参见基本知识相关内容及截图。

问题情境：

问：在过程分析器中定义实时趋势，在实时趋势启动到关闭这段时间内的历史数据存储在什么位置？

答：

1）实时趋势的历史数据是存储在缓存中，当停止实时趋势服务时，系统会及时释放实时趋势的历史数据，将无法找回这些历史数据。

2）如果想看这些实时趋势的数据有三种方法，通过截图或录屏的方式，将监视时间段的数据记录下来并保存以备后期比较分析使用，或者将这些标签定义为趋势标签，重新 Pack 工程和编译，重启趋势服务器即可。无需重启 Plant SCADA 所有服务器，这样可以最大限度地保证 SCADA 系统对生产过程的持续监控。最后，通过过程分析数据的导出功能将实时趋势数据另存为第三方软件可以对打开、分析和处理的数据文件格式进行保存。

4. 学习成果评价

序号	评价内容	评价标准	评价结果（是/否）
	实时趋势	1）理解实时趋势的含义和意义 2）掌握在过程分析器中定义实时趋势的方法和步骤	

五、课后作业

按照本职业能力的基本知识介绍过程分析器中添加实时趋势的方法进行操作，在 Milk_Treatment 工程趋势界面，添加实时趋势标签和趋势标签比较它们的差异。

职业能力 4.3.6 能对 Plant SCADA 趋势数据进行导出并在对应软件中呈现

一、核心概念

1. 数据导出

Plant SCADA 的趋势数据是按照软件平台自定义历史数据存储格式存储在趋势服务器定义的目录下，如果想离线查看和分析这些历史数据，只能通过 Plant SCADA 软件平台提供的 Trend Viewer 工具来解析和展示。如果想在第三方数据分析软件平台进行分析和处理，过程分析器提供了数据导出功能，可以将趋势数据按照特定格式转出。

2. 输出导出格式

过程分析器的趋势数据导出支持历史数据导出的格式有剪切板和保存为文件两种。其中以剪切板模式导出，其过程数据会粘贴到任何应用程序，如 TXT、Word 等。保存为文件则可以将历史输出按照 Excel 的格式输出。

二、学习目标

1. 了解过程分析器历史数据导出及格式。
2. 掌握在过程分析器中做历史数据导出的方法和步骤。

三、基本知识

过程分析器支持用户将当前显示的数据导出到剪贴板，或直接导出到 Excel。若使用此功能，请单击复制到剪贴板按钮或复制到文件按钮。

将历史数据通过剪贴板命令允许用户将整组数据粘贴到 Word 文件中的数据格式如图 4-76 所示。

Time	ms	Panel-TIC_P1_PV	Panel-TIC_P2_PV	Panel-TIC_P3_PV	Panel-TIC_P4_PV	Panel-P1_P	Panel-P2_P	Panel-P3_P	Panel-P4_P
40291.608530092592	827	3.00119	28.457483	62.144464	71.939625	3	27.996563	62.999063	77.997813
40291.608541666668	538	3.00119	30.06744	61.860296	71.101672	3	27.996563	62.999063	74.235011
40291.608553240738	248	3.00119	31.677396	61.576128	71.082452	3	27.996563	62.999063	70.998125
40291.608553240738	959	3.00119	33.287422	61.291948	71.202116	3	27.996563	62.999063	70.998125
40291.608564814815	669	2.983686	34.897378	61.00778	71.321776	3	27.996563	61.661276	70.998125
40291.608576388891	380	2.703	36.507334	61.416336	71.441435	3	27.996563	61.000313	70.998125
40291.608587962961	90	2.422313	38.117291	61.842587	71.561094	3	27.996563	61.000313	70.998125
40291.608587962961	801	2.141627	39.727247	62.268839	71.680754	3	27.996563	61.000313	70.998125
40291.608599537038	512	1.86094	41.337204	62.695091	71.800413	3	27.996563	61.000313	70.998125
40291.608611111114	222	1.580241	42.947229	63.121361	71.920078	3	31.552224	61.000313	71.220185
40291.608611111114	933	1.299555	43.614559	63.547613	72.1621	3	42.922919	61.000313	71.930312
40291.608622685184	643	1.018868	42.499057	63.973864	72.635552	1.714122	43.99875	62.929129	71.9975

图 4-76　Word 文件中的数据格式

而复制的文件则可将整组数据直接保存到用户所选文件夹内的 .XLS 文件中，如图 4-77 所示。

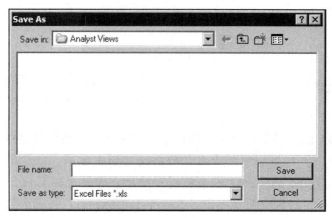

图 4-77　保存到用户所选文件夹内的 .XLS 文件中

其历史数据导出格式如图 4-78 所示。

	A	B	C	D	E	F	G	H	I	J
1	Time	ms	Pane1-TIC_P1_PV	Pane1-TIC_P2_PV	Pane1-TIC_P3_PV	Pane1-TIC_P4_PV	Pane1-P1_P	Pane1-P2_P	Pane1-P3_P	Pane1-P4_P
2	2:06:42 PM	827	2.001404	31.591919	63.668125	72.069219	2.000625	35.995625	61.999688	72.862683
3	2:06:43 PM	538	2.001404	30.577034	64.236461	72.661705	2.000625	35.995625	61.999688	71.9975
4	2:06:44 PM	248	2.001404	29.562149	64.804796	73.254191	2.000625	35.995625	61.999688	71.9975
5	2:06:44 PM	959	2.001404	28.54722	65.373156	73.846703	2.000625	35.995625	61.999688	71.9975
6	2:06:45 PM	669	2.001404	27.532335	65.941492	74.439189	2.000625	35.995625	64.67526	71.9975
7	2:06:46 PM	380	2.130345	26.51745	66.254731	75.031675	2.000625	32.197628	65.997188	71.9975
8	2:06:47 PM	90	2.272202	26.199316	66.538898	75.624161	2.000625	25.997012	65.997188	71.9975
9	2:06:47 PM	801	2.414059	26.60527	66.823066	76.216647	2.000625	25.997812	65.997188	71.9975
10	2:06:48 PM	512	2.555916	27.011224	67.107234	76.809133	2.000625	25.997812	65.997188	74.555963
11	2:06:49 PM	222	2.697779	27.417195	67.391414	76.761206	2.000625	25.997812	65.997188	76.998438
12	2:06:49 PM	933	2.839636	27.823149	67.675582	76.405996	2.000625	25.997812	65.997188	76.998438
13	2:06:50 PM	643	2.981493	28.229103	67.95975	76.050786	2.643564	25.997812	67.283065	76.998438
14	2:06:51 PM	354	3.00119	28.635057	67.999207	75.695576	3	25.997812	67.995938	76.998438
15	2:06:52 PM	64	3.00119	29.041011	67.999207	75.340367	3	25.997812	67.995938	76.998438
16	2:06:52 PM	775	3.00119	29.446965	67.999207	74.985157	3	25.997812	67.995938	76.998438
17	2:06:53 PM	486	3.00119	29.852937	67.999207	74.629932	3	27.941198	67.995938	76.998438
18	2:06:54 PM	196	3.00119	30.388641	67.999207	74.274722	3	29.999375	67.995938	76.410121
19	2:06:54 PM	907	3.00119	30.997572	67.999207	74.111732	3	29.999375	67.995938	74.27974
20	2:06:55 PM	617	3.00119	31.606603	67.999207	74.585345	3	29.999375	67.995938	74.000313
21	2:06:56 PM	328	2.882619	32.215434	67.287777	75.058958	3	29.999375	67.995938	74.000313
22	2:06:57 PM	39	2.740755	32.824391	66.436598	75.532591	3	29.999375	67.995938	74.000313
23	2:06:57 PM	749	2.598898	33.433322	65.585456	76.006204	3	29.999375	67.995938	74.000313
24	2:06:58 PM	460	2.457041	34.042253	64.734313	76.479817	3	29.999375	67.995938	74.000313
25	2:06:59 PM	170	2.315184	34.651184	63.883171	76.95343	3	29.999375	67.995938	74.000313
26	2:06:59 PM	881	2.173327	35.260115	63.032029	77.427043	3	29.999375	67.995938	74.000313
27	2:07:00 PM	591	2.03147	35.869046	62.180886	77.900656	2.408969	33.545558	64.449754	76.364435
28	2:07:01 PM	302	2.001404	35.518691	62.448391	77.347476	2.000625	35.995625	61.999688	77.997813
29	2:07:02 PM	13	2.001404	34.910367	63.016726	76.518184	2.000625	35.995625	61.999688	77.997813
30	2:07:02 PM	723	2.001404	34.302044	63.585062	75.688891	2.000625	35.995625	61.999688	77.997813

图 4-78　历史数据导出格式

四、能力训练

1. 操作条件

- Plant SCADA 软件在计算机上成功地安装，并能正常使用。
- 新工程已完成创建。
- 巴氏灭菌工艺流程图静态界面按照流程图完成绘制和部分对象动态属性的设置。

2. 安全及注意事项

- 当计算机与外网连接时，应确保操作系统和杀毒软件都已成功地启动，能够有效地保护计算机系统不受外网黑客或病毒的攻击。

注意：新工程应确保 Pack 和编译准确、无误。若有错误，应根据系统提示逐一地解决，直到编译完成。

3. 操作过程

掌握在过程分析器中导出历史数据的方法参见基本知识相关内容及截图。

问题情境：

问：从过程分析器中，通过复制到文件的方式，将历史数据导出到 Excel 软件平台，其中时间字段乱码，没有正确显示年、月、日、时、分、秒，如何让时间字段正常显示？

答：在 Excel 文件中，选中时间字段列并修改此类数据属性，按照时间格式显示，并选择当地时间显示的格式，即可正常显示。

4. 学习成果评价

序号	评价内容	评价标准	评价结果（是/否）
	实时趋势数据导出	1）理解历史数据导出和输出导出格式 2）掌握在过程分析器导出趋势历史数据的方法和步骤	

五、课后作业

按照本职业能力的基本知识介绍过程分析器中导出趋势历史数据的方法进行操作，在 Milk_Treatment 工程趋势界面，添加实时趋势标签和实时趋势标签进行数据导出。比较粘贴剪切板模式和复制到文件的差异和各自的特点。

工作领域 5

Plant SCADA 系统菜单、报表与安全组态设计

工作任务 5.1　SCADA 系统菜单管理及组态

职业能力 5.1.1　能熟练使用 Plant SCADA 菜单配置工具并实现简单操作

一、核心概念

1. 菜单系统

在整个 Plant SCADA 软件平台组态的工程中，界面导航的主要方法是使用"菜单系统"。如果工程构建过程中没有专门的创建菜单系统，软件平台将创建一个默认菜单系统。但这一菜单系统可能无法提供足够的灵活性。菜单选项可用于打开特定的图形界面或启动 Cicode 函数。设计良好的菜单系统有助于操作员正确使用软件平台组态开发的工程。

2. 菜单级别

在 Plant SCADA 中，使用 Tab_Style_Include 模板创建的模板或自定义的模板，会有界面导航菜单，即系统菜单。系统菜单分为父子关系菜单，即主菜单下包含若干个子菜单，每个子菜单的下面包含若干个子菜单，依次类推，可以包含 6 层级。Plant SCADA 软件平台中称为菜单级别，最多支持 6 级。

二、学习目标

1. 了解菜单目录。
2. 掌握定义组态菜单配置的位置。

三、基本知识

在 Plant SCADA 软件平台的工程编辑主界面的可视化菜单目录，提供"菜单配置"工具，可以配置菜单的结构。具体访问选择如图 5-1 所示。

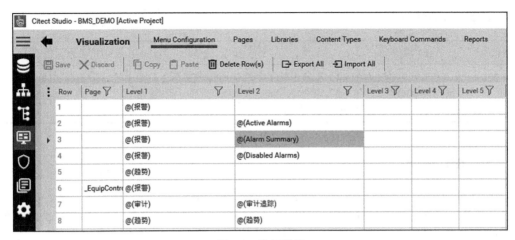

图 5-1 访问选择

菜单条目通常可用来显示特定的图形界面，但工程开发人员也可从菜单项中启动 Cicode 函数或报表。不同级别的菜单名称须全部为通用名称，这样任何模板系统（当前的 Tab_Style_Include、较早的 CSV_Include 或任何较新的工程）均可以适当的方式利用菜单定义。

菜单条目将按 pagemenu.dbf 文件中定义的顺序显示在当前运行的工程中。如果需要以不同的顺序显示，则应使用顺序字段为每个条目提供连续号码。

四、能力训练

1. 操作条件
- Plant SCADA 软件在计算机上成功地安装，并能正常地使用。
- 新工程已完成创建。
- 巴氏灭菌工艺流程图静态界面按照流程图完成绘制和部分对象动态属性的设置。

2. 安全及注意事项
- 当计算机与外网连接时，应确保操作系统和杀毒软件都已成功地启动，能够有效地保护计算机系统不受外网黑客或病毒的攻击。

注意：新工程应确保 Pack 和编译准确、无误。若有错误，应根据系统提示逐一地解决，直到编译完成。

3. 操作过程

掌握系统菜单定义的路径方法参见基本知识相关内容及截图。

问题情境：

问：系统菜单组态后，如果菜单顺序不符合要求，应如何调整？

答：

1）通过 Excel 表的 Addin 功能，打开本项目的 pagemenu.dbf 文件，对已创建的菜单顺序进行调整并保存，可以高效地完成菜单顺序的调整。

2）可以在 Plant SCADA 的菜单配置中进行调整，但不如在 Excel 的 Addin 中调整的效率高。

4. 学习成果评价

序号	评价内容	评价标准	评价结果（是/否）
	系统菜单配置	1）理解系统菜单的作用和意义 2）掌握在 Plant SCADA 系统中调整系统菜单的位置	

五、课后作业

按照本职业能力的基本知识的介绍调整系统菜单配置的位置，打开软件平台自带的 Demo 程序，查看其系统菜单的组态顺序，了解需要配置哪些参数。对比下一章节的介绍和学习，组态定义 Milk_Treatment 工程的系统菜单。

职业能力 5.1.2　能根据排序原则对 Plant SCADA 菜单进行顺序调整和图标组态

一、核心概念

1. 系统菜单顺序

系统菜单导航条内从左向右、从上到下的显示顺序是系统菜单设置的顺序原则。同时，按照通常设计为工艺界面、报警、趋势、SOE、报表、系统诊断和在线帮助。特别是在工艺界面会按照工艺流程顺序分为几个等级，报警界面会分为三个子界面，如实时报警、历史报警、禁用报警和系统报警。

2. 更改菜单条目顺序规则

- 在顺序字段中已分配值的任何菜单项均会以该值的顺序显示。
- 对于具有相同顺序值的任何菜单项，它将以在"菜单配置"工具中指定的顺序显示在运行中的工程中。
- 对于没有分配顺序编号的任何菜单项，则以在"菜单配置"工具中定义的相同顺序显示在运行中的工程中，且位于已编号项目之前。空白的顺序编号字段视为"顺序编号"为零。

二、学习目标

1. 了解系统菜单创建的注意点。
2. 掌握系统菜单创建的方法和步骤。

三、基本知识

创建菜单应要注意两点，即菜单级别和创建顺序。

1. 菜单级别

菜单系统具有 4 个级别（以 Plant SCADA 软件平台自带示例工程）为例解释如下：

1级：根据"分页风格"菜单的通用原则，级别1的菜单条目将形成分页。在此实例中，"新增功能""示例"等形成1级菜单项，与此菜单级别相关联的图标（摘自icons_16x16库），图标1如图5-2所示。

图5-2　图标1

2级：2级菜单项是每个1级分页的子选项集。图5-2中显示了"新增功能"分页的2级条目；图5-3中显示了"工具"分页的2级项目。应注意到，"工程设计界面"2级菜单项为禁用，因为它具有连接权限要求，而当前登录的用户尚未满足该要求，与2级菜单项相关联的图标2（摘自icons_32x32库）如图5-3所示。

图5-3　图标2

3级：任何2级项目均有一个与之相连的下拉菜单（该下拉菜单是一系列3级菜单项）。任何具有3级下拉列表的2级项目均有一个与之相连的向下放置的小三角形，正如图5-3的"新模板"和"标签扩展"项所示，3级菜单项不使用图标符号，如图5-4所示。

图5-4　3级菜单项

4级：4级菜单项将显示为与3级菜单项右侧相连的侧面菜单。同样，4级菜单项旁边的小三角型表示它具有子菜单项，如图5-5所示。

图5-5　子菜单项

注意：将 4 级项目添加到现有的 3 级项目时，系统将自动删除 3 级菜单项中既定的操作，因为父项将变为子菜单列表的占位符。对于那些具有关联界面和子菜单项的 1 级或 2 级项目来说，这一点不适用。

2. 创建顺序

处理 PageMenu.DBF 文件中的条目时，软件平台的编译器需要先处理父条目，然后查找依赖于这些父条目的子菜单项。在正常实践中，工程编辑器将创建最高级的菜单项，随后沿着下一级结构创建第一个 2 级项目，再创建下一级项目；在创建 2 级项目之后，再创建其所有 3 级项目，依此类推。图 5-6 显示了创建的合理顺序：

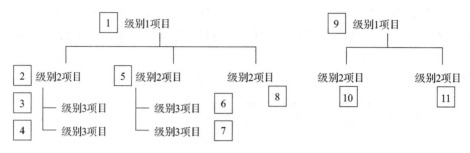

图 5-6　创建的合理顺序

按照软件平台关于自定义菜单的原则，组态 Demo 项目的访问菜单。具体操作步骤如下：

第一步：打开软件平台工程编辑主界面，选择主菜单中的可视化 → 菜单配置，操作步骤一如图 5-7 所示。

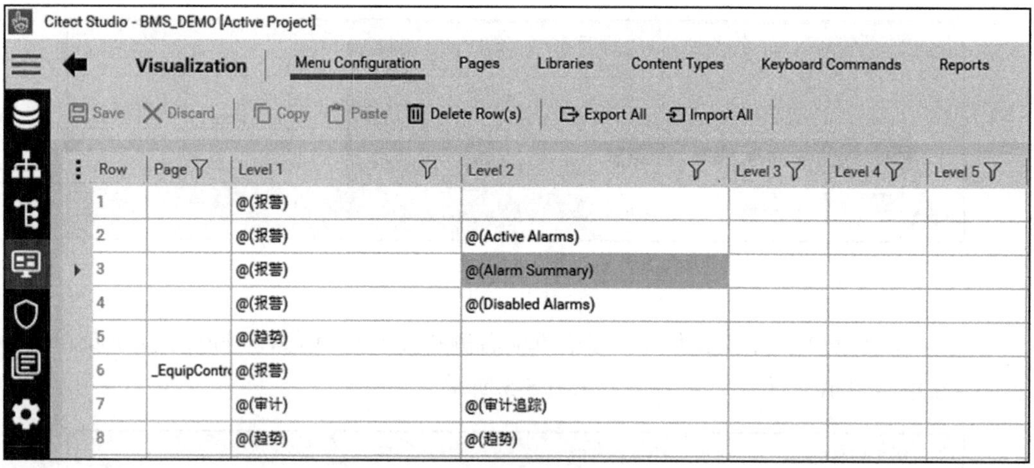

图 5-7　操作步骤一

在菜单配置表中，每行可以定义一个可以访问的菜单，并可以组态各级菜单之间的父子关系。

第二步：创建以下菜单条目，操作步骤二如图 5-8 所示。

1. 顶级项目	
1级	主页（Home）
2级	
3级	
菜单命令	PageDisplay("Tab_Style_Startup")
符号	icons_16x16.page

2. 2级"界面"项	
1级	主页（Home）
2级	"工厂（Plant）"界面
3级	
菜单命令	
符号	icons_32x32.time

3. 3级"巴氏灭菌器"项	
1级	主页（Home）
2级	"工厂（Plant）"界面
3级	巴氏灭菌器（Pasteuriser）
菜单命令	PageDisplay("Pasteuriser")
符号	

4. 3级"测试"项	
1级	主页（Home）
2级	"工厂（Plant）"界面
3级	测试（Test）
菜单命令	PageDisplay("Test")
符号	

5. 3级"实用程序"项	
1级	主页（Home）
2级	"工厂（Plant）"界面
3级	实用程序（Utility）
菜单命令	PageDisplay("Utility")
符号	

6. 2级"报警"项	
1级	主页（Home）
2级	报警（Alarms）
3级	
菜单命令	
符号	icons_32x32.alarm_act

图 5-8 操作步骤二

7.3级"激活的报警"项	
1级	主页（Home）
2级	报警（Alarms）
3级	激活（Active）
菜单命令	PageDisplay("Alarm")
符号	

8.3级"禁用的报警"项	
1级	主页（Home）
2级	报警（Alarms）
3级	禁用（Disabled）
菜单命令	PageDisplay("Disabled")
符号	

9.3级"硬件报警"项	
1级	主页（Home）
2级	报警（Alarms）
3级	硬件（Hardware）
菜单命令	PageDisplay("Hardware")
符号	

10.3级"报警汇总"项	
1级	主页（Home）
2级	报警（Alarms）
3级	摘要（Summary）
菜单命令	PageDisplay("Summary")
符号	

11.2级"趋势"项	
1级	主页（Home）
2级	趋势（Trend）
3级	摘要（Summary）
菜单命令	
符号	icons_32x32.trend

12.3级"分析器"项	
1级	主页（Home）
2级	趋势（Trend）
3级	过程分析器（ProcessAnalyst）
菜单命令	PageDisplay("ProcessAnalyst")
符号	

图 5-8 操作步骤二（续）

将以上各级菜单配置参数，在图 5-9 中逐一填写组态保存。

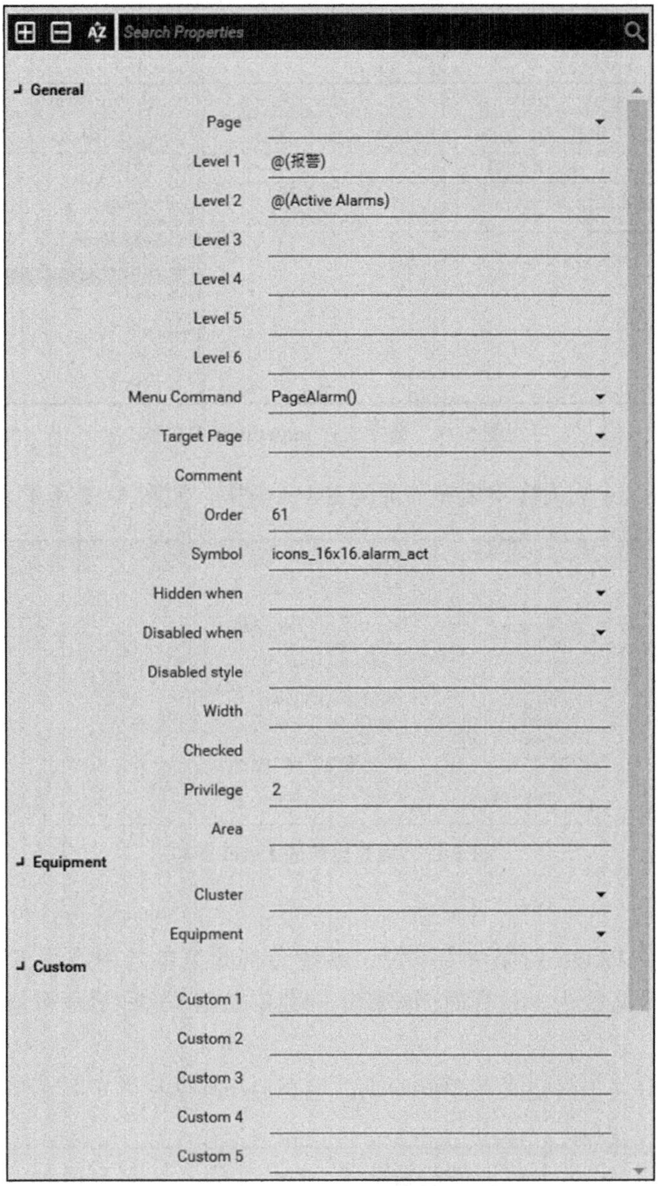

图 5-9 填写组态保存

第三步：测试更改。
1）编译并运行工程。
2）使用菜单项在界面之间导航。
3）关闭工程。
操作步骤三如图 5-10 所示。
第四步：查看 Excel 中的菜单（可选）。
1）打开 Excel。

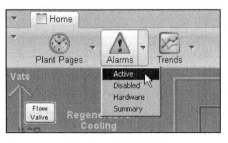

图 5-10 操作步骤三

2）确认 Excel 仍与 Plant SCADA 软件平台工程相连。此操作在上面的使用 Excel 编辑 DBF 文件结束说明，请查看相关内容，这里不再赘述。

3）在"SCADA 表"下拉列表中，选择文件 pagemenu.DBF，如图 5-11 所示。

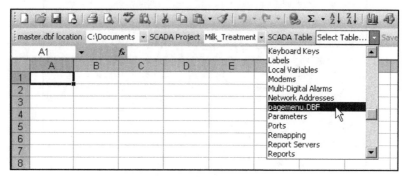

图 5-11 选择文件 **pagemenu.DBF**

4）Pagemenu.dbf 的内容将填充当前的 Excel 窗格，如图 5-12 所示。

	A	B	C	D	E	F	G	H	I	J
1	PAGE	LEVEL1	LEVEL2	LEVEL3	LEVEL4	COMMAND	HIDDEN	DISABLED	DISSTYLE	SYMBOL
2		Home				PageDisplay("Tab_Style_Startup")				icons_16x16.page
3		Home	Plant Pages							icons_32x32.time
4		Home	Plant Pages	Pasteuriser		PageDisplay("Pasteuriser")				
5		Home	Plant Pages	Test		PageDisplay("Test")				
6		Home	Plant Pages	Utility		PageDisplay("Utility")				
7		Home	Alarms							icons_32x32.alarm_act
8		Home	Alarms	Active		PageDisplay("Alarms")				
9		Home	Alarms	Disabled		PageDisplay("Disabled")				
10		Home	Alarms	Hardware		PageDisplay("Hardware")				
11		Home	Alarms	Summary		PageDisplay("Summary")				
12		Home	Trends							icons_32x32.trend
13		Home	Trends	Process Analyst		PageDisplay("ProcessAnalyst")				
14										

图 5-12 填充当前的 **Excel** 窗格

5）关闭 Excel。

注意：通过将 PAGE 列保留为空白，系统会将此菜单结构应用于工程中的每个界面。工程开发人员必须为少量界面创建特定的菜单条目（这些界面可能需要给权限较高的用户使用）。

按照软件平台关于自定义菜单的原则，组态 Demo 项目的工具菜单。具体操作步骤如下：

第一步：在"主页"分页上创建新菜单，操作步骤一如图 5-13 所示。

1）打开工程编辑器中的"菜单配置"工具。

2）添加图 5-13 所示的菜单项。

1.2 级"工具"项	
1 级	主页（Home）
2 级	工具（Tools）
3 级	
菜单命令	
符号	icons_32x32.maint

图 5-13 操作步骤一

2.3级"标签调试"项	
1级	主页（Home）
2级	工具（Tools）
3级	标签调试
菜单命令	TagDebug()
符号	

3.3级"显示内核"项	
1级	主页（Home）
2级	工具（Tools）
3级	显示内核
菜单命令	DspKernel（1）
符号	

4.3级"关闭"项	
1级	主页（Home）
2级	工具（Tools）
3级	关闭（Shundown）
菜单命令	Shutdown()
符号	

图 5-13 操作步骤一（续）

第二步：测试更改。

1）编译并运行工程。

2）测试新建命令的运行情况。操作步骤二如图 5-14 所示。

图 5-14 操作步骤二

3）关闭工程。

第三步：更改菜单项的顺序。

默认情况下，菜单项（4个级别中的任何一级）将以在"菜单配置"工具中定义相同顺序显示在当前正运行的工程中。例如，先前定义的"工具"菜单（见图 5-15），将以相同的顺序显示正在运行的工程菜单（见图 5-16）。

	A	B	C	D	E	F
1	PAGE	LEVEL1	LEVEL2	LEVEL3	LEVEL4	COMMAND
14		Home	Tools			
15		Home	Tools	Tag Debug		TagDebug()
16		Home	Tools	Display Kernel		DspKernel(1)
17		Home	Tools	Shutdown		Shutdown()

图 5-15 操作步骤三

图 5-16　以相同的顺序显示正在运行的工程菜单

四、能力训练

1. 操作条件
- Plant SCADA 软件在计算机上成功地安装，并能正常使用。
- 新工程已完成创建。
- 巴氏灭菌工艺流程图静态界面按照流程图完成绘制和部分对象动态属性的设置。

2. 安全及注意事项
- 当计算机与外网连接时，应确保操作系统和杀毒软件都已成功地启动，能够有效地保护计算机系统不受外网黑客或病毒的攻击。

注意：新工程应确保 Pack 和编译准确、无误。若有错误，应根据系统提示逐一地解决，直到编译完成。

3. 操作过程
掌握系统菜单级别及顺序的组态方法参见基本知识相关内容及截图。

问题情境：
问：系统菜单 COMMAND 命令列的作用？
答：
1) COMMAND 命令列用来组态系统菜单按钮背后调用的功能函数。
2) 系统菜单主要用于界面导航，所以功能函数主要就是 Pagedisplay（"页面名称"）。

4. 学习成果评价

序号	评价内容	评价标准	评价结果（是/否）
	系统菜单顺序	1）理解系统菜单级别及顺序 2）掌握在菜单级别及顺序的组态方法及步骤	

五、课后作业

按照本职业能力的基本知识介绍系统菜单级别及顺序配置的位置，组态定义 Milk_Treatment 工程的系统菜单、保存、编译并运行，对比自己定义的菜单与基本知识介绍的功能有何差异，并找出问题所在，直到调整与基本知识介绍的功能一致为止。

职业能力 5.1.3 能理解 Plant SCADA 主页按钮的功能并对其进行组态

一、核心概念

1. 主页按钮

在 Plant SCADA 界面模板集成常用的功能按钮，可以实现 SCADA 监控界面的导航，主页快捷键和用户登录，退出和注销等功能。

2. INI 配置文件

安装 Plant SCADA 软件后，软件会自动地生成一个与本地计算机相匹配的一个环境参数配置文件，可以设置系统启动时的预设参数，如报警、报警各个字段显示长度、数据回填和显示屏数量等约束软件在 Runtime 模式的功能和行为，称为 INI 文件。如果系统无法正常启动或功能异常，应核查 INI 参数并更新保存，重启生效。

二、学习目标

1. 了解监控界面导航按钮的功能。
2. 掌握按钮的操作和预设主页参数设置的方法。

三、基本知识

主页按钮作为 Tab_Style_Include 工程中正常（Normal）模板的一部分，系统提供了一系列预定义的导航按钮。

这些按钮的定义如下：

按钮	功能描述
	向前和向后浏览最近查看过的图形界面。向下箭头允许用户打开最近浏览界面的列表。此工具的功能与任何网络浏览器中类似按钮的功能相同
	工程中的任何图形界面都有一个已定义的"父界面"。此按钮将导航至当前界面的已定义父界面
	图形界面可成为一组界面（可能是指复杂工业流程中的连续界面）的组成部分。以该序列排列的每个界面均有既定的"上一界面"和"下一界面"。这类按钮可用来导航该界面序列
	此按钮将导航至工程的既定主界面
	该界面按钮将显示工程中每个界面的列表，允许操作人员选择要显示的任何界面
	登录按钮。单击此按钮将显示登录对话框。单击右侧的向下小箭头，将会显示登录相关的菜单

配置"主界面"按钮具体步骤如下：

第一步：配置 Citect.ini 文件中的"主界面"工程。

1)从软件平台工程编辑主界面,选择工程菜单项,选择计算机设置下拉菜单中的计算机设置编辑。

2)按照图 5-17 完成"参数详细说明"。

3)单击添加保存新值(见图 5-18)。

图 5-17 参数详细说明

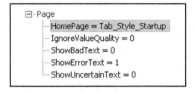

图 5-18 单击添加保存新值

4)关闭计算机设置编辑器,并保存。

第二步:测试更改。

1)编译并运行工程。

2)导航至"Pasteuriser(巴氏灭菌器)"界面。

3)单击"主界面"按钮。

4)确认已显示正常的启动界面,如图 5-19 所示。

图 5-19 正常的启动界面

四、能力训练

1. 操作条件
- Plant SCADA 软件在计算机上成功地安装,并能正常使用。
- 新工程已完成创建。
- 巴氏灭菌工艺流程图静态界面按照流程图完成绘制和部分对象动态属性的设置。

2. 安全及注意事项
- 当计算机与外网连接时,应确保操作系统和杀毒软件都已成功启动,能够有效地保护计算机系统不受外网黑客或病毒的攻击。

注意:新工程应确保 Pack 和编译准确、无误。若有错误,应根据系统提示逐一地解决,直到编译完成。

3. 操作过程

掌握导航按钮的操作功能和主界面按钮连接监控界面的组态方法参见基本知识相关内容及截图。

问题情境:

问:当 Plant SCADA 的客户端 INI 文件损坏时,无法正常启动监控工程应如何处理?

答:

1)如果有此计算机的 INI 文件备件,覆盖损坏文件,同时在 Plant SCADA 软件平台工程管理器的设置向导下拉菜单中选择设计编辑器,将之前配置的 INI 参数重新加载并保存,编译工程,完成计算机设置向导,重启服务器工程。

2)如果没有备份 INI 文件,可以用其他客户端的 INI 文件进行覆盖,但前提是软件安装路径和工程数据保存路径及其他 INI 文件中设计的路径参数设置都一致,可以快速恢复。如果不一致,系统将无法启动,只能重新安装 Plant SCADA 软件,并及时备份 INI 文件。

4. 学习成果评价

序号	评价内容	评价标准	评价结果(是/否)
	导航按钮	1)了解系统菜单导航按钮的功能 2)掌握主界面按钮映射监控界面的组态方法及步骤	

五、课后作业

按照本职业能力的基本知识介绍的导航按钮及主界面添加的方法,组态定义 Milk_Treatment 工程的主界面,即开机欢迎界面、保存、编译并运行和实际操作各类按钮,了解其功能并熟悉主界面映射监控界面的方法。

工作任务 5.2　SCADA 系统报表设计及查看

职业能力 5.2.1　能对 Plant SCADA 报表进行组态和查看

一、核心概念

1. 报表

报表在广义上的概念就是用表格和图表等格式动态地显示数据的工具，狭义上的报表就是用于汇报工作和生产情况的工具。以往，大量数据显示是在数据库软件上实现的，但是这类软件的格式非常单一，所以报表软件油然而生。在 Plant SCADA 软件平台组态的工程内，可以定义显示场站内特殊工况的周期性报表。报表可在指定时间或在某特定事件发生时（如某状态地址的更改）或是在用户请求的基础上运行。也可在报表中添加可执行的 Cicode 语句。

2. HTML 报表

HTML 报表是一种基于 HTML 技术，用于展示数据的报表形式。它可以将数据以表格、图表等方式进行展示，并且支持数据过滤、排序、分组、汇总等功能。HTML 报表具有以下特点：

- 灵活性高：HTML 报表可以根据用户需求进行自定义设计，包括报表的布局、样式、数据源等。
- 兼容性强：HTML 报表可以在多种设备上进行展示，如计算机、平板、手机等，并且可以支持多种浏览器，如 Chrome、Firefox、Safari 等。
- 数据可视化：HTML 报表可以将数据以图表、饼状图、柱状图等方式进行可视化展示，使数据更加直观，便于用户分析。
- 数据交互性：HTML 报表可以支持数据的交互性，用户可以通过鼠标单击、过滤条件等方式对数据进行操作，实现数据的交互式分析。
- 数据安全性：HTML 报表可以支持数据的安全性，用户可以通过设置权限、加密等方式保护数据的安全性。

3. 查看报表

如果将设备设置成与某个文件相关联，则该文件可以在软件平台组态的工程项目运行中打开并查看，显示文件所使用的方法取决于文件格式。查看报表分为两种方式，即文本报表查看和 RTF 报表查看。

二、学习目标

1. 了解报表的功能。
2. 理解报表定义的方法及步骤。
3. 掌握查看报表的方法。

三、基本知识

1. 定义报表

与事件相同，报表既可定期运行又可触发运行。通过使用 cicode 函数 Report()，随时随地均可运行报表。报表格式需在报表格式文件中指定，报表输出需在设备中指定。报表的定义从软件平台工程编辑主界面，选择可视化菜单项，选择报表菜单，打开报表定义界面，如图 5-20 所示。

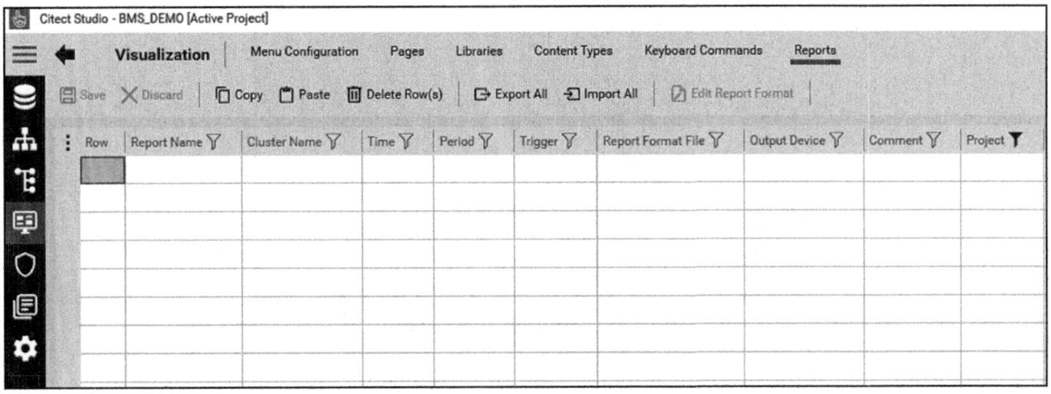

图 5-20 报表定义界面

默认情况下，报表中的编辑按钮已链接到标准的写字板编辑器。单击编辑按钮时，将打开现有的报表文件，或者打开一个空白文件（如果是新报表）。保存文件时，请确保该文件的后缀与所需的输出格式相匹配。报表文件输出格式如下：

- .RTF 多文本格式（格式、颜色和图形）；
- .TXT 纯 ASCII 文本；
- .DBF 数据库文件（dbase III）。

报表格式文件可能包含静态文本、格式信息、cicode 和变量标签数据等信息。有关报表格式文件的说明，请参见软件平台在线帮助之报表 → 报表文件格式。

2. 创建报表

在 Plant SCADA 平台上报表创建的方法和步骤如下：

第一步：定义新的报表输出设备，然后创建一个可单击后运行报表的按钮。使用以下信息定义一个名为 PastLog 的新设备见表 5-1。

表 5-1 PastLog 的新设备

报表设备信息	
名称	PastLog
文件名	D:\RPT\Past_Rep.rtf
类型	ASCII_DEV
文件数量	−1
注释	单个报表文件

第二步：定义一个名为 Past 的 RTF 报表，该报表根据请求运行。

1）打开软件平台的报表定义界面，填写报表定义参数，如图 5-21 所示。

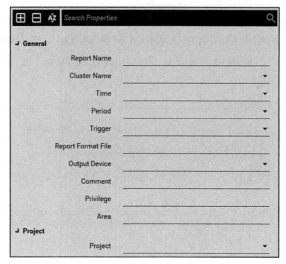

图 5-21　填写报表定义参数

2）使用表 5-2 中的报表定义信息完成视窗，然后单击添加以创建新报表。

表 5-2　报表定义信息

报表定义信息	
名称	Past
报表格式文件	Past.rtf
输出设备	PastLog

第三步：创建报表格式文件。

1）单击报表视窗上的编辑按钮，以打开默认编辑器。

2）按照图 5-22 所示完成文件。

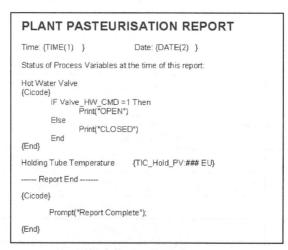

图 5-22　完成文件

3）使用名称 Past.rtf 保存该文件。

注意：对报表格式文件进行任何更改之后，需手动对工程进行编译。

3. 查看报表

报表查看分为两种方式：

1）查看文本报表：以工程中的 File 模板为基础创建界面。使用名称 !File 保存此界面，然后使用 Cicode 函数 PageFile() 查看，并将该文件加载至其中。

2）查看 RTF 报表：以正常（Normal）模板为基础创建界面，并在界面左上角添加一个 Cicode 对象。添加 Cicode 函数 PageRichTextFile() 作为界面条目命令，以便将报表文件加载至该界面特定 Cicode 对象中。

报表查看的组态及操作如下：

第一步：在工程中创建新界面，以显示 RTF 报表 "Past"。

1）以 Tab_Style_1 Normal 模板为基础创建新界面；

2）使用名称 !RTF_File 保存界面；

3）使用 Cicode 对象 f(x) 工具将 cicode 对象放置到 RTF 文件左上角显示界面中。对应界面如图 5-23 所示。

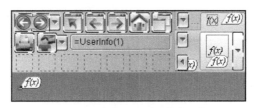

图 5-23 对应界面

4）打开 Cicode 对象的访问（常规）属性，并记录对象 AN（如 502）；

5）选择文件→属性菜单，并查看事件界面属性。针对界面输入时事件键入以下执行命令；

6）PageRichTextFile（502,"[DATA]:Past_rep.rtf",0,600,800）；

7）确保第一个参数中的数字与 Cicode 对象的 Object AN（对象精灵编号）匹配；

8）保存并关闭界面。

第二步：在"文件"菜单中创建项目，以运行并查看报表。

1）进入软件平台工程编辑主界面，选择主菜单下的可视化菜单项，选择菜单配置；

2）创建以下三个菜单条目如图 5-24 所示。

1.1 级"报表"项	
1 级	报表
2 级	
3 级	
菜单命令	
符号	icons_16x16.report

图 5-24 三个菜单条目

2.2 级"运行报表"项	
1级	报表
2级	运行报表
3级	
菜单命令	Report("Past")
符号	icons_32x32.report

3.2 级"查看报表"项	
1级	报表
2级	查看报表
3级	
菜单命令	PageDisplay("!RTF_File")
符号	icons_32x32.file

图 5-24 三个菜单条目（续）

3）编译并运行工程。

4）选择运行报表菜单项。报表完成后，检查屏幕上的提示框中是否显示"报表已完成"。

第三步：查看报表。

1）在报表菜单中选择查看报表项。报表类似如下：

```
PLANT PASTEURISATION REPORT

Time: 10:23:15 AM          Date: 19/10/2007
Status of Process Variables at the time of this report:
Hot Water Valve
CLOSED

Holding Tube Temperature              70 deg
------ Report End ------
```

2）测试完成之后，请关闭工程。

另外，使用文件数 = –1 配置报表的输出设备，这意味着报表将永久地附加至一个文件。为了访问报表的最新版本（位于底部），系统必须支持用户向上和向下滚动文件。

向报表界面添加滚动功能，其组态和操作如下：

第一步：在报表界面上创建 6 个滚动按钮。

1）创建按钮（请务必使用在先前的练习中创建的 Cicode 对象的 AN），如图 5-25 所示。

按钮符号	输入（触击）鼠标按键命令
滚动至顶部	icons.UpArTop	DspRichTextPgScroll(502,8)
页上移	icons.upar22	DspRichTextPgScroll(502,3)
向上滚动	icons.upar	DspRichTextScroll(502,3,5)
向下滚动	icons.dnar	DspRichTextScroll(502,4,5)
页下移	icons.dnar22	DspRichTextPgScroll(502,4)
滚动至底部	icons.DnArBot	DspRichTextPgScroll(502,16)

图 5-25　创建按钮

2）对应的整套按钮应如图 5-26 所示。

3）将这组按钮放在界面适当的位置；

4）保存界面，编译并运行工程。

第二步：测试更改。

1）多次运行报表；

2）查看报表并确认按钮已按预期运行；

3）关闭工程。

第三步：使用预构建的 File_RTF 模板（可选）。

1）在图形编辑器中，以 tab_style_1.File_RTF 模板为基础创建新界面；

图 5-26　整套按钮

2）将界面保存为报表查看器；

3）创建菜单条目以访问界面；

4）编译并运行工程；

5）打开"报表查看器"界面；

6）单击打开文件按钮，使用多文本/要显示的文本文件对话框导航至 Data 文件夹，如图 5-27 所示，并选择文件 Past_rep.rtf；

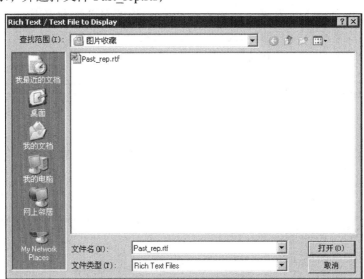

图 5-27　多文本/要显示的文本文件对话框导航至 **Data** 文件夹

7) 单击打开按钮，以打开文件；
8) 报表文件如图 5-28 所示。

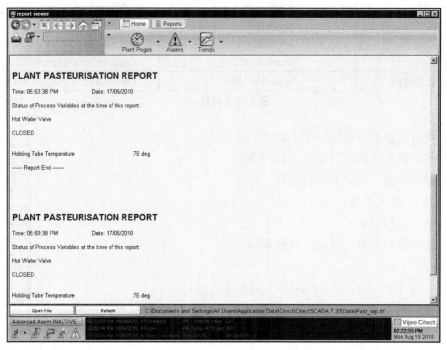

图 5-28 报表文件

9) 关闭工程。

请注意观察屏幕右侧已出现滚动栏，屏幕底部已出现标签，指出当前显示文件的完整路径。

4.HTML 报表

能否成功创建 HTML 报表，取决于能否将适当的 HTML 标签嵌入至文本文件中（仅仅通过调用以下函数，HTML 报表即可显示为网页），创建和显示一个简单 HTML 报表 Cicode 代码实例，如图 5-29 所示。

```
/*Creates and displays a simple HTML report*/

FUNCTION
RunHTMLReport()
INT IFile;
STRING sFilename, sFilepath;

!Build the report filename - use Timecurrent to create a unique filename for each time the report is run.
    sFilename = "[RUN]:Report_" + IntToStr(TimeCurrent()) + ".html";

!Create the file in append mode (we won't be reading from it)
    IFile = FileOpen(sFilename,"a");

!Start writing the HTML to the file.

!Reach across the Web to 'borrow' the Schneider logo from their website (this could also be any local image)
    FileWriteLn(IFile,"<span><a href='http://www.schneider-electric.com'><img title='Schneider Electric GLOBAL Site' src='http://www.schneider-electric.com/gc_1_0/images/structure/signature.gif'/></a></span>");

!Write a report header and datestamp
    FileWriteLn(IFile,"<h1>Pasteuriser Status Report</h1>");
    FileWriteLn(IFile,"<span><strong>Data Values - " + TimeToStr(TimeCurrent(),4) + "</br></strong></span>");
```

图 5-29 创建和显示一个简单 HTML 报表 Cicode 代码实例

```
!Write the selected values to the report
    FileWriteLn(IFile,"<span>Regenerative Tank 1: </span>" + TagRead("TIC_P1_PV") + "</br>");
    FileWriteLn(IFile,"<span>Regenerative Tank 2: </span>" + TagRead("TIC_P2_PV") + "</br>");
    FileWriteLn(IFile,"<span>Regenerative Tank 3: </span>" + TagRead("TIC_P3_PV") + "</br>");
    FileWriteLn(IFile,"<span>Regenerative Tank 4: </span>" + TagRead("TIC_P4_PV") + "</br>");
    FileWriteLn(IFile,"<span>Holding Tube: </span>" + TagRead("TIC_Hold_PV") + "</br>");
    FileWriteLn(IFile,"<span>Cold Water Supply: </span>" + TagRead("TIC_Cool_PV") + "</br>");
    FileWriteLn(IFile,"<span>Hot Water Supply: </span>" + TagRead("TIC_HW_PV") + "</br>");
    FileWriteLn(IFile,"<span>Flow Valve: </span>" + TagRead("Valve_Cool_CMD") + "</br>");

!Close the HTML output file as we've finished writing to it
    FileClose(IFile);

!Get the full path of the report HTML so IE can find it
    sFilePath = PathToStr(sFilename);

!Run Internet Explorer to display the report
    Exec("C:\Program Files\Internet Explorer\iexplore.exe " + sFilePath);
END
```

图 5-29 创建和显示一个简单 HTML 报表 Cicode 代码实例（续）

另外，在不使用报表服务器的情况下，也可以生成简单的报表。此操作可通过在任何工作站中创建输出文件来完成。如果将输出内容写入公司网络的公共盘，则可在整个公司范围内查看该输出的内容。

网页版 HTML 报表样例如图 5-30 所示。

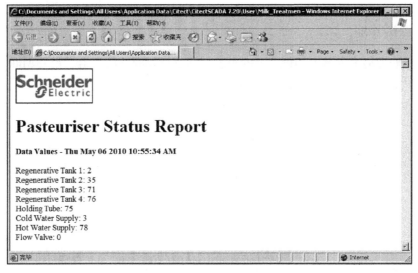

图 5-30 网页版 HTML 报表样例

四、能力训练

1. 操作条件
- Plant SCADA 软件在计算机上成功地安装，并能正常使用。
- 新工程已完成创建。
- 巴氏灭菌工艺流程图静态界面按照流程图完成绘制和部分对象动态属性的设置。

2. 安全及注意事项
- 当计算机与外网连接时，应确保操作系统和杀毒软件都已成功地启动，能够有效地保护计算机系统不受外网黑客或病毒的攻击。

注意：新工程应确保 Pack 和编译准确、无误。若有错误，应根据系统提示逐一地解决，直到编译完成。

3. 操作过程

掌握报表创建及查看的组态方法参见基本知识相关内容及截图。

问题情境：

问：当在 Plant SCADA 上进行报表生产情况查看时，在客户端操作报表展示无响应，应如何处理？

答：应查看 PageRichTextFile 命令，确保路径正确无误且没有空格。

4. 学习成果评价

序号	评价内容	评价标准	评价结果（是/否）
	报表	1）了解 Plant SCADA 的报表概念及导出格式 2）掌握报表创建和导出查看的组态方法及步骤	

五、课后作业

按照本职业能力的基本知识介绍的报表创建及查看的方法，组态定义 Milk_Treatment 工程的 Past_rep 报表，保存，编译并运行，了解报表设置和查看方法。

工作任务 5.3　SCADA 系统安全设计及组态

职业能力 5.3.1　能理解 Plant SCADA 计划工厂安全的意义并进行方案设计

一、核心概念

1. 工厂安全

在 Plant SCADA 平台上讲的工厂安全，主要与访问操作相关。对于大型应用，或者那些操作流程、机器设备需要严格管理的场合，用户需将安全性内置于系统。用户可限制某些操作仅对部分操作员开放，例如操作特殊机器，确认重要报警或打印机密报告等命令。可以为操作员设置相应的密码，操作员使用系统之前必须进行密码认证。

2. 监控安全原则

"区域"和"权限"相结合，可提供非常高的安全性。与设置工厂运营的安全性类似，最好设置软件平台创建 SCADA 系统本身的安全性。例如，当软件平台创建组态的 SCADA 工程实时运行时，要求限制操作员切换至其他 Windows 应用程序。

二、学习目标

1. 了解工厂安全设计原则和设计安全访问操作三要素。
2. 掌握工厂安全设计原则和设计安全访问操作。

三、基本知识

1. 计划工厂安全

在 Plant SCADA 软件平台创建的 SCADA 系统实施不同复杂度的安全保护机制，先计划后实施是非常有必要的。用户首先应明确：

- 允许操作员执行哪些操作；
- 允许操作员查看哪些区域；
- 哪些区域或命令（如有）根本无需任何安全级别。

在大多数应用场合中，操作员可根据需要发出命令。但有些命令需加以限制，并非所有操作员均可执行，例如：操作专用机器、确认重要报警或打印机密报告的命令。用户记录可确保此类安全。

安全也可以区域为基础。在特定区域范围内，用户仅有权访问在"用户"定义中分配给他们的"区域"。即：用户无法操作或查看自身权限不足的区域信息。如果没有定义工程的"区域"或"权限"，那么它将默认为"区域 0"和"权限 0"。该工程将没有安全限制，任何已登录的用户均可操作该界面或控件。

角色是用于定义一组用户的安全权限，故名为"角色"。它可用来识别用户角色，并定义与该角色相关的权限。软件安全性角色和用户定义组态界面如图 5-31 所示。

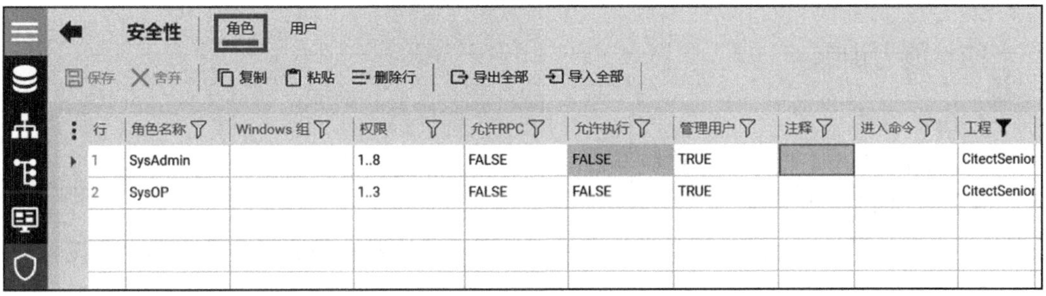

行	角色名称	Windows 组	权限	允许RPC	允许执行	管理用户	注释	进入命令	工程
1	SysAdmin		1..8	FALSE	FALSE	TRUE			CitectSenior
2	SysOP		1..3	FALSE	FALSE	TRUE			CitectSenior

图 5-31 软件安全性角色和用户定义组态界面

2. 区域和权限

配置工程时，可使用以下任一方法或两种方法：

- 区域：可限制操作员的查看范围；
- 权限：可限制操作员的操作行为。

权限既可以是全局权限，也可以是针对每个区域单独定义的权限。如果没有使用

"区域",则使用"全局"权限。

注意:对于任何已分配"全局"权限(任何级别)的用户而言,将自动有权访问所有"区域"。例如,某工厂具有三个区域和三位操作员。这三个区域分别称为输入(区域1)、加工(区域2)和输出(区域3)。操作员分别称为OP1、OP2和OP3。权限级别分别为1(主厂房控制)、2(二级厂房控制)和3(关闭权限)。

每位操作员负责工厂的某一部分,并且必须能够查看(但无法控制)整个工厂的情况:
- OP1 直接负责"输入",在"加工"领域具有工厂有限控制权,在"输出"领域没有任何工厂控制权。
- OP2 直接负责"加工",在"输入"和"输出"领域均具有工厂有限控制权。
- OP3 直接负责"输出",在"加工"领域具有工厂有限控制权,在"输入"领域没有任何工厂控制权。
- 每位操作员均可从工厂的任何区域关闭软件平台运行的工程。

工厂区域、操作员及权限定义表如图 5-32 所示。

图 5-32 工厂区域、操作员及权限定义表

四、能力训练

1. 操作条件
- Plant SCADA 软件在计算机上成功地安装,并能正常使用。
- 新工程已完成创建。
- 巴氏灭菌工艺流程图静态界面按照流程图完成绘制和部分对象动态属性的设置。

2. 安全及注意事项
- 当计算机与外网连接时,应确保操作系统和杀毒软件都已成功地启动,能够有效地保护计算机系统不受外网黑客或病毒的攻击。

注意:新工程应确保 Pack 和编译准确、无误。若有错误,应根据系统提示逐一地解决,直到编译完成。

3. 操作过程
掌握工厂安全,区域和权限规划的方法参见基本知识相关内容及截图。

问题情境：

问：设置角色权限时，需要给予全部权限，应如何设置？

答：Plant SCADA 的权限分为 8 级，如果需要 8 个级别的权限，按照要求为 1、2、3、4、5、6、7、8 来设置，为提高效率，可以使用省略号，即 1…8，系统会自动地辨识为全部权限级别。

4. 学习成果评价

序号	评价内容	评价标准	评价结果（是/否）
	工厂安全	1）了解工厂安全的作用和意义 2）掌握报工程安全规划的原则和设计三要素	

五、课后作业

按照本职业能力的基本知识介绍的工厂安全的方法，设计 Milk_Treatment 工程有管理员、工程师和操作员 3 个角色，此工程分为 3 个区域，A（原料）、B（过滤消毒）和 C（灌装）三区，管理员和工程师可以访问 3 个区，管理员可以操作 3 个区，工程师 1 可以操作 A 和 B 区，工程师 2 可以操作 B 和 C 区，操作员 1 可以访问 A 区，操作员 2 可以访问 B 区，操作员 3 可以访问 C 区，请设计规划工厂安全策略图，并与老师同学讨论各自的不同之处，哪种更为合理？

职业能力 5.3.2　能对 Plant SCADA 权限和区域进行分配并添加用户记录访问验证功能

一、核心概念

1. 区域和权限的作用

要限制用户对特定界面的访问，请将区域分配给该界面。要限制用户对特定对象的访问，请将区域和权限级别分配给该对象。

2. 用户记录

实时运行系统的每位用户需要创建数据库记录。用户记录将强制执行有序登录，并通过定义用户的"区域"和"权限"来限制对系统的访问。已定义用户记录的每位操作员均需输入其用户名和密码，才能有权访问实时运行系统。

二、学习目标

1. 掌握区域和权限分配组态。
2. 掌握添加用户记录的方法和步骤。

三、基本知识

1. 权限和区域的分配

权限可以设置为独占（独立）或分层（例如权限 3 可访问权限 1 和权限 2）。有关权限分层的更多信息，请参见软件平台在线帮助之权限独占参数。

分配区域和权限时，应以界面为出发点，然后延伸到对象。区域和 / 或权限的分配组态位置如下：

1）将区域分配给界面：打开常规界面属性。

2）将区域和 / 或权限分配给界面键盘命令：打开键盘命令界面属性。

3）将区域和 / 或权限分配给对象：打开访问（常规）对象属性。

4）将区域和 / 或权限分配给对象键盘命令：打开输入（键盘命令）对象属性。

当操作员的区域或权限不足，无法操作某对象时，该对象具有禁用风格。选定的禁用风格将定义对象的显示方式。禁用风格分为以下几种类型：

1）浮雕；

2）变灰；

3）隐藏。

2. 添加用户记录

实时运行用户管理的部分常用 Cicode 函数实现用户记录，具体函数如下：

1）LoginForm() 和 Logout()：登录和登出函数。

2）UserInfo()：获取当前用户的信息。

3）UserCreateForm()：创建新用户。

4）UserpasswordForm()：更改用户密码。

定义角色和用户记录，需要进入软件平台工程编辑主界面，在主菜单中选择安全菜单项，软件系统会自动进入定义角色和用户记录，如图 5-33 所示。

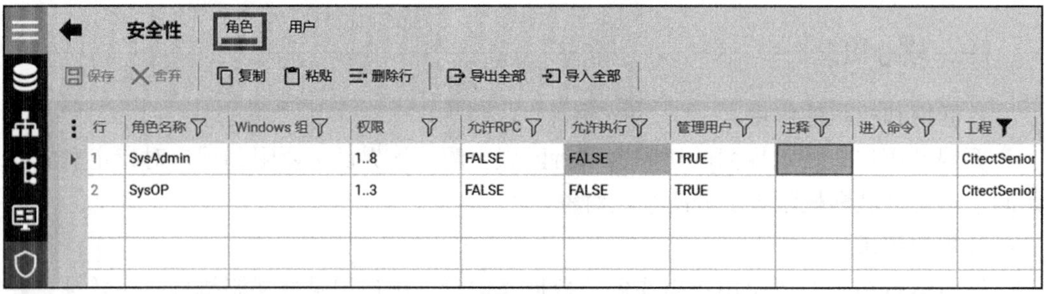
安全性
角色
用户
保存
舍弃
复制
粘贴
删除行
导出全部
导入全部
行
角色名称
Windows 组
权限
允许RPC
允许执行
管理用户
注释
进入命令
工程
1 SysAdmin 1..8 FALSE FALSE TRUE CitectSenior
2 SysOP 1..3 FALSE FALSE TRUE CitectSenior

图 5-33　定义角色和用户记录

通过选择角色和用户菜单项，进入不同定义界面定义表，按照设计要求进行定义。

例如，在角色菜单界面创建三个角色和三个用户，具体组态和操作如下：

第一步：通过软件平台进入安全性菜单，选择角色。

第二步：创建三个角色：“操作员”“工程师”和“经理”，并在 Milk_Treatment 工程中分配“区域”和“权限”，见表 5-3。

表 5-3 Milk_Treatment 工程中分配"区域"和"权限"

角色名称	操作员	工程师	经理
全局权限		8	
注释	工厂的常规操作员	工厂工程师	工厂总经理
可观看区域	1	1,2	1,2
权限 1 区域	1	1,2	
权限 2 区域	1	1,2	
权限 3 区域		2	

将表 5-3 的相关组态信息填入软件平台的创建的每个角色表单中。

工厂角色定义组态窗口如图 5-34 所示。

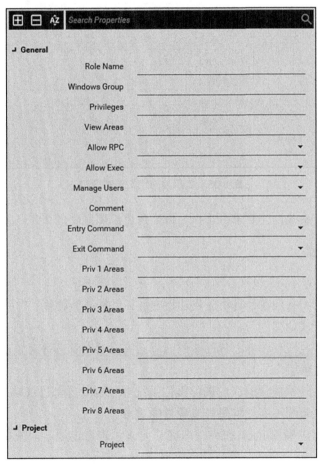

图 5-34 工厂角色定义组态窗口

第三步：选择用户菜单，按照表 5-4 添加三个新用户。

将表 5-4 的相关组态信息填入软件平台创建的每个角色表单中。

表 5-4　软件平台创建的每个角色

用户名	Oliver	Eric	Mark
全名	Oliver Smith	Eric Brown	Mark Jones
密码	oliver	eric	mark
角色	操作员	工程师	经理

工厂用户定义组态窗口如图 5-35 所示。

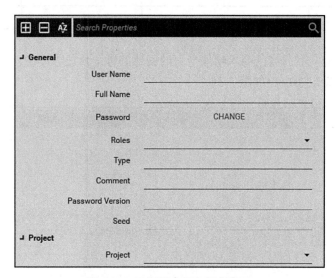

图 5-35　工厂用户定义组态窗口

第四步：按照系统设计要求可选择为每个角色添加额外的用户。

四、能力训练

1. 操作条件

- Plant SCADA 软件在计算机上成功地安装，并能正常使用。
- 新工程已完成创建。
- 巴氏灭菌工艺流程图静态界面按照流程图完成绘制和部分对象动态属性的设置。

2. 安全及注意事项

- 当计算机与外网连接时，应确保操作系统和杀毒软件都已成功启动，能够有效地保护计算机系统不受外网黑客或病毒的攻击。

注意：新工程应确保 Pack 和编译准确、无误。若有错误，应根据系统提示逐一地解决，直到编译完成。

3. 操作过程

掌握角色和用户定义及权限设置的方法参见基本知识相关内容及截图。

问题情境一：

问：禁用风格使用不当会影响操作人员的使用感受吗？

答:

1)建议禁用对象不要使用隐藏风格,因为这会导致具有足够权限、但忘记登录的用户仍可查看这类对象。

2)定义对象的禁用风格:打开访问(禁用)对象属性。

问题情境二:

问:禁用用户密码过期的方法是什么?

答:

1)使用参数 [General]PasswordExpiry 将密码过期设置为 "0"。

2)如果使用密码的过期日期,则需实施相关策略,以便在运行工程的每台 Plant SCADA 创建组态的工程计算机上更新密码。

4. 学习成果评价

序号	评价内容	评价标准	评价结果(是/否)
1	区域和权限	1)了解区域和权限的作用 2)掌握区域和权限在 Plant SCADA 软件平台设置的位置 3)了解禁用的表现形式	
2	用户记录	1)掌握用户记录的函数 2)掌握角色、用户创建和组态的方法及步骤	

五、课后作业

按照本职业能力的基本知识介绍角色菜单界面创建三个角色和三个用户的方法,为 Milk_Treatment 工程设计角色和用户,熟悉操作过程。

职业能力 5.3.3 能分别实现 Plant SCADA 对象和工程安全性组态

一、核心概念

禁用显示方式

任何已禁用的对象均可通过以下三种方式之一显示:

1)浮雕:当被禁用时,对象/组的外观好像是"图形"界面上的浮雕。

2)变灰:当被禁用时,对象/组将变成灰色(不会显示颜色详情)。

3)隐藏:当被禁止时,对象/组将完全隐藏,无法查看。

如果分组对象已应用禁用风格,则该组中的所有对象将共享该风格。

二、学习目标

1. 了解禁用显示类型。

2. 掌握禁用功能的组态和操作步骤。

三、基本知识

Plant SCADA 软件平台提供了许多方法用以提醒用户，因其权限不足或者工厂其他规则的限制，他们无法在当前屏幕中使用对象。

例如，在图 5-36 中，用户可在何时禁用区域创建规则，使相关温度过高时禁用"开启加热器"按钮。另外，通过勾选区域或权限不足时禁用复选框，他们可准确定义当前用户是否可以使用对象。

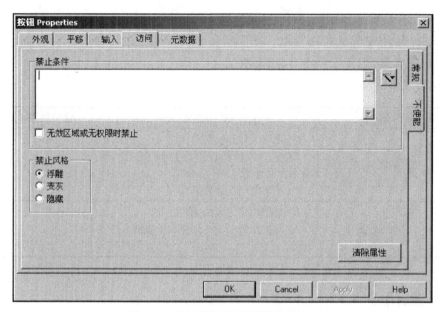

图 5-36　按钮属性访问权限组态窗口

通过下面的组态禁用风格，了解实现这些功能的具体组态操作，具体步骤如下：

第一步：创建新按钮。

1）打开实用程序界面，创建一个名为权限控制访问按钮示例如图 5-37 所示。

2）在该按钮的输入（触击）分页上，将鼠标按键命令设置 Toggle(Pump_Feed_CMD)，此操作将触发已置于实用程序界面上的供给泵。

长方形和文本对象为可选项

3）保存界面。

4）编译并运行工程。

5）打开"实用程序"界面。

6）操作权限控制按钮，并确认供给泵已正确触发。

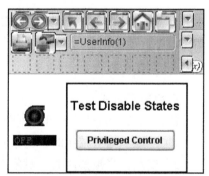

图 5-37　权限控制访问按钮示例

第二步：限制访问"权限控制"按钮。

1）返回图形编辑器中的实用程序界面。

2）打开"权限控制"按钮的属性，并选择访问（禁用）分页。

按钮属性访问权限组态窗口如图 5-38 所示。

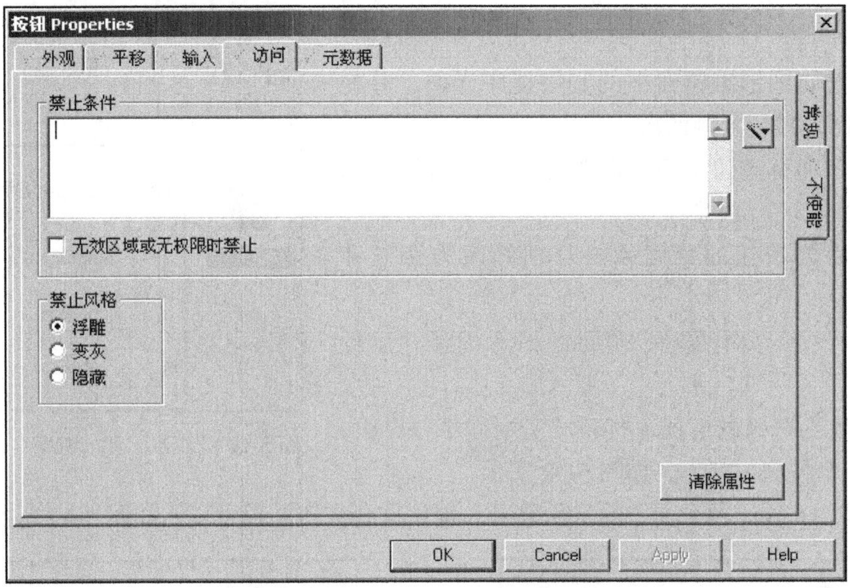

图 5-38　按钮属性访问权限组态窗口

3）单击区域或权限不足时禁用框，将禁用风格保留为浮雕。
4）打开访问（常规）分页，取消勾选无权限限制，并将权限级别设置为 1。
5）单击"属性"窗口内的"确定"以保存按钮，然后保存"实用程序"界面。
6）编译并运行工程。
7）打开实用程序界面如图 5-39 所示。
8）"权限控制"按钮呈现浮雕外观，无法进行操作。
9）单击登录 按钮（位于正在运行的工程的左上方），并使用名称 Oliver 和密码 oliver 登录，如图 5-40 所示。

图 5-39　实用程序界面

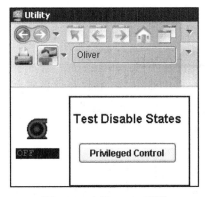

图 5-40　密码 oliver 登录

10）返回到"实用程序"界面，会看到权限控制按钮再次变为可用，且可正确地操作供给泵。

11）测试完成之后，请关闭实时运行的工程。

第三步：使用"变灰"和"隐藏"禁用风格（见图 5-41）。

1）返回图形编辑器中的实用程序界面，并将"权限控制"按钮复制两次。

2）将现有按钮重新命名为浮雕，并将另外两个按钮命名为变灰和隐藏。

3）将新按钮的禁用风格分别修改为变灰和隐藏。

4）保存"实用程序"界面，然后编译并运行工程。

5）在不登录的情况下打开"实用程序"界面，注意这三个按钮的状态，如图 5-42 所示。

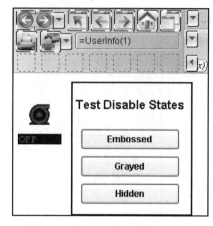

图 5-41 "变灰"和"隐藏"禁用风格

6）以 Oliver（操作员）的身份登录，确认这些按钮是否可用，如图 5-43 所示。

图 5-42 三个按钮状态

图 5-43 确认按钮

四、能力训练

1. 操作条件

- Plant SCADA 软件在计算机上成功地安装，并能正常使用。
- 新工程已完成创建。
- 巴氏灭菌工艺流程图静态界面按照流程图完成绘制和完成部分对象动态属性的设置。

2. 安全及注意事项

- 当计算机与外网连接时，应确保操作系统和杀毒软件都已成功地启动，能够有效地保护计算机系统不受外网黑客或病毒的攻击。

注意：新工程应确保 Pack 和编译准确、无误。若有错误，应根据系统提示逐一地解决，直到编译完成。

3. 操作过程

掌握各种禁用功能组态和设置的方法参见基本知识相关内容及截图。

问题情境：

问：禁用风格使用不当，是否影响操作人员的使用感受？

答：

1）建议禁用对象不要使用禁用风格，因为这会导致具有足够权限、但忘记登录的用户仍可查看这类对象。

2）定义对象的禁用风格：打开访问（禁用）对象属性。

4. 学习成果评价

序号	评价内容	评价标准	评价结果（是/否）
	对象和工程安全性	1）了解禁用功能及显示模式 2）掌握禁用功能的组态方法和步骤	

五、课后作业

按照本职业能力的基本知识介绍的禁用功能组态和设置步骤的方法，为 Milk_Treatment 工程设置不同禁用显示模式，熟悉操作过程并编译、运行，体会不同权限的用户登录工程，不同禁用模式的特点。

职业能力 5.3.4　能对 Plant SCADA 操作系统进行安全性设置

一、核心概念

1. 空闲时间

在管理工程中的身份验证时，最明智的做法是检测并断开空闲的用户连接。例如，操作员控制台应始终以用户在该控制台中处于实际激活状态的名称登录。如果用户在一段指定的时间内离开控制台，则当前登录应自动退出。从用户登录后，处于空闲无操作状态开始到系统自动退出登录的时间，为空闲时间。软件平台提供了命令 LogoutIdle() 来管理此功能。

2. 对象安全性

将安全性应用至对象，可以通过以下操作将表 5-5、表 5-6 列出分配的"区域"和"权限"。

表 5-5　区域

区域	分类	用途
1	主工厂操作	访问"巴氏灭菌器"和"报警"界面
2	测试区域	访问"实用程序"界面

表 5-6 权限

区域	分类	用途
1	主工厂操作	打开/关闭阀、打开/关闭泵、打开/关闭工厂项目
2	二级工厂操作	更改模拟变量值
3	系统命令	关闭运行的 Plant SCADA/Citect SCADA，InfoForm

二、学习目标

1. 掌握用户登录之后，系统将立即指定"空闲"时间。
2. 掌握对象安全性的组态设置。
3. 掌握工程级别的安全性组态和具体操作。

三、基本知识

1. 系统操作空闲时间

菜单系统包含一对特例的关键字。通过创建一个名为模板的"界面"对象和级别为 1 的登录，整组 2 级对象将替换与登录按钮相连的默认下拉菜单，系统登录界面如图 5-44 所示。

图 5-45 截图显示 Oliver 用户登录后，空闲时间 ≥ 5min，将自动退出系统。

图 5-44 系统登录界面

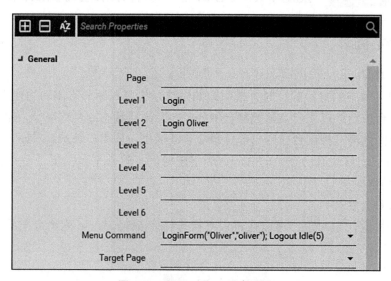

图 5-45 显示 Oliver 用户登录

在此示例中，用户登录之后，系统将立即指定"空闲"时间。创建登录菜单的具体组态和操作步骤如下：

第一步：创建"登录"菜单条目（见图 5-46）。

1）进入软件平台工程编辑器主界面，在主菜单项选择可视化菜单项，选择菜单配置。

2）添加新条目，所有这些新条目的"界面"值均为模板，"级别 1"均为登录。

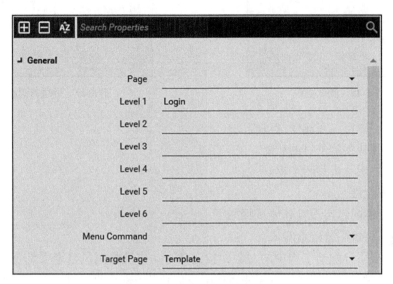

图 5-46 创建"登录"菜单条目

3）创建菜单条目，如图 5-47 所示。

2 级项目	菜单命令
登录 Oliver	LoginForm("Oliver","oliver"); LogoutIdle(5)
登录 Eric	LoginForm("Eric","eric")
登录 Mark	LoginForm("Mark","mark")
登录	LoginForm()
退出	Logout()
更改密码	UserPasswordForm()
创建用户	UserCreateForm()

图 5-47 创建菜单条目

注意：由于 Oliver 是工厂现场操作员，因此访问将限制为 5min 的空闲时间，其他人没有限制。

第二步：测试更改（见图 5-48）。

1）编译并运行工程。

2）单击"登录"按钮旁边的下拉列表。

3）选择用户 Oliver，随即会打开预先填充的登录对话框，如图 5-49 所示。

图 5-48 测试更改

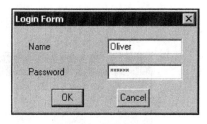

图 5-49 登录对话框

4)单击"确定"完成登录过程。

5)测试其他菜单条目的功能。

6)完成之后,请关闭工程。

2. 对象安全性

对象安全性的组态设置具体步骤如下:

第一步:将权限分配给对象。

1)将权限 1 分配给工程中的对象,按钮命令动作及禁用风格定义见表 5-7(创建精灵后,大多数对象均已配置,只需要将权限添加到精灵对话框中即可)。

表 5-7 按钮命令动作及禁用风格定义表

对象	命令	禁止风格
"冷却阀"按钮	触击	隐藏
"热水阀"按钮	触击	隐藏
"限流阀"按钮	触击	隐藏
"供给泵"按钮	触击	隐藏

2)分配权限 2 项目,二级工厂操作(控制器和精灵命令动作及禁用风格定义见表 5-8)。此外,大多数对象仅需要更新精灵对话框。

表 5-8 控制器和精灵命令动作及禁用风格定义表

对象	命令	禁止风格
LIC_Silo_PV	键盘	
LIC_Balance_PV	键盘	
SIC_Cent_PV	键盘	
PIC_Homog_PV	键盘	
TIC_Cool_PV	键盘	
TIC_P1_PV	键盘	
TIC_P2_PV	键盘	

（续）

对象	命令	禁止风格
TIC_P3_PV	键盘	
TIC_P4_PV	键盘	
TIC_HW_PV	键盘	
LIC_Silo_PV	滑钮	浮雕
LIC_Balance_PV	滑钮	浮雕
TIC_Hold_PV	滑钮	浮雕

第二步：将"区域"分配给界面。

1）将表 5-9"区域"分配给界面。

表 5-9 "区域"分配给界面

页面	区域
巴氏灭菌器	1
实用程序	2
!RTF_File	2

2）编译并运行工程。

第三步：测试已应用的安全性。

使用表 5-10 清单确保已正确应用对象和界面。

表 5-10 清单

以用户身份登录	测试	预期结果	检查
无特定用户	尝试访问各种界面	应当无法访问"巴氏灭菌器"和"实用程序"界面，且提示区域中显示消息"界面已超出您的区域范围"	
Oliver（"操作员"角色）	尝试访问"实用程序"界面	应当无法访问该界面，且提示区域中显示消息"界面已超出您的区域范围"	
	尝试访问"Pasteuriser（巴氏灭菌器）"界面	应当允许	
	尝试使用按钮在"冷却阀""热水阀"和"供给泵"之间切换	每个按钮均应正常运行	
	尝试使用"Pasteuriser（巴氏灭菌器）"界面上的三个滑动钮控件	每个按钮均应正常运行	
	尝试通过键盘输入值 TIC_P1_PV	应当能够正常输入	

(续)

以用户身份登录	测试	预期结果	检查
Mark（"经理"角色）	尝试访问"Pasteuriser（巴氏灭菌器）"界面	应当允许	
	查找"冷却阀""热水阀"和"供给泵"的控制按钮	每个按钮均应当已隐藏	
	尝试使用"Pasteuriser（巴氏灭菌器）"界面上的三个滑动钮控件	应当不允许	
	尝试通过键盘输入值 TIC_P1_PV	应当不允许	
	尝试访问"实用程序"界面	应当允许	
Eric（"工程师"角色）	尝试访问"Pasteuriser（巴氏灭菌器）"和"实用程序"界面	应当均可访问	

第四步：关闭工程。

3. 工程安全性

配置工程级别的安全性，在本教材中权限 3 已预留用于整个系统范围内的属性：

1）能够通过 END 键或"关闭"按钮来关闭工程，如图 5-50 所示。

2）能够查看 InfoForm；

3）能够创建新用户；

4）能够查看运行报表菜单项。

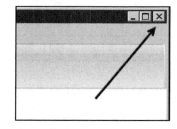

图 5-50 关闭工程

应用工程级别的安全性的组态和具体操作如下：

第一步：分配权限 3 项目和系统命令（工程控制）。

1）将权限 3 分配给关闭按钮。使用计算机设置编辑器，按图 5-51 所示创建参数；

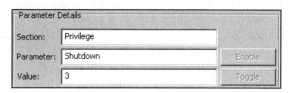

图 5-51 创建参数

2）将权限 3 分配给表 5-11 对象。

表 5-11 对象

对象/键序列	命令	保存位置
关闭—END 键	键盘	
信息—CRTL-I 键	键盘	"Pasteuriser（巴氏灭菌器）"界面

END 键需在软件平台工程编辑主菜单 → 可视化 → 键盘命令中加以配置。信息键需在"Pasteuriser（巴氏灭菌器）"界面的属性对话框中加以配置。

第二步：将"权限"添加到菜单项。

1）在软件平台工程编主界面 → 可视化 → 菜单配置中，分配表 5-12 权限。

表 5-12 权限

项目	权限
运行 HTML 报表	3
创建用户	3
关闭	3

2）编译并运行工程。

第三步：测试更改（见表 5-13）。

表 5-13 测试更改

以用户身份登录	测试	预期结果	检查
Oliver（"操作员"角色）	运行并查看先前已定义的报表	应当不允许	
	尝试使用 END 键关闭系统	应当不允许	
	尝试创建新用户	应当不允许	
Mark（"经理"角色）	运行并查看先前已定义的报表	应当不允许	
	尝试使用 END 键关闭系统	应当不允许	
Eric（"工程师"角色）	运行并查看先前已定义的报表	应当允许	
	尝试使用 END 键关闭系统	应当允许	

第四步：关闭工程。

四、能力训练

1. 操作条件

- Plant SCADA 软件在计算机上成功地安装，并能正常使用。
- 新工程已完成创建。
- 巴氏灭菌工艺流程图静态界面按照流程图完成绘制和部分对象动态属性的设置。

2. 安全及注意事项

- 当计算机与外网连接时，应确保操作系统和杀毒软件都已成功启动，能够有效地保护计算机系统不受外网黑客或病毒的攻击。

注意：新工程应确保 Pack 和编译准确、无误。若有错误，应根据系统提示逐一解决，直到编译完成。

3. 操作过程

掌握用户登录之后，系统将立即指定"空闲"时间，对象安全性的组态及工程级别的安全性的组态的方法参见基本知识相关内容及截图。

问题情境：

问：禁用风格使用不当会影响操作人员的使用感受吗？

答：

1）建议禁用对象不要使用隐藏风格，因为这会导致具有足够权限但忘记登录的用户仍可以查看这类对象。

2）定义对象的禁用风格：打开访问（禁用）对象属性。

4. 学习成果评价

序号	评价内容	评价标准	评价结果（是/否）
	工程安全性	1）掌握登录空闲时间的设置 2）掌握对象安全性组态方法和步骤 3）掌握工程级别安全性组态的方法和步骤	

五、课后作业

按照本职业能力的基本知识介绍的空闲时间组态的步骤方法，为 Milk_Treatment 工程设置不同用户时间空闲退出策略，熟悉操作过程并编译并运行，体会不同的用户登录工程，系统自动退出的特点。

职业能力 5.3.5　能完成 Plant SCADA 运行管理器及 Windows 键盘快捷命令组态与操作

一、核心概念

1. Plant SCADA 的 Kernel

软件平台的 Kernel，即软件内核，提供进入 Plant SCADA 核心的窗口。使用内核可以实现运行系统的底层诊断、调试和分析。使用它显示所有底层数据结构，实时运行数据库，调试跟踪信息。网络通信、设备通信和其他有用的信息。从内核中也能调用内建函数和用户自定义函数。

注意，在使用内核之前应对 Plant SCADA 和代码非常熟悉，由于它的功能强大，如果使用不当，可能会使系统崩溃。另外，内核用于诊断和调试，而不用于一般的操作。最后，对 Plant SCADA 的访问进行限制是很重要的，因为一旦进入内核，可以不受限制地执行任何函数，完全控制 Plant SCADA。

2. Plant SCADA 运行管理器

Plant SCADA 在运行时，会启动运行管理器。它提供了对每个元件处理的可视化和控制，允许每个处理独自重启。此外，不管什么原因造成任何元件停机，都可以通过它收到重启，为调试，测试及系统出现故障，紧急退出提供了窗口。

3. Windows 键盘命令

Plant SCADA 软件平台的 Windows 键盘命令是指在 Windows 操作系统下，操作计算机的键盘快捷方式。例如，Windows+D 显示桌面，这个命令将使 SCADA 界面退到后台运行，操作人员可以对 Windows 操作系统进行数据操作。对于系统安全要求高的应用场合，这些键盘命令必须禁用。

二、学习目标

1. 了解 Plant SCADA 在运行模式下的控制菜单操作和 Kernel 的用途。
2. 掌握运行管理器的操作使用方法。
3. 掌握 Windows 键盘命令禁用的方法。

三、基本知识

1. Plant SCADA 系统安全

为了保护 Windows 环境，Plant SCADA 软件平台创建组态的工程运行系统是基于 Windows 的应用程序，并在标准 Windows 环境中运行。Windows 环境允许几个应用程序同时运行。软件平台提供了一些简单的解决方案，旨在最大程度地减小意外退出 Plant SCADA 软件平台创建组态的工程运行系统的风险。但在安全保护要求较高的场合，建议使用 Windows 安全登录和策略。

控制菜单（位于应用程序窗口的左上角）提供命令来控制应用程序窗口的位置和大小，在某些应用程序中还控制应用程序。用户可以量身定制 SCADA 工程运行时系统的控制菜单如图 5-52 所示，访问某些与软件平台特定相关的命令，如关闭（可关闭实时运行系统）或内核（可显示内核）。

图 5-52　系统控制菜单

这些命令可在计算机设置向导中通过勾选启用和禁用等功能。系统计算机设置向导的安全设置控制菜单配置组态窗口如图 5-53 所示。

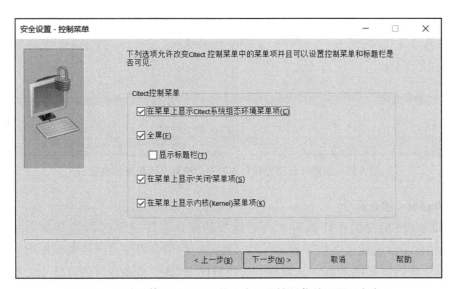

图 5-53　系统计算机设置向导的安全设置控制菜单配置组态窗口

2. Plant CADA 运行管理器

当 Plant SCADA 软件平台创建组态的工程运行系统启动时，实时运行管理器将显示系统的启动状态。通常，运行管理器包含一个取消按钮，允许取消启动。当用户调试或测试系统时，这个按钮是非常有用的。Plant SCADA 运行管理器窗口如图 5-54 所示。

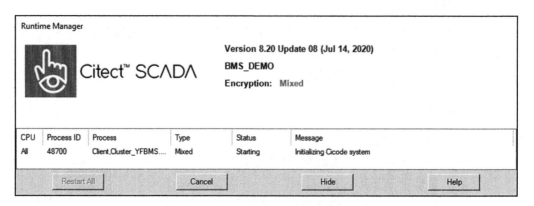

图 5-54　Plant SCADA 运行管理器窗口

通过取消勾选计算机设置向导中的启动时显示取消按钮选项，可以删除取消。系统计算机设置向导的安全设置杂项配置组态窗口如图 5-55 所示。

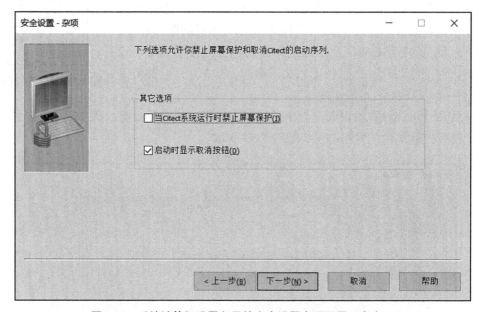

图 5-55　系统计算机设置向导的安全设置杂项配置组态窗口

3.Windows 键盘命令

Windows 环境提供在计算机上同时运行的应用程序之间进行切换的命令。Plant SCADA 软件平台创建组态的工程运行时，使用这些命令可能会产生负面影响，因为它们允许操作员访问其他 Windows 设施和应用程序。Alt 空格命令可通过使用计算机设置向导予以禁用。

系统计算机设置向导的安全设置键盘配置组态窗口如图 5-56 所示。

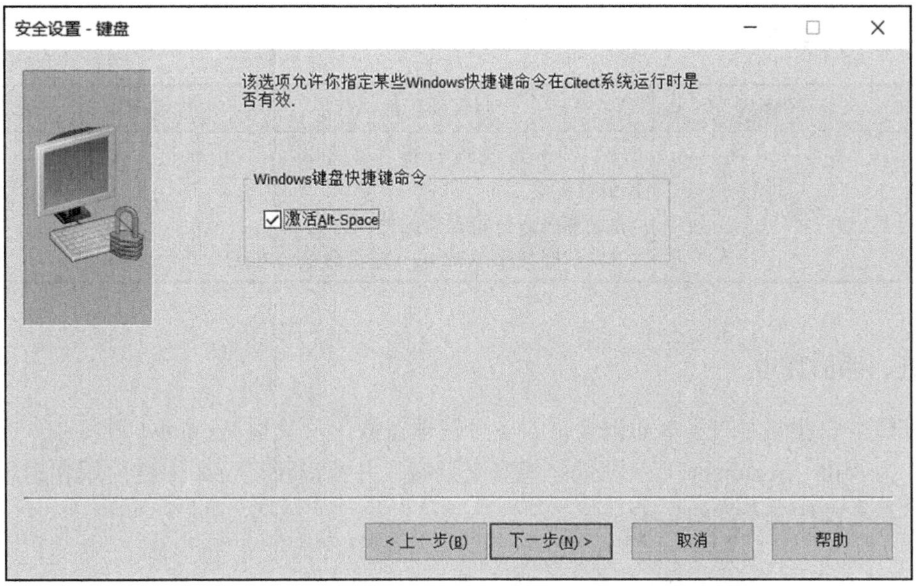

图 5-56　系统计算机设置向导的安全设置键盘配置组态窗口

Alt Tab、Alt Esc 和 Ctrl Esc 命令无法从软件平台中禁用。相反，应使用 Windows 系统策略编辑器或第三方产品来实施 Windows 的桌面安全保护。

四、能力训练

1. 操作条件
- Plant SCADA 软件在计算机上成功地安装，并能正常使用。
- 新工程已完成创建。
- 巴氏灭菌工艺流程图静态界面按照流程图完成绘制和部分对象动态属性的设置。

2. 安全及注意事项
- 当计算机与外网连接时，应确保操作系统和杀毒软件都已成功地启动，能够有效地保护计算机系统不受外网黑客或病毒的攻击。

注意：新工程应确保 Pack 和编译准确、无误。若有错误，应根据系统提示逐一地解决，直到编译完成。

3. 操作过程
掌握系统安全操作菜单安全功能启用和禁用，运行管理器操作和 Windows 键盘命令启用和禁用的方法参见基本知识相关内容及截图。

问题情境：

问：Plant SCADA 针对 Windows 键盘命令只能进行 Alt+ 键盘的命令，如果想禁用 Win+ 键盘的快捷键，应如何操作？

答：

1）需要进入 Windows 注册表，修改 Win+ 键盘命令的参数值，重启计算机并激活。

2）关于 Windows 修改注册表，禁用 Win+ 键盘命令的方法，可以通过 IE 浏览器检索关键词"禁用 Windows 快捷键"找到不同操作系统的禁用方法。

4. 学习成果评价

序号	评价内容	评价标准	评价结果（是/否）
	系统安全	1）了解系统运行操作菜单的操作和 Kernel 的意义 2）掌握运行管理器的使用方法 3）掌握禁用 Windows 键盘命令的方法	

五、课后作业

按照本职业能力的基本知识介绍的运行管理器操作及禁用 Windows 键盘命令的步骤方法，为 Milk_Treatment 工程设置这些安全策略，并编译和运行，体会启用和禁用安全策略对系统操作安全性的影响。

工作领域 6
Plant SCADA 系统工程集中部署

Plant SCADA 软件平台设计和创建 SCADA 系统的架构如图 6-1 所示。工程师站、IO 服务器、报警服务器、趋势服务、报表服务器和控制客户端等。它们通过以太网网络连接在一起，部署在工厂各个区域。一般情况下，服务器部署在 IT 房，工程师站部署在工程师办公室，控制客户端部署在中控室，甚至必要的工艺车间监控室等。根据工厂的规模，这些计算机可能距离很远，靠工程师在本地对每台计算机的新建工程或更新工程进行逐一部署是不方便和灵活的。为了解决这一问题，软件平台为工程师系统创建和更新发布提供便利，设计了一套集中化部署的方法。

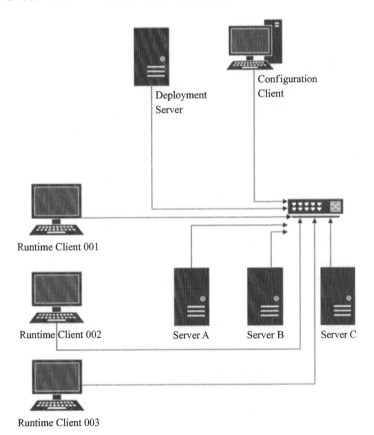

图 6-1 SCADA 系统的架构

工作任务 6.1　SCADA 系统集中管理及部署

工程更新后，部署服务器可以将工程推送到选择的现场操作员站或者服务器。推送方式可以选择通知和强制。
- 通知：部署客户端会接收一个工程更新的通知，用户操作完成重启 Plant SCADA/Citect SCADA2018 R2 运行环境即可。
- 强制：部署客户端直接重启 Plant SCADA/Citect SCADA2018 R2 运行环境（一般用于无人值守）。

职业能力 6.1.1　能进行 Plant SCADA 部署服务器的搭建设置及工程部署

一、核心概念

1. 工程集中化管理部署及特点

根据工厂的规模，考虑到 Plant SCADA 系统各个计算机部署的距离，解决工程师在本地对每台计算机的新建工程或更新工程进行本地部署的不便。利用 Plant SCADA 系统已有的以太网网络及远程安全部署的方法，提高工程师的工作效率和系统灵活性。工程集中化管理部署的特点：
- 所有项目节点的工程配置可统一集中管理，节省大量的时间和工作。
- 一个位置集中存储所有编译的项目。
- 通过可控的方式部署项目到指定的服务器/客户端。
- 可存储一个项目的多个版本。

2. 工程更新部署推送

工程更新后，部署服务器可以将工程推送到选择的现场操作员站或者服务器。推送方式可以选择通知和强制。
- 通知：部署客户端会接收一个工程更新的通知，用户操作完重启 Plant SCADA 运行环境即可。
- 强制：部署客户端直接重启 Plant SCADA 运行环境（一般用于无人值守）。

二、学习目标

1. 了解 Plant SCADA 系统集中部署的意义。
2. 掌握 Plant SCADA 集中部署服务器的设置方法。
3. 掌握工程部署的设置和操作方法。

三、基本知识

Plant SCADA 集中部署分为部署服务器设置和工程部署两部分,具体设置操作如下:

1. 集中化部署服务器的设置

第一步:启动 Plant SCADA Configurator,如图 6-2 所示。

图 6-2　启动 Plant SCADA Configurator

第二步:在跳出的 Configurator 界面,设置部署服务器的密码,如图 6-3 所示。

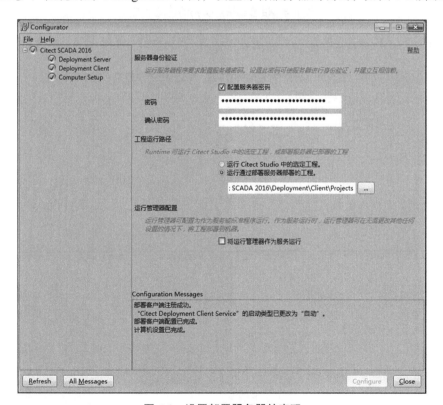

图 6-3　设置部署服务器的密码

第三步:设置部署服务器的访问端口,如图 6-4 所示。

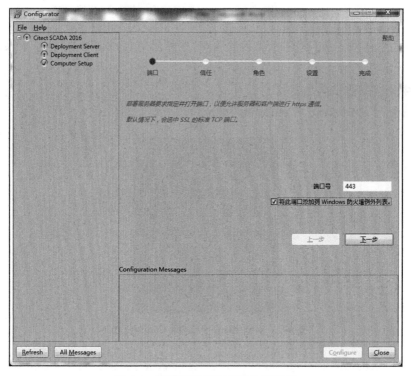

图 6-4　设置部署服务器的访问端口

第四步：生成唯一安全证书，如图 6-5 所示。

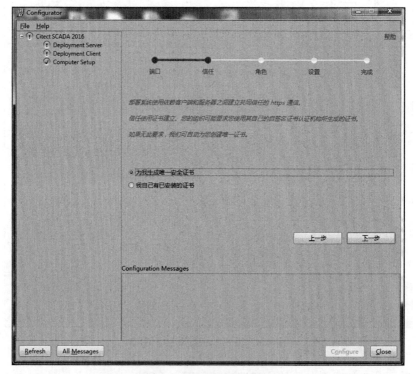

图 6-5　生成唯一安全证书

第五步：用户安全组配置，如图6-6所示，直接单击"下一步"。

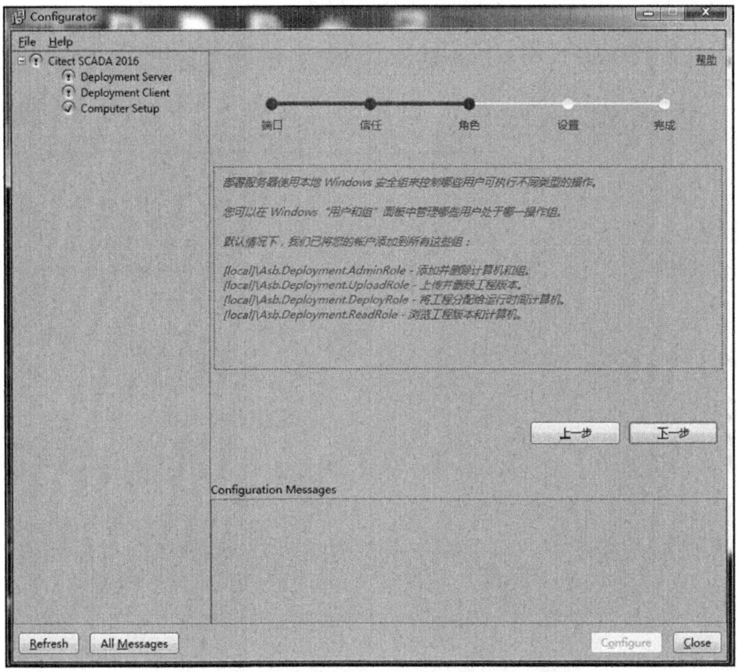

图6-6 用户安全组配置

第六步：部署服务器密码设置，如图6-7所示，建议密码与第二步时服务器密码设置一致。

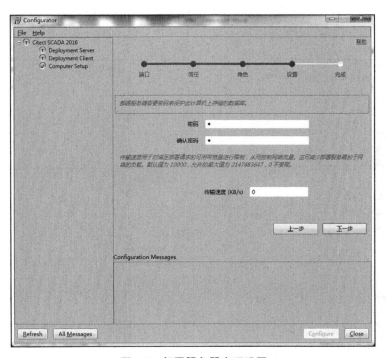

图6-7 部署服务器密码设置

建议传输速度设置为 0（不限速度），加快部署的速度。

第七步：设置数字签名文件生成路径及文件名，如图 6-8 所示。

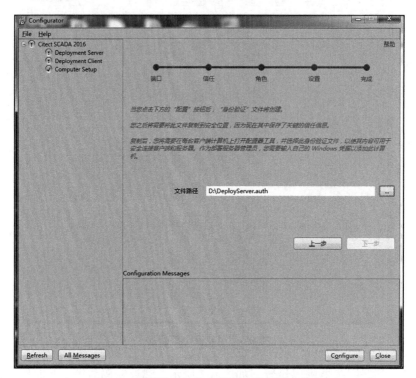

图 6-8　设置数字签名文件生成路径及文件名

第八步：登录部署服务器，即可对工程和部署客户端进行管理，实现工程推送。工程和部署客户端管理窗口如图 6-9 所示。

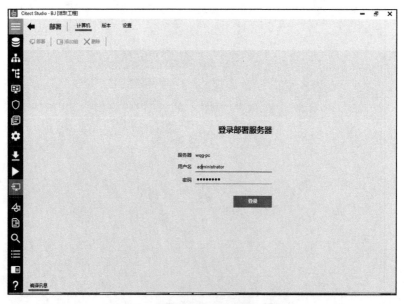

图 6-9　工程和部署客户端管理窗口

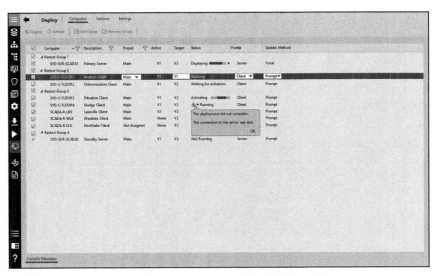

图 6-9 工程和部署客户端管理窗口（续）

2. 工程部署

集中部署服务器设置完毕，并将需要部署的计算机或客户端完成系统认证后，方可对部署客户端进行工程部署，通过部署客户端的配置可以完成系统认证，具体步骤如下：

第一步：通过数字签名文件连接部署服务器，如图 6-10 所示，该数字签名文件为部署服务器上生成的（需要将该文件复制给每一个部署客户端）。

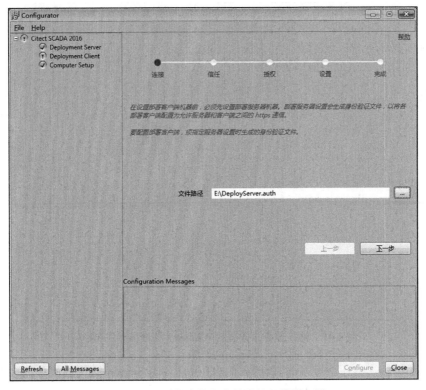

图 6-10 通过数字签名文件连接部署服务器

第二步：使用系统生成的证书，如图 6-11 所示。

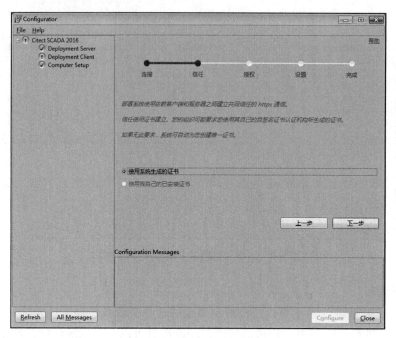

图 6-11　使用系统生成的证书

第三步：输入部署服务器的 Windows 管理员账户和密码，如图 6-12 所示。

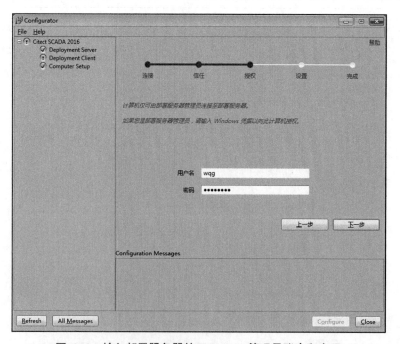

图 6-12　输入部署服务器的 Windows 管理员账户和密码

第四步：输入解压速度及勾选将端口 443 添加到 Windows 防火墙例外列表选项。解压速度建议设置为 0（即不限速），如图 6-13 所示。

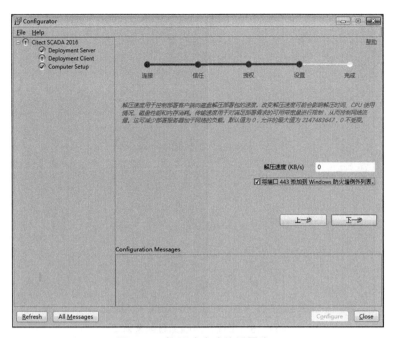

图 6-13　解压速度建议设置为 0

第五步：配置完成，如图 6-14 所示。

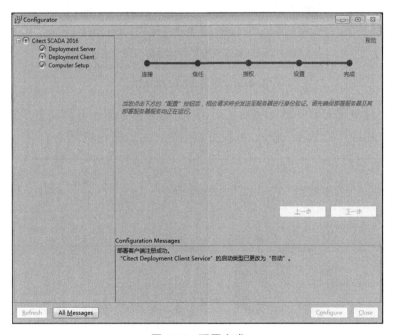

图 6-14　配置完成

第六步：计算机设置，密码需要和部署服务器设置一致。选择工程运行路径为运行通过部署服务器部署的工程，并设置存放路径，然后单击"配置"。工程客户端部署配置窗口如图 6-15 所示。

第七步：运行 Plant SCADA，如图 6-16 所示，等待通知/强制运行部署工程。

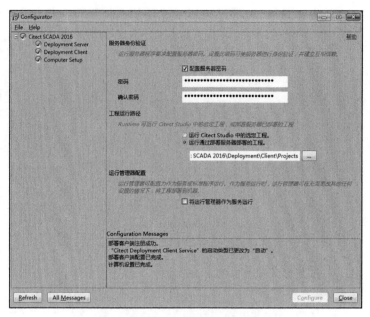

图 6-15 工程客户端部署配置窗口

图 6-16 运行 Plant SCADA

第八步：接收部署服务器部署的工程（通过集中化部署服务器设置步骤的第八步可以向部署客户端计算机部署工程）。工程更新运行界面如图 6-17 所示。

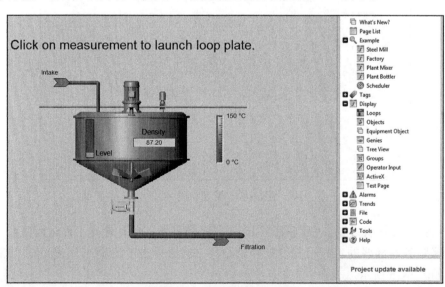

图 6-17 工程更新运行界面

四、能力训练

1. 操作条件
- Plant SCADA 软件在计算机上成功地安装，并能正常使用。
- 新工程已完成创建。
- 巴氏灭菌工艺流程图静态界面按照流程图完成绘制和部分对象动态属性的设置。

2. 安全及注意事项
- 当计算机与外网连接时，应确保操作系统和杀毒软件都已成功启动，能够有效保护计算机系统不受外网黑客或病毒的攻击。

注意：新工程应确保 Pack 和编译准确、无误。若有错误，应根据系统提示逐一地解决，直到编译完成。

3. 操作过程
掌握 Plant SCADA 集中部署服务器及工程部署的操作方法参见基本知识相关内容及截图。

问题情境一：

问：部署服务向服务器或客户端进行推送通知更新或强制更新时，客户端推送不成功的原因是什么？

答：

1）检查客户端的系统数字签名认证文件是否有效，必要时通过部署服务器根据认证文件更新。

2）部署服务器在推送工程时，部署客户端的 Plant SCADA 必须处于运行状态。

问题情境二：

问：设置集中部署服务器时，各个客户端的数字签名文件是否可以共用？

答：

1）配置集中部署服务器生产的数字签名认证文件，需要做好备份。需要认证每台计算机可以复制此认证文件。

2）在部署前，各个客户端的数字签名认证文件必须放在指定的文件夹下，方可被集中部署服务器识别和认证。

问题情境三：

问：部署客户端按步骤已经配置完成，并且曾经已经成功部署过工程，但某一天突然在部署服务器中显示离线状态（正常为运行状态）应怎样处理？

答：

1）检查 Windows 系统的服务列表中的 AVEVA Plant SCADA Deployment Client Service 服务是否正常启动。

2）当 Plant SCADA 软件安装更新 Update（软件补丁）后，往往会将上述服务的启动模式修改为手动模式，需要将上述服务的启动模式改为自动模式，并运行此服务即可。

问题情境四：

问：如果部署客户端已经加域，按上述步骤配置时，出现无法注册部署客户端的情况，应怎样处理？

答：部署客户端网卡的 DNS 服务器设置应设置为域控服务器的网卡地址，并且使用 PING 对部署服务器的计算机名称进行 PING 测试，需要能 PING 通部署服务器计算机名称才可以正常配置部署客户端。

4. 学习成果评价

序号	评价内容	评价标准	评价结果（是/否）
	系统集中部署	1）了解 Plant SCADA 系统集中部署工程的意义 2）掌握集中部署服务器和工程部署的方法	

五、课后作业

按照本职业能力的基本知识介绍的系统集中部署的方法，为 Milk_Treatment 工程设置远程集中化部署策略，为 3 台远程控制客户端进行远程集中部署，其中 1 台推送消息，1 台推送强制更新，1 台客户端在不运行 Plant SCADA 工程的情况下进行强制推送。保存推送策略后，执行此策略，体会不同工程更新策略的差异及客户端在运行和不运行工程服务时，推送的结果。与老师和同学交流分享自己的经验和感受。